数学教学设计与案例分析

陈引兰　李必文　编著

出版基金：

湖北省 2018 年高等教育综合奖补资金

项目名称：

2017 年湖北省高等学校省级教学改革研究项目，基于数学师范生核心素养培养的案例式教学模式研究，项目编号：2017370。

2017 年湖北师范大学校级重点教研项目，培养数学师范生核心素养的案例式教学模式研究，项目编号：2017011。

2017 年湖北师范大学硕士研究生案例教学课程建设立项，数学教学设计与案例分析，项目编号：20170101。

科学出版社

北京

内 容 简 介

全书共四章。第一章数学教学设计概述，介绍数学教学设计的概念、理论依据和类型。第二章介绍数学教学设计的具体内容：三要素、模式及评价。第三章结合案例介绍七类课型的教学设计，案例主要是编著者长期指导学生参加各级各类讲课训练和比赛中师生共同编写及从参加基础教育研讨中收集的，案例中包含编著者的思考意见，具有较强的参考性。第四章介绍教学设计的实施环节——讲课，并对教师教研活动中常开展的说课和评课做进一步阐述，以示一个完整的教学流程。

本书可以作为高等院校师范类数学专业学生教材和学习资料，也可以作为基础教育数学教师和研究者的教学参考书。

图书在版编目（CIP）数据

数学教学设计与案例分析/陈引兰，李必文编著. —北京：科学出版社，2020.11

ISBN 978-7-03-066327-6

Ⅰ.①数… Ⅱ.①陈…②李… Ⅲ.①数学教学－教学设计－高等师范教育－教材 Ⅳ.①O1-4

中国版本图书馆 CIP 数据核字（2020）第 197468 号

责任编辑：吉正霞 曾 莉/责任校对：高 嵘
责任印制：张 伟/封面设计：苏 波

科学出版社 出版
北京东黄城根北街 16 号
邮政编码：100717
http://www.sciencep.com

北京凌奇印刷有限责任公司 印刷
科学出版社发行 各地新华书店经销
＊

2020 年 11 月第 一 版 开本：787×1092 1/16
2022 年 10 月第三次印刷 印张：17
字数：400 000

定价：85.00 元
（如有印装质量问题，我社负责调换）

前　言

　　编著者二十多年一直进行数学师范生培养的实践和思考，并坚守在数学教学一线，经常深入基础教育学校进行调研，认真思考如何进行科学合理的教学设计来有效完成数学课堂教学。在讲授硕士研究生"学科数学教学设计与实践""数学教学设计与案例分析""数学教学研究方法论""数学教师专业技能"等课程的过程中，编著者常常结合案例给学生讲解数学教学设计的概念、原理和内容等，并进行对比分析；在指导师范专业学生微格试讲、讲课比赛等实践中，丰富案例，反复研磨，不断总结，不断完善，最终形成书稿。全书由陈引兰撰写，李必文负责审核校对。

　　全书共四章。第一章介绍数学教学设计的概念、理论依据和类型。第二章讲解数学教学设计的具体内容：三要素、模式及评价。第三章结合案例介绍七类课型的教学设计。第四章介绍教学设计的实施环节——讲课、说课和评课。与国内外已经出版的同类书籍比较，本书的特点及独到之处如下。

　　指导思想：按照数学学科培养学生数学核心素养的最新目标来探讨数学教学设计，并辅以案例分析，说明设计的原理和依据。

　　结构体系：数学教学设计理论分析和实践案例相容镶嵌、相辅相成，属于树形结构。从理论原理的主干到各层面的分支，最后以案例为枝叶，形成枝繁叶茂的大树。

　　内容范围：多层面介绍数学教学设计的原理、依据和方法策略，以便设计者充分了解设计意图，结合基础教育阶段实际教学案例，进行分析讲解。

　　写作特点：以数学学科特有的语言简洁、思路清晰、案例典型和数形结合等方式介绍本书内容。

　　其他特点：系统介绍数学教学设计，理论和案例交辉相应，相辅相成，有助于阅读者融理论于实践，并在实践中检验理论。

　　尽管我们努力完善书稿，但囿于水平，书中疏漏之处在所难免，敬请广大读者批评指正。

陈引兰　李必文

2020 年 5 月 28 日

于黄石青山湖畔

目　录

理　论　篇

实　践　篇

理　论　篇

　　本篇系统介绍数学教学设计的概念、原理、目的、理论依据、类型和内容。本篇包含两章，第一章介绍数学教学设计概述。首先从数学教学设计的概念、原理和目的三方面系统介绍什么是数学教学设计；其次介绍数学教学设计的理论、学生学习和教师讲授的理论依据，以及培养学生数学核心素养的目标依据；最后介绍数学教学设计的三种常见类型——常规式、图表式和交互式。第二章介绍数学教学设计内容。首先介绍数学教学设计三要素——教学目标、设计意图和教学过程；其次介绍数学教学设计基本模式及其分类和特点；最后从数学教学设计的评价原则、方法和内容三个方面对数学教学设计的评价进行系统介绍。

第一章　数学教学设计概述

本章介绍数学教学设计概述。严格来讲，数学教学设计不属于理论内容。张奠宙先生将数学教学设计比喻为一项建筑工程，而做工程是需要事先进行设计的，所以数学教学也是需要设计的。要设计数学教学就得先弄明白数学教学设计是什么？为什么？怎么做？下面将进行详细介绍。需要说明的是，本书讨论的数学教学设计主要针对的是基础教育阶段数学学科的教学设计。

第一节　什么是数学教学设计

下面我们从数学教学设计的概念、原理和目的三个方面介绍什么是数学教学设计。

一、数学教学设计的概念

数学教学设计是对数学学科教学的设计，所以要弄清它，既要懂得数学学科的特点，又要懂得教学设计的一般理论和方法。

首先，我们了解一下数学学科的特点、作用及教育功能。

数学是研究数量关系和空间形式的一门科学。数学源于对现实世界的抽象，基于抽象结构，通过符号运算、形式推理、模型构建等，理解和表达现实世界中事物的本质、关系和规律。数学与人类生活和社会发展紧密关联。数学不仅是运算和推理的工具，还是表达和交流的语言。数学承载着思想和文化，是人类文明的重要组成部分。数学是自然科学的重要基础，并且在社会科学中发挥越来越大的作用，数学的应用已渗透到现代社会及人们日常生活的各个方面。随着现代科学技术特别是计算机科学、人工智能的迅猛发展，人们获取数据和处理数据的能力都得到了很大的提升，伴随着大数据时代的到来，人们常常需要对网络、文本、声音和图像等反映的信息进行数字化处理，这使数学研究和应用的领域得到了极大的拓展。数学直接为社会创造价值，推动社会生产力的发展。

数学在形成人的理性思维、科学精神和促进个人智力发展的过程中发挥着不可替代的作用。数学素养是现代社会每一个人应该具备的基本素养。

数学教育承载着落实立德树人根本任务及发展素质教育的功能：数学教育可以帮助学生掌握现代生活和进一步学习所必需的数学知识、技能、思想和方法；提升学生的数学素养，引导学生会用数学眼光观察世界，会用数学思维思考世界，会用数学语言表达世界；促进学生思维能力、实践能力和创新意识的发展，探寻事物变化规律，增强社会责任感；帮助学生在形成正确人生观、价值观和世界观等方面发挥独特作用。

其次，我们了解一下教学设计。

教学设计诞生于第二次世界大战，当时美国需要快速培训大批人员完成复杂的技术任务，征召了大批教育心理学家去培训军人，其中包括罗伯特·米尔斯·加涅（Robert Mills Gagne）、莱斯利·布里格斯（Leslie Briggs）和约翰·弗拉纳根（John Flanagan）等。战后，这些教育心理学家完成了包括一系列创新的分析、设计和评估程序在内的比较正式的教学系统。战争期间成功的训练模式首先在商业和工业训练中被采纳，后来又被引入中小学课堂。

对于教学设计，不同的人有不同的理解，有的将它看成过程，有的是将它看成结果。

将教学设计看成过程的人，重点放在探讨如何指导教师制定计划，如何一步一步地达到目标。对教学设计持过程说观点的人不少，分别介绍如下。

美国佛罗里达州立大学的沃特·迪克（Walter Dick）教授和南佛罗里达大学的卢·凯利（Lou Carey）、詹姆斯·凯利（James O.Carey）教授共同给出了教学系统化设计方法，认为教学设计是基于行为主义的。该模式从确定教学目标开始，选用教学方法，以开展教学评价结束，组成了一个完整的教学系统开发过程[1]。

美国学者肯普（J.E.Kemp）认为，教学设计是运用系统方法分析研究教学过程中相互联系的各部分的问题和需求，在连续模式中确立解决它们的方法步骤，然后评价教学成果的系统计划过程[2]。

美国教育心理学家加涅，吸收了信息加工心理学和建构主义认知学习心理学的思想，形成了有理论支持也有技术操作支持的学习理论。这一理论解释了大部分课堂学习，并提出了切实可行的教学操作步骤。他是信息加工学的代表人物，曾在《教学设计原理》[3]中将教学设计界定为一个系统化（systematic）规划教学系统的过程，简称 ADDIE 模型。

• Analysis（分析）——对教学所要达到的行为目标、任务、受众、环境和绩效目标等进行一系列的分析。

• Design（设计）——对将要进行的教学活动进行课程设计。例如，对知识或技能进行甄别、分类，对不同类型的知识和技能采取不同的、相应的处理措施，使其能够符合学习者的特点，并能够通过相应的活动使其从短期记忆转化成为长期记忆等。同时，在本阶段中也应针对撰写出来的学习目标进行验证，并设计出相应的评估学习效果的策略和手段。

• Development（开发）——针对已经设计好的课程框架和评估手段等，进行相应的课程内容撰写、页面设计和测试等。

• Implementation（实施）——对已经开发的课程进行教学实施，同时实施支持。

• Evaluation（评估）——对已经完成的教学课程及受众学习效果进行评估。柯氏四级评估法（Kirkpatrick Model）针对每一个层级的目的、流程、手段等均有明确的描述。不仅要对课程内容本身的合理性进行评估，更要对培训的效果和绩效的改善进行评估，寻找差距，积极改进。

教学系统本身是对资源和程序做出有利于学习的安排。任何组织机构，如果其目的旨在开发人的才能均可以被包括在教学系统中。

查尔斯·瑞格鲁斯（Charles M.Reigeluth），当代国际著名教学设计理论家，他对教学设计的定义基本上同对教学科学的定义是一致的。因为在他看来，教学设计也可以被称为教学科学。他在《教学设计是什么及为什么如是说》一文中指出：教学设计是一门涉及理解与改进教学过程的学科。任何设计活动的宗旨都是提出达到预期目的最优途径（means），因此，教学设计主要是关于提出最优教学方法的处方的一门学科，这些最优的教学方法能使学生的知识和技能发生预期的变化[4]。

北京师范大学乌美娜认为,教学系统设计是运用系统方法分析教学问题和确定教学目标、建立解决教学问题的策略方案、试行解决方案、评价试行结果和对方案进行修改的过程[5]。

将教学设计看成结果的人,主要关注教学设计最后要形成的产品或要实现的任务。美国著名的教学设计专家戴维•梅瑞尔(M.David Merrill)的理论就是一例,他特别重视讨论如何做出概括、提供举例和安排练习等。他认为,教学是一门科学,而教学设计是建立在这一科学基础上的技术,因而教学设计也可以被认为是科学型的技术(science-based technology)[6]。

在维基百科中,教学设计是作为教师,基于对学生和教学任务的分析,而对教学目标、教学方法、教学材料、教学进度和课程评估等进行系统设计的一门学科。教学设计者经常使用教学技术来改进教学。

编著者更倾向于过程说,将教学设计看成是课程实施过程中的一个决策过程,教师在课程标准的指导下,依据现代教育教学理论及教学经验,在充分了解学生情况、分析教材和定位课程性质的基础上,选择恰当的教学手段和教学方法,设计教学活动和教学流程,并对教学结果做出教学评价,最后进行教学反思的一个整体策划过程。

关于数学教学设计,虽然学术界有很多不同的说法,但基本上是选择了过程说观点。例如,何小亚教授将其定义为:教师根据学生的认知发展水平和课程培养目标,来制定具体教学目标,选择教学内容,设计教学过程的各个环节的过程[7]。方均斌教授将其定义为:设计者根据已有的社会文化传统背景(包括社会对数学教学的要求及教学对象的具体特点等),综合运用与教学相关的理论(如教学论、学习论、系统论和信息传播理论等),以及个人对数学本身的理解,运用恰当的方法,设计解决数学教学问题的策略并形成具体的方法和步骤直至教学方案的形成,并对教学方案实施后的教学效果做出必要的价值评判的过程[8]。

最后,基于前面介绍的教学设计的概念,结合数学学科本身的内容和特点,我们将数学教学设计定义为:教师在课程标准的指导下,依据现代教育理论和教师现有的经验,基于对学生现有情况及需求、数学课程性质及教材的分析和把握,从教学目标、教学重难点、教学手段和方法、教学内容等进行规划和安排,并对最终的教学结果给予评价的系统过程。

二、数学教学设计的原理

原理是存在于某个系统中的一组法律、规则和基本前提。这个体系中的其他事物,大体上都可以经由这个基本规律来推导、解释和预测;这个体系中的成员,都应该遵守这个基本规律,在这套规则下运作。经由了解这个体系的原理,可以了解整个体系的基本特征或这个体系被设计出来的目的。原理通常指某一领域、部门或科学中具有普遍意义的基本规律。科学原理以大量实践为基础,故其正确性为实践所检验和确定。关于数学教学设计原理的研究,国内较有影响的属南京师范大学的涂荣豹教授,他作为南京师范大学数学课程与教学论研究方向的学术带头人,从事数学教育研究和数学课程与学科教学论研究近30年,他的新作《数学教学设计原理的构建——教学生学会思考》[9]中详细介绍了九个数学教学设计原理。这些原理是一个完整的逻辑体系。在盐城师范学院段志贵教师对涂教授的一篇访谈中,涂教授介绍了这九个原理及其之间的关系[10],并进行了如下详细阐述。

（1）教学生学会思考的原理。"教学"就是教学生学，那么教师教学生学什么？本质上说，就是要教学生"学'提出'问题""学'建构'概念""学'寻找'方法""学'研究'问题的一般方法"，学这些动词就是教学生学会思考。当然也要学知识，但最终目标是学会思考。这是总纲，是数学教学设计的总目标。所以"教学生学会思考"的原理居于九大原理的中心地位。

（2）运用研究问题的一般方法教学的原理。如何教学生学会思考？那就要用"研究问题的一般方法"教学。一般方法是指"提出问题—构建概念—寻找方法—提出假设—验证猜想—语言表述"这样的过程。数学新授课基本遵循是这样的研究过程，其中第一步就是要提出问题。

（3）用问题结构推进教学的原理。提出什么样的问题？这就是"用问题结构推进教学"的原理，其中包括每课问题化，问题结构化，解题教学化。每一节课首先提出一个目标问题，并且逻辑地产生一系列子问题，通过子问题的最终解决实现目标问题的解决。

（4）创设情境—提出问题的原理。问题从哪儿来？这就是"如何提出问题"，尤其是"如何由学生提出问题"，办法是"创设情境—提出问题"，其中包括创设情境的基本准则和基本方法。

（5）从无到有探究的原理。问题提出以后如何解决？用"从无到有探究"的原理进行探究性教学，主要是引导式探究，即教师引导学生主动探究并解决问题。

（6）用启发性提示语引导探究的原理。教师如何引导？"用启发性提示语引导"的原理，即教师由远及近、由易到难地设计启发性问题，启发、引导学生去主动探究。这些提示语（问题）包括元认知提示语、方法论提示语、认知性提示语。

（7）反思性教学的原理。除了用启发性提示语引导探究教学，还需要用"反思性教学"原理，教学生学会通过回顾、质疑、反诘和追问进行思考，这些反思方法属于元认知，可以实现对学生元认知能力的培养。

（8）归纳先导，演绎跟进的原理。学会数学思考必须强调"归纳先导，演绎跟进"的原理，其原因在于"归纳体现了思考的创造性，演绎体现了思考的严谨性"，以期达到对学生理性思维的培养。

（9）解题教学以寻找思路为核心的原理。解题教学使用"以寻找思路为核心"的原理。寻找思路就是思考，如何寻找思路？可以用"如何着手解题"和"如何理解题意"两套启发性提示语去寻找，其中的提示语基本是元认知的问题，以期让学生学会运用这些提示语引导自己寻找解题思路。这同样也是对学生元认知能力的培养。

数学教学设计九大原理构造的逻辑结构如图 1-1 所示。

三、数学教学设计的目的

数学教学设计的目的直观来看是提高教学效率和教学质量，使学生在单位时间内能够学到更多的知识，更大幅度地提高学生各方面的能力，从而使学生获得良好的发展。深层次来看，数学教学设计的目的与课程目标甚至学科目标不无联系，尽管最终课程目标和学科目标的实现还有其他方面的因素，但教学设计是关键。所以，我们关注基础教育阶段数学课程标准中对课程目标的规定，可以更准确地把握数学教学设计的目的。

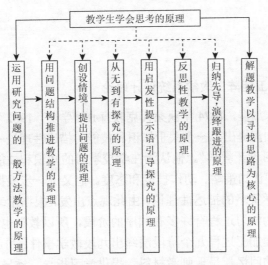

图 1-1　数学教学设计原理构造逻辑结构图

2011 版《义务教育数学课程标准》中强调"知识技能、数学思考、问题解决、情感态度"，总目标的四个方面不是相互独立和割裂的，而是一个密切联系、相互交融的有机整体。在课程设计和教学活动组织中，应同时兼顾这四个方面的目标。这些目标的整体实现，是学生受到良好数学教育的标志，它对学生的全面、持续、和谐发展有着重要的意义。数学思考、问题解决、情感态度的发展离不开知识技能的学习，知识技能的学习必须有利于其他三个目标的实现。义务教育阶段数学课程的设计，要充分考虑本阶段学生数学学习的特点，要符合学生的认知规律和心理特征，有利于激发学生的学习兴趣，引发数学思考；要充分考虑数学本身的特点，体现数学的实质；要在呈现作为知识与技能的数学结果的同时，重视学生已有的经验，使学生体验从实际背景中抽象出数学问题、构建数学模型、寻求结果、解决问题的过程。

2017 版《普通高中数学课程标准》明确提出：通过高中数学课程的学习，学生能获得进一步学习以及未来发展所必需的数学基础知识、基本技能、基本思想、基本活动经验（简称"四基"）；提高从数学角度发现和提出问题的能力、分析和解决问题的能力（简称"四能"）。在学习数学和应用数学的过程中，学生能发展六大数学学科核心素养：数学抽象、逻辑推理、数学建模、直观想象、数学运算、数据分析。通过高中数学课程的学习，学生能提高学习数学的兴趣，增强学好数学的自信心，养成良好的数学学习习惯，发展自主学习的能力；树立敢于质疑、善于思考、严谨求实的科学精神；不断提高实践能力，提升创新意识；认识数学的科学价值、应用价值、文化价值和审美价值。

教师要依据教学目标，结合实际学情，做好教学各环节的系统过程设计，使得教学实践有章可循，更好地实现课程目标和学科目标。

第二节　数学教学设计的理论依据

教学设计是系统过程，国内外学者提出了很多不同的理论观点，这里向读者介绍一些较有影响的研究者及其理论。

一、教学设计理论

（一）加涅的"九五矩阵"教学系统设计理论

美国教育心理学家加涅，1974 年获桑代克教育心理学奖，1982 年又获美国心理学会颁发的应用心理学奖。加涅提出了一个关于知识和技能的描述性理论——"九五矩阵"[11]，其核心思想是"为学习设计教学"。他认为在学校学习的知识和技能可以分为五种类型：言语信息、智慧技能、认知策略、动作技能和态度。他又进一步根据其学习的信息加工理论提出了一个关于教学策略的描述性理论。由此观点出发，根据学习过程中包含多个内部心理加工环节，他认为学习过程有许多有顺序的阶段，所以教学也有相应的阶段。由此，加涅从学习的内部心理加工过程九个阶段演绎出九段教学事件：引起注意、告诉学习者目标、刺激对先前学习的回忆、呈现刺激材料、提供学习指导、诱导学习表现（行为）、提供反馈、评价表现、促进记忆和迁移。以上九个教学事件的展开是可能性最大、最合乎逻辑的顺序，但也并非机械刻板、一成不变的，也就是说，并非在每一堂课中都要提供全部教学事件。加涅在分析学习的条件时，根据实验研究和经验概括，详尽地区分了不同的学习结果需要不同的学习条件，使得每一种教学事件在具体运用上有不同的要求。

（二）梅瑞尔的成分显示理论

梅瑞尔的成分显示理论（component display theory，CDT）[12]主要是认知领域的教学系统设计理论，对教学策略进行了较详尽的规定。梅瑞尔提出了一个有关知识的描述性理论，认为知识由行为水平和内容类型构成了二维分类，其行为维度是记忆、运用和发现，内容维度是事实、概念、过程和原理。梅瑞尔还提出了一个有关教学策略的描述性理论，认为策略有基本呈现形式（fundamental presentation form，PPF）、辅助呈现形式（secondary presentation forms，SPF）和呈现之间的联系（interdisplay relationships，IDR）。PPF 由讲解通则、讲解事例（例子）、探索通则（回忆）、探索事例（实践）构成；SPF 由附加促进学习的信息构成，如使注意力集中的措施、记忆术和反馈；IDR 则是一些序列，包括例子-非例子的配对序列、各种例子的分类序列和例子难度的范围。对于每一个行为-内容类别，CDT 都规定了 PPF、SPF 与 IDR 之间的组合，这些组合就构成了最有效的教学策略。

（三）瑞格鲁斯的教学系统设计理论框架及其细化理论

瑞格鲁斯把教学理论的变量分为教学条件、教学策略和教学结果，并进一步把教学策略变量细分为教学组织策略、教学管理策略和教学传输策略。他还就教学内容的宏观组织问题提出了自己的理论，这就是教学的细化理论（elaboration theory，ET）[13]。ET 可以概括为：一个目标（按照认知学习理论实现对教学内容最合理有效地组织），两个过程（概要设计、细化等级设计），四个环节（选择、定序、综合、总结），七种策略（确定课程内容细化顺序，确定每一堂课内容顺序，确定总结的内容和方式，用综合方式确定综合内容，建立新旧知识之间的联系，激发学习者学习动机与认知策略，实现学习者学习过程的自我控制）。他认为这种理论综合了布鲁纳（J.S.Bruner）的螺旋式课程序列、戴维·保罗·奥苏贝尔（David Pawl Ausubel）的逐渐分化课程序列、加涅的分层序列和斯坎杜拉（J. Scandura）的最短路径序列，是一种通用的课程序列化理论。瑞格鲁斯的细化理论和梅瑞尔的成分显示理论一起构成了一个完整的教学系统设计理论。

（四）史密斯和雷根的教学系统设计理论

史密斯（P. L. Smith）和雷根（T. J. Regan）的教学系统设计理论[14]是对20世纪90年代以前教学系统设计的一个总结，它真正把教学系统设计的重点从教学系统设计过程模式转移到教学系统设计理论和教学模式上来，着眼于具体教学问题，对设计教学策略给予了前所未有的关注。他们首先总结并综合运用了加涅、本杰明·布卢姆（Benjamin Bloon）和洛林·安德森（Lorin Anderson）有关学习结果的理论。认为学习结果包括陈述性知识、概念、规则（关系型规则、程序型规则）、问题解决、认知策略、态度和心因动作技能。同时，他们借鉴了瑞格鲁斯有关教学策略的分类框架，把教学策略分为教学组织策略、教学管理策略和教学传输策略。然后，他们对加涅的一般教学策略模型进行了扩展。在此基础上，史密斯和雷根提出了自己的教学事件理论，认为一般教学过程包括15个教学事件，并由此对各种不同的学习结果提出了相应的教学策略，这就形成了一个与加涅的教学系统设计理论相类似的教学系统设计理论框架。由于该模式较好地实现了行为主义与认知主义的结合，较充分地体现了"联结-认知"学习理论的基本思想，并且雷根本人又曾是美国教育传播和技术协会（Association for Educational Communication and Technology，AECT）理论研究部主席，是当代著名的教育技术与教育心理学家，因此该模式在国际上有较大的影响。

（五）何克抗的教学系统设计理论

建构主义是20世纪90年代以来在国外教育领域流行的一种全新理论。但是到目前为止，国内外仍有许多学者认为建构主义仅仅是一种学习理论而非教学理论。北京师范大学教授何克抗是最早从国外引进并介绍建构主义的学者之一。他不仅将建构主义作为一种新的学习理论来介绍，更将其作为一种全新的教学理论来介绍，尤其是率先提出了"建构主义环境下的教学设计"（即以学为主教学设计）的概念[15]，并根据当时国际上对建构主义的最新研究进展，在国内外第一个系统地总结出了建构主义的教学设计理论、方法及相关的典型教学案例，从而受到广大教师（尤其是中小学教师）的热烈欢迎，建构主义理论也因此迅速进入我国的中小学课堂，得到了广泛的普及。何克抗撰写的关于建构主义的系列论文[16-22]也成为近年来我国教育领域引用率最高的系列论文之一。

何克抗的教学系统设计理论初步建构了以学为主的教学设计理论体系，并在此基础上提出了"主导-主体"教学设计模式[23]。

第一，该模式注重教学系统设计理论的研究。

第二，该模式构建了以学为主的教学设计理论和方法体系，使教学系统设计理论和方法能够更加深刻和贴切地反映社会转型与技术进步所提出的实际需求。教学系统设计以多学科理论为基础，与技术发展息息相关。因此，相关学科理论和技术的每一次发展和变化必然对教学系统设计产生重大影响。近年来，由于信息技术的发展，特别是多媒体、超媒体、人工智能、网络技术和虚拟现实技术所具有的多种特性适合于实现建构主义理论所要求的学习环境，同时建构主义主张的以学为中心、在学习过程中充分发挥学生的主动性和首创精神的思想符合世界教育改革的主流及社会发展对新型人才培养的需求,建构主义显示出越来越强大的生命力。

第三,该模式提出了"主导-主体"教学设计理论。"主导-主体"教学系统设计模式是以教为主与以学为主这两种教学系统设计相结合的产物。该模式在深入分析了以教为主的教学系统设计和以学为主的教学设计模式各自的优缺点的基础上,结合我国教育实际和社会对新型人才培养的需求,将两种模式取长补短,提出了在教学中既要充分发挥教师的主导作用,又要创设有利于学生主动探索、主动发现,有利于体现学生的主体地位和创新人才培养的新型学习环境的"双主"教学系统设计思想,初步建构了具有中国特色的教学设计理论体系。

第四,该模式注重将教学系统设计理论与实践相结合。

(六)戴尔的经验之塔

第一次世界大战以后,随着科技的进步,越来越多的媒体应用于教育。有声电影和录音的出现最终在美国教育界促成了"视听教学运动"。而美国视听教育家埃德加·戴尔(Edgar Dale)以"经验之塔(cone of experience)"为核心的《教学中的视听方法》则是视听教学理论的代表作[24]。戴尔是视听教学论的主要代表人物,而约瑟夫·韦伯(Joseph Weber)和查尔斯·霍本(Charles Hoban)等与戴尔同时代的其他视听教学专家的研究成果也对该理论的形成产生过重要的影响。

戴尔1946年所著《视听教学法》中提出了"经验之塔"的理论[25],认为经验有的是直接方式获得的,有的是间接方式获得的。戴尔将人们获得的经验分为三类:做的经验、观察的经验和抽象的经验。

第一,做的经验。常见有如下三种做的经验。

(1)直接的有目的的经验,指直接地与真实事物本身接触取得的经验,是通过对真实事物的看、听、尝、摸、嗅,即通过直接感知获得的具体经验。例如,立体几何中学习线面平行时,教师引导学生开门,让学生体验开门过程中,门的侧边线与门轴线的位置关系,与门所在的墙面的位置关系,此过程中学生获得的经验就是直接有目的的经验。

(2)设计的经验,指通过模型和标本等学习间接材料获得的经验。模型和标本等是通过人工设计和仿造的事物,与真实事物的大小和复杂程度有所不同,但在教学上应用比真实事物易于领会。教师有时会借助模型标本等实验设备进行演示,给学生直观的感受。例如,讲旋转体时,教师可以将圆柱、圆锥、圆台和球等教具模型带入课堂,直观演示这些旋转体是由怎样的平面图形如何旋转而成的,从而让学生获得直观感受,有利于知识的掌握。

(3)演戏的经验,指把一些事情编成戏剧,让学生在戏中扮演一个角色,使他们在尽可能接近真实的情景中去获得经验。参加演戏与看戏不同,演戏获得的是参与重复的经验,而看戏获得的是观察的经验。例如,在讲逻辑推理时,教师出了一道题:

> 甲、乙、丙三个人在一起做作业,有一道数学题比较难,当他们三个人都把自己的解法说出来以后,甲说:"我做错了。"乙说:"甲做对了。"丙说:"我做错了。"在一旁的丁看到他们的答案并听了他们的意见后说:"你们三个人中有一个人做对了,有一个人说对了。"请问,他们三个人中到底谁做对了?

同学们看到这些条件，估计有些晕乎，一时也给不出答案。教师可以找四位同学，分别代表甲、乙、丙、丁来表演题目中的情节，其他同学依据他们的表演来推理，比纯粹从文字中推理更清晰、更直观，这样获得的经验印象深刻。

第二，观察的经验。常见有如下三种观察方式获得经验。

（1）观摩示范，即看别人怎么做，通过这种方式可以知道一件事是怎么做的，以后自己可以动手去做。有时候实践材料有限，就会采取观摩方式，看别人的示范，以后再操作。例如，在讲直线与平面垂直时，教师通过引导学生观察教室的墙面、天花板所在的面、地板所在的面，以及这些面与面的交线，使学生直观地了解墙面的交线与地板面的位置关系，这样获得的经验比较直观。再让学生自己动手，拿书本立在课桌上，展开书页，将书脊看成不同书页的交线，考虑书脊与课桌面的位置关系。这种观摩示范既简单又便于操作，还可以较好地帮助学生获取经验。

（2）实地观察，包括野外旅行（可以看到真实事物的各种景象）和参观展览（展览是供人们看的，使人们通过观察获得经验）等形式。这种方式相对费时费力，成本较高，还需要教师高效地引导，但学生兴趣高。

（3）多媒体展示，包括电视和电影（银屏上的事物是真实事物的替代，通过看电视或看电影，可以获得一种替代的经验）、静态画面、广播和录音（它们可以分别提供听觉的和视觉的经验）等。这种方式要求教师多思考，精于选材，上课使用起来方便，成本小，教学效果也不错。随着教学软、硬件条件的改善，这种方式受到越来越多教师的青睐。

第三，抽象的经验。常见有如下两种方式获得抽象的经验。

（1）视觉符号，主要指图表和地图等。它们已看不到事物的实在形态，是一种抽象的代表。例如，在讲著名的七桥问题时，教师在黑板上画圆形表示岛，画直线表示桥，用直线连接圆代表用桥连接岛，就是视觉符号抽象，让学生获得七桥问题的直观经验。

（2）言语符号，包括口头语言、肢体语言和书面语言的符号。言语符号是一种抽象化了的代表事物或观念的符号。传统的课堂上，教师主要是口头语言讲解，结合肢体语言和书面语言展示，让学生获得经验。数学课上，教师的口头语言，要求更具准确性和规范性；教师的书面语言则更具数学专业性，如几何语言（图形语言）、代数语言、逻辑语言和统计语言等。

戴尔的经验之塔基本观点认为，宝塔最底层的经验最具体，越往上升则越抽象。但不是说获得任何经验都必须经过从底层到顶层的阶梯，也不是说下一层的经验比上一层的经验更有用。划分阶层是为了说明各个经验的具体或抽象的程度。

在经验之塔中我们看到，学习者在实际经验中先是作为一名参与者，然后是作为一名真实事件的观察者，接着是作为一名间接事物的观察者（提供一些媒体来呈现这些事件），观察到的是真实事物的替代者，最后学习者观察到的是一个事件的抽象符号。戴尔认为，学生积累了一些具体经验，并能够理解真实事物的抽象表现形式，在这个基础上，才能有效地参加更加抽象的教学活动。

教育教学应从具体经验下手，逐步上升到抽象。有效的学习之路应该充满具体经验。教育教学最大的失败，在于使学生记住许多普通法则和概念时，没有具体经验作为它们的支柱。教育教学不能止于具体经验，而要向抽象和普遍发展，要形成概念。概念可供推理之用，是最经济的思维工具，它把人们探求真理的智力简单化、经济化，把具体的直接经验看得过重是很危险的。

在学校中，应用各种教学媒体，可以使学习更为具体，从而导致更好地抽象。

位于宝塔中层的视听媒体，较语言、视觉符号更能为学生提供具体且易于理解的经验，并能冲破时空的限制，弥补其他直接经验方式的不足。

（七）皮亚杰的结构主义心理学

让·皮亚杰（Jean Piaget），瑞士心理学家，近代儿童心理学家，发生认识论创始人。他创作的心理学著作《结构主义》[26]，首次出版于 1968 年，之后多次再版。该书系统而深刻地阐述了皮亚杰结构主义的思想，提出结构主义的发生论观点，强调发生和主体的建构在结构形成与运演中的重要作用。该书作为皮亚杰发生认识论的思想基础，不仅是皮亚杰的发生认识论和儿童认知发展理论的重要的思想方法指导，而且对于结构主义理论本身的发展也有重要的意义。

皮亚杰结构主义的核心是"运算"，它把结构从纯粹的天赋论或经验论归到主客体的协调作用和转换上来。结构不是理性给自然的立法，也不是经验的归纳和概括。前者太过武断而后者又达不到结构的高度。高觉敷教授认为，唯结构主义者一般都认为结构是先验的，它是由人的心灵和无意识能力投射于自然和文化现象的结果，似乎不能通过经验的概括而只能通过理论模式认识它。但是皮亚杰并没有把结构的起源推诿于先验论或预成论，而是用创立发生认识论去解决结构的起源问题。

皮亚杰的结构主义是其发生认识论思想的方法基础。他把动作或心理运算所概括形成的抽象结构看成认知发展的结构。这种结构不是对外界经验的概括，而是主体自身动作和逻辑数理经验的协调。皮亚杰是把结构思想系统地介绍到心理学的第一人，并发展了这种结构论思想。他认为只有作为一个能够自动调节转换系统的整体才能构成结构，而人类智慧正是这种结构的典范。他通过大量观察和实验来证明主体认知结构的存在。皮亚杰在强调结构发生的同时，丝毫没有忽视主体在结构建构中的重要作用。

皮亚杰结构主义的基本观点是：反对孤立地、分别地对事物进行无休止的分析研究，主张从事物结构的整体中发现其内在的组织结构和转换规律；反对对结构进行孤立的、宿命式的先验表述，主张通过反映抽象和协调作用建构其发生的结构主义；反对结构对主体的排斥和消除，主张在强调历史发展的同时，注意突出主体在结构形成中的重要作用。此外，皮亚杰还试图通过结构主义的整体性、转换性和自我调整性三个基本特性，在数学、生物学、心理学和语言学等学科里建立起一种普遍适用的结构主义方法。皮亚杰的结构主义不仅是发生认识论的思想方法，而且对心理学、语言学和哲学产生了很大影响，甚至波及数学、物理学和生物学等自然学科。

数学教学设计的理论依据离不开数学教学理论与原则。数学教学理论中既有支撑学生学的理论，也有支撑教师教的理论。例如，美籍匈牙利数学家乔治·波利亚（George Polya）在《数学的发现——对解题的理解、研究和讲授》[27]中提出了学与教的三个原则：主动学习——学习任何东西的最好途径是自己去发现，为了有效地学习，学生应当在给定的条件下，尽可能多地自己去发现所要学习的材料；最佳动机——为了有效地学习，学生应当对所学的材料感兴趣并且在学习中找到乐趣；阶段序进——人的认识从感觉开始，再从感觉上升到概念，最后形成思想。斯托利亚尔（А. А. СТНЛЯР）在《数学教育学》[28]中提出了六个数学教学原则：教学的科学性原则、掌握知识的自觉性原则、学生的积极性原则、教学的直观性原则、知识的巩固性原则和个别指导原则。

本节将从学生的学习理论依据、教师的讲授理论依据和培养学生数学核心素养的目标依据三个方面介绍数学教学设计的相关理论。

二、学生的学习理论依据

学习是如何发生的？有哪些规律？学习是以怎样的方式进行的？近百年来，教育学家和教育心理学家围绕着这些问题，从不同角度，运用不同的方式进行了各种研究，试图回答这些问题，也由此形成了各种各样的学习理论。

学习理论简称学习论，它是研究人和动物学习的性质、过程、结果及影响学习的因素的各种学说。教育心理学家从不同的观点，采用不同的方法，根据不同的实验资料，提出了许多学习理论。这些学习理论一般分为两大理论体系，即联结学习理论和认知学习理论。

（一）联结学习理论

联结学习理论强调复杂行为是建立在条件联系上的复合反应，学习就是在刺激与反应之间建立联结的过程。联结学习理论也称刺激（S）-反应（R）学习理论、联想主义或行为主义，它是由教育心理学鼻祖——美国爱德华·李·桑代克（Edward Lee Thorndike）创立，约翰·布罗德斯·华生（John Broadus Watson）、斯金纳（B.F.Skinner）等行为主义者提出的行为学习论。它继承了英国联想心理学派的一种理论体系，哲学上受约翰·洛克（John Locke）的经验论的影响。这派理论一般把学习看成刺激与反应之间联结的建立或习惯的形成，认为学习是自发地尝试错误（简称试误）的过程[29]。

联结学习理论认为，一切学习都是通过条件作用，以刺激与反应之间建立直接联结的过程。"强化"在刺激-反应联结的建立中起着重要作用，在刺激-反应联结中，个体学到的是习惯，而习惯是反复练习与强化的结果。习惯一旦形成，只要原来的或类似的刺激情境出现，习得的习惯反应就会自动出现。

1. 桑代克的尝试-错误学说

实证主义心理学家桑代克用科学实验的方式来研究学习的规律，提出了著名的联结学说。

桑代克的实验对象是一只可以自由活动的饿猫。他把猫放入笼子，然后在笼子外面放上猫可以看见的鱼、肉等食物，笼子中有一个特殊的装置，猫只要一踏笼中的踏板，就可以打开笼子的门闩出来吃到食物。一开始，猫在笼子里上蹿下跳，无意中触动了机关，于是它就非常自然地出来吃到了食物。桑代克记录下猫逃出笼子所花的时间后又把它放进去进行尝试。桑代克认真地记录下猫每一次从笼子里逃出来所花的时间，他发现随着实验次数的增多，猫从笼子里逃出来所花的时间在不断减少。到最后，猫几乎是一被放进笼子就去启动机关，即猫学会了开门闩这个动作。

通过这个实验，桑代克认为所谓的学习就是动物（包括人）通过不断地尝试形成刺激-反应联结，从而不断减少错误的过程。他把自己的观点称为试误说。桑代克根据自己的实验研究得出了三条主要的学习定律。

（1）准备律。在进入某种学习活动之前，如果学习者做好了与学习活动相关的预备性反应（包括生理和心理的），学习者就能比较自如地掌握学习的内容。

（2）练习律。对于学习者已形成的某种联结，在实践中正确地重复这种反应会有效地增强这种联结。因此，对小学教师而言，重视练习中必要的重复是很有必要的。另外，桑代克也非常重视练习中的反馈，他认为简单机械地重复不会造成学习的进步，告诉学习者练习正确或错误的信息有利于学习者在学习中不断纠正自己的学习内容。

（3）效果律。学习者在学习过程中所得到的各种正或负的反馈意见会加强或减弱学习者在头脑中已经形成的某种联结。效果律是最重要的学习定律。桑代克认为学习者学习某种知识以后，即在一定的结果与反应之间建立了联结。如果学习者遇到一种使他心情愉悦的刺激或事件，那么这种联结会增强；反之会减弱。他指出，教师尽量使学生获得感到满意的学习结果尤为重要。

2. 巴甫洛夫的经典条件反射

俄国著名的生理学家巴甫洛夫（Ivan Pavlov）用狗作为实验对象，提出了广为人知的条件反射。

（1）保持与消退。巴甫洛夫发现，在动物建立条件反射后继续让铃声与无条件刺激（食物）同时呈现，狗的条件反射行为（唾液分泌）会持续地保持下去。但当多次伴随条件刺激物（铃声）的出现而没有相应的食物时，狗的唾液分泌量会随着实验次数的增加而自行减少，这便是反应的消退。教学中，有时教师及时的表扬会促进学生暂时形成某一良好的行为，但如果过了一段时间，当学生在日常生活中表现出良好的行为习惯而没有再得到教师的表扬时，这一行为很有可能会随着时间的推移而逐渐消退。

（2）分化与泛化。在一定的条件反射形成之后，有机体对与条件反射物相类似的其他刺激也做出一定的反应的现象称为泛化，如刚开始学汉字的孩子不能很好地区分"未"跟"末"或"日"跟"曰"。而分化则是有机体对条件刺激物的反应进一步精确化，那就是对目标刺激物加强保持，而对非条件刺激物进行消退。例如，在体育教学中，教师帮助学生辨别动作到位和不到位时的肌肉感觉，从而使动作流畅、有力。

3. 斯金纳的强化学说

继桑代克之后，美国又一位著名的行为主义心理学家斯金纳用白鼠作为实验对象，进一步发展了桑代克的刺激-反应学说，提出了著名的操作性条件反射[30]。

与桑代克相类似的是斯金纳也专门为实验设计了一个学习装置——"斯金纳箱"，箱子内部有一个操纵杆，只要当饥饿的小白鼠按动操纵杆，小白鼠就可以吃到一颗食丸。开始的时候小白鼠是在无意中按下了操纵杆，吃到了食丸，但经过几次尝试以后，小白鼠"发现"了按动操纵杆与吃到食丸之间的关系，于是小白鼠会不断地按动操纵杆，直到吃饱为止。斯金纳把小白鼠的这种行为称为操作性条件反射或工具性条件反射。斯金纳与桑代克的主要区别在于：桑代克侧重于研究学习的刺激-反应联结，而斯金纳则在桑代克研究的基础上进一步探讨小白鼠乐此不疲地按动操纵杆的原因——小白鼠每次按动操纵杆都会吃到食丸，斯金纳把这种会进一步激发有机体采取某种行为的程序或过程称为强化，凡是能增强有机体反应行为的事件或刺激称为强化物，导致行为发生的概率下降的刺激物称为惩罚。

斯金纳发现,在实验中采用不同的强化方式对小白鼠不同行为的产生影响很大,他根据强化施加的时间、频率的不同把强化划分成了两类五种。两类即连续式强化(也称即时强化)和间隔式强化(也称延缓强化)。连续式强化是指对每一次或每一阶段的正确反应予以强化,就是说当个体做出一次或一段时间的正确反应后,强化物即时到来或撤去。间隔式强化是指行为发生与强化物的出现或撤去之间有一定的时间间隔或按比率出现或撤去。间隔式强化分为时间式和比率式。时间式又分为定时距式强化和变时距式强化。比率式又分为定比率式强化和变比率式强化。定时距式强化就是每次过一定时间间隔之后给予强化;变时距式强化就是指每次强化的时间间隔不等;定比率强化是指强化与反应次数之间呈一固定比例;变比率式强化是指强化与反应次数之间的比例是变化的。

斯金纳通过实验观察发现,不同的强化方式会引发小白鼠不同的行为反应,其中连续强化引发小白鼠按动操纵杆的行为最易形成,但这种强化形成的行为反应也容易消退;而间隔强化比连续强化具有更持久的反应率和更低的消退率。斯金纳在对动物研究的基础上,把有关成果推广运用到人类的学习活动中,主张在操作性条件反射和积极强化原理的基础上设计程序化教学,把教材内容细分成很多的小单元,并按照这些单元的逻辑关系顺序排列起来,构成由易到难的许多层次或小步子,让学生循序渐进,依次进行学习。在教学过程中,教师要积极应对学生做出的每一个反应,并对学生做出的正确反应予以正确的强化。

斯金纳按照强化实施以后学习者的行为反应,将强化分为正强化和负强化两种方式。正强化是指学习者受到强化刺激以后,加大了某种学习行为发生的概率。例如,教师表扬学生做出的正确行为,从而使学生能在以后经常保持这种行为。负强化是指教师对学习者消除某种讨厌刺激以后,学习者的某种正确行为发生的概率增加。例如,教师取消全程监控的方式以后,良好的学习习惯能够保持。

强化现象是人类行为中的一种普遍现象,斯金纳在对此进行系统研究的基础上,提出了强化理论,这是对人类学习理论研究的创造性贡献。斯金纳的强化理论中所揭示出的有关强化的规律,对教育教学工作具有重要的启示作用。

(二)认知学习理论

认知学习理论认为,学习不是在外部环境的支配下被动地形成刺激-反应联结,而是主动地在头脑内部构造认知结构;学习不是通过练习与强化形成反应习惯,而是通过顿悟与理解获得期待;有机体当前的学习依赖于其原有的认知结构和当前的刺激情境,学习受主体的预期所引导,而不受习惯所支配。

1.加涅的信息加工理论

1974 年,加涅利用计算机模拟的思想,坚持利用当代认知心理学信息加工的观点来解释学习过程,展示了学习过程中的信息流程,提出了学习和记忆的信息加工模型。加涅认为,任何一个教学传播系统都是由"信源"发布"消息",编码处理后通过"信道"进行传递,再经过译码处理,还原为"消息",被"信宿"接收。该模型呈现了人类学习的内部结构及每一结构所完成的加工过程,是对影响学习效果的教学资源重新合理配置、调整的一种序列化结构。在这个信息流程中,加涅主要强调了以下几点[3]。

(1)学习是学习者摄取信息的一种程式。学习者从环境中接受刺激从而激活感受器,这是学习的第一步。斯伯林（Sperling）等通过实验研究证明，来自个体各种感觉器官的感觉信息表征成分必须成为注意的对象才能持续地对人的神经系统产生影响。经过注意，外界信息被转化成刺激信号，被人选择性感知，在人的感觉登记器保持 $0.25\sim2$ s；被转换的信息紧接着以声音或形状的方式进入短时记忆。从学习者的角度看，信息最为关键的变化发生在进入短时记忆后的编码，经过编码，原先以声音或形状储存的信息马上可能转化为能被人理解的、有语义特征的言语单元或更为综合性的句子、段落的图式，但信息在短时记忆中保留的时间也是非常短暂的，一般为 $2.5\sim20$ s，如果学习者加以复述，最长也不会超过 1 min。这些有意义组织的信息经过学习者的不断复述而进入人的长时记忆系统，被永久保存下来。以后在人为地提供一定的外在线索后，这些被长久保存起来的信息经过反应发生器和效应器被提取出来反作用于外在环境。

（2）学习者自发的控制和积极的预期是制约课堂教学有效性的决定性因素。执行控制和预期虽然没有呈现在信息的流变程式中，但它们与信息流动同步，直接参与了完整信息加工的每一步，事实上这两个学习者的内部加工机制能影响所有的信息流阶段。因此，为了高效率地学习，学习者必须对一些刺激做出反应，这意味着在学习初期学习者的感觉器官就应该朝向于刺激源，做好接受刺激的心理准备；另外，选择性知觉会直接影响到感觉登记器中的内容进入短时记忆的特征及编码方式的选择，它作为一种特殊因素在学习一开始就决定了学习者概括和解决问题的能力及学习者思维质量的高低。还有，作为一种定向性的执行过程，预期的内容能使学习者产生一种连续的学习定势，使他们的心向在指向于目标完成的过程中选择每一加工阶段的信息输出，完成对学习者"头脑中已有"目标的应答。

（3）反馈是检验教学效果的手段。教学是一个封闭的环形流程，有起点，也有终点，这里的起点和终点都指向于与学习者紧密相关的课堂情境（环境），在这样一种情境中需要对教学结果做出一定的评价，以过程效果检测的评定性标准作为提升教学质量的中介，使教学过程在一种动态的流程中不断地创新、超越。而反馈就是通过对学习者行为的效果提供结果性评定，来检测、描述学习的性能、意义。在课堂教学中，学生可观察的活动模式是陈述一堂课质量好坏的直接依据，学生在课堂上的参与度、反应度和行为表现等都是反映课堂教学效果的原始性指标。

加涅在对学习活动进一步分析的基础上，又把与上述学习过程有关的教学划分为以下八个阶段。① 动机阶段。加涅认为，要使有效学习行为发生，学习者必须有学习心向，所以学习的准备工作就是由教师以引起学生兴趣的方法去激发学生的学习动机。② 了解阶段。在这个阶段，教学的措施要引起学生的注意，提供选择性的知觉，主要目的在于促使学习者将学习的注意力指向与其学习目标有关的各种刺激。③ 获得阶段。教学在此阶段的任务是支持学生把了解到的信息转入短时记忆系统，也就是对信息进行必要的编码和储存。教师可向学生提示编码过程，帮助学习者采用较好的编码策略来学习知识，以有利于信息的获得。④ 保持阶段。这个阶段主要是让学习者把获得阶段所得到的信息有效地放到长时记忆的记忆存储器中去。存储信息的内部过程到底在多大程度上受教学方式的影响，现在还没有完全研究清楚。但是，加涅认为，有效地学习应适当地安排条件，如同时呈现不同的刺激来代替相似刺激，因为相互间干扰的减少可以间接地影响信息的保持。⑤ 回忆阶段。回忆阶段也就是信息的检索阶段，在此阶段，为使所学知识能以一种作业的形式表现出来，线索是必不可少的。因此，加涅主张教学可以采取提供线索以引起记忆恢复的形式，或者采取控制记忆恢复过程的形式，以保证学生可以找到适当的恢复策略加以运用。另外，他认为教学还可以采用包括"有间隔的复习"等方式，使信息恢复有发生的机会。⑥ 概括阶段。在此阶段，教师提供情境，使学生学到的知识和技能以新颖的方式迁移，并提供线索，以应用于以前不曾遇到的情境。⑦ 作业阶段。在此阶段，教学的大部分是提供应用知识的时机，使学生显示出学习的效果，并为下阶段的反馈做好准备。⑧ 反馈阶段。在此阶段，学生关心的是他的作业达到或接近他的预期标准的程度。如果学生能够得到完成预期证实的反馈信息，对强化学习过程将有很大的影响。

2. 苛勒的完形-顿悟说

格式塔学派心理学家沃尔夫冈·苛勒（Wolfgang Koehler）曾对黑猩猩的问题解决行为进行了一系列的实验研究，提出了与当时盛行的桑代克的尝试-错误学习理论相对立的完形-顿悟说[31]。苛勒指出，真正地解决行为，通常采取畅快、一下子解决的过程，具有与前面发生的行为截然分开来而突然出现的特征。这就是所谓的顿悟，而顿悟学习的实质是在主体内部构建一种心理完形，其基本内容包括：

（1）学习是通过顿悟过程实现的。苛勒认为，学习是个体利用本身的智慧与理解力对情境及情境与自身关系的顿悟，而不是动作的累积或盲目的尝试。顿悟是在做出外显反应之前，在头脑中要进行一番类似于"验证假说"的思索。学习包括知觉经验中旧有结构的逐步改组和新结构的豁然形成，顿悟是以对整个问题情境的突然领悟为前提的。顿悟是对目标和达到目标的手段和途径之间的关系的理解。

（2）学习的实质是在主体内部构造完形。完形是一种心理结构，它是在机能上相互联系和相互作用的整体结构，是对事物关系的认知。学习的过程就是一个不断地进行结构重组、不断地构建完形的过程。

完形-顿悟学说作为最早的认知学习理论，肯定了主体的能动作用，强调心理具有一种组织的功能，把学习视为个体主动构造完形的过程；强调观察、顿悟和理解等认知功能在学习中的重要作用，这对反对当时盛行的行为主义学习论的机械性和片面性具有重要意义。但这一理论与桑代克的尝试-错误学习并不是互相排斥和绝对对立的。尝试错误往往是顿悟的前提，顿悟则是练习到某种程度的结果。它们在人类学习中极为常见，是两种不同方式、不同阶段或不同水平的学习类型。

3. 布鲁纳的认知结构学习理论

布鲁纳的主要教育心理学理论集中体现在《教育过程》[32]一书中。对于布鲁纳在教育心理学方面做出的卓越贡献，美国一本杂志曾这样评价：他也许是自杜威以来第一个能够对学者和教育家谈论智育的人。这足以看出布鲁纳在学术界的崇高威望。

布鲁纳主要研究有机体在知觉和思维方面的认知学习，他把认知结构称为有机体感知和概括外部世界的一般方式。布鲁纳始终认为，学校教育与实验室研究猫、狗和小白鼠受刺激后做出的行为反应是截然不同的两回事，他强调学校教学的主要任务就是要主动地把学习者旧的认知结构置换成新的，促成个体能够用新的认知方式来感知周围世界。

（1）该理论重视学科基本结构的掌握。布鲁纳强调，不论教什么学科，务必使学生理解该学科的基本结构。所谓"基本"，就是"具有既广泛而又强有力的适用性"，学科的基本结构包括基本概念、原理和规律，也就是每科教学要着重教给学生这"三基"。

布鲁纳的认知结构学习理论深受皮亚杰发生认识论的影响，他认为认知结构是通过同化和顺应及其相互间的平衡而形成的。但他也不完全同意皮亚杰的观点，皮亚杰认为认知结构是在其他外界作用下形成发展起来的，而布鲁纳则反复强调认知结构对外的张力，认为认知结构是个体拿来认识周围世界的工具，它可以在不断地使用中自发地完善起来，学校的教学工作主要是帮助学生掌握基础学科的知识，并以此为同化点来完成对知识结构的更新，促使他们运用新的认知结构来完成对周围世界的感知，这就是有机体智慧生长的过程。因此，布鲁纳主张教给学生学科的基本结构，主要是让学生掌握概括性程度更高的概念或一般原理，以有利于后继新知识的同化和顺应。

（2）该理论提倡有效学习方法的形成。在布鲁纳看来，人类具有对不同事物进行分类的能力，人的学习其实就是按照知识的不同类别把刚学习的内容纳入以前学习所形成的心理框架（或现实的模式）中，有效地形成学习者知识体系的过程。布鲁纳认为，人类的知觉过程也就是对客观事物不断进行归类的过程，所以，他提倡教师在帮助学生学习的过程中，不仅要提供必要的信息，而且要教会学生掌握并综合运用对客观事物归类的方法。他认为，学习者的探究实际上并不是发现对世界上各种事件分类的方式，而是创建分类的方式，而在具体的学习过程中，这些相关的类别就构成了编码系统。编码系统是人们对所学知识加以分组和组合的方式，它在人类不断地学习中进行着持续的变化和重组。

在布鲁纳看来，知识迁移实际上就是学习者将已经掌握的编码系统应用于其他新的信息，从而有效地掌握新信息的过程。因此，教育工作者在教授新知识时，客观地了解学习者已有的编码系统是非常重要的。

（3）该理论强调基础学科的早期教学。布鲁纳有句名言——任何学科的基础知识都可以用某种形式教给任何年龄的任何人。他主张将基础知识下放到较低的年级教学，认为任何学科最基本的观念是既简单又强有力的，教师如果能够根据各门学科的基本概念按照儿童能够接受的方式开展教学的话，就能够帮助学生缩小"初级"知识与"高级"知识之间的距离，有效地促进知识之间的迁移，引导学生早期智慧的开发。他认为，加强基础学科的早期教学，让学生理解基础学科的原理，向儿童提供挑战性但是适合的机会使其步步向前，有助于儿童在学习的早期就形成以后进一步学习更高级知识的同化点。布鲁纳列举了物理学和数学学习中的例子来进一步说明如果儿童能早一点懂得学科学习的基本原理的话，就能帮助他们更容易地完成学科知识的学习，他把这种对学科基本原理的领会和掌握称为通向"训练迁移"的大道，其意义在于不仅能够帮助儿童理解当前学习所指向的特定事物，而且能促使他们理解可能遇见的其他类似的事物。

（4）该理论主张学生的发现学习。所谓发现是指学习者独自遵循他自己特有的认识程序亲自获取知识的一切方式。布鲁纳反复强调教学是要促进学生智慧或认知的生长，他认为，教育工作者的任务是要把知识转换成一种适应正在发展着的学生的形式，以表征系统发展的顺序，作为教学设计的模式。由此，他提倡教师在教学中要使用发现学习的方法。

4. 奥苏贝尔的认知同化理论

美国的认知心理学家奥苏贝尔，对教育心理学的杰出贡献集中体现在他对有意义学习理论[33]的表述中。他在批判行为主义简单地将动物心理等同于人类心理的基础上，创造性地吸收了皮亚杰和布鲁纳等同时代心理学家的认知同化理论思想，提出了著名的有意义学习和先行组织者等，并将学习论与教学论两者有机地统一起来。

（1）有意义学习。奥苏贝尔学习理论的核心是有意义学习。他指出，有意义学习过程的实质就是符号所代表的新知识与学习者认知结构中已有的适当观念建立非人为的和实质性的联系。在他看来，学习者的学习，如果要有价值的话，应该尽可能地有意义。奥苏贝尔将学习分为接受学习和发现学习、机械学习和意义学习，并明确了每一种学习的含义及其相互之间的关系。为了有效地区分这四种学习，奥苏贝尔提出了有意义学习的两条标准。

第一，学习者新学习的符号或观念与其原有知识结构中的表象、有意义的符号、概念或命题等建立联系。例如，学习者在了解哺乳动物的基本特征后，对照特征，知道鲸也属于哺乳动物家族中的一员。

第二，新知识与原有认知结构之间的联结是建立在非人为的、合乎逻辑的基础上的。例如，四边形的概念与儿童原有知识体系中正方形的概念的关系并不是人为强加的，它符合一般与特殊的关系。

另外，奥苏贝尔在提出有意义学习标准的基础上进一步指出了有意义学习的两大条件。一是内部条件，学习者表现出有意义学习的态度倾向，即积极地寻求把新学习的知识与其认知结构中原有知识联系起来的行为倾向性。二是外部条件，所要学习的材料本身要符合逻辑规律，能与学习者本人的认知结构、认知特点相吻合，在学习者的认知视野之内。

奥苏贝尔提出了人类存在的三种主要的有意义学习的类型。

一是表征学习，主要指词汇学习，即学习单个符号或一组符号代表的是什么意思。例如"cat"这个单词，对于刚刚接触英语的孩子来说是无意义的，但教师多次指着猫对孩子说这就是"cat"，最后孩子自己看见猫的时候也会说这就是"cat"，这时候我们就能说孩子对"cat"这个符号已经获得了意义。

二是概念学习，主要指学习者掌握同类事物共同的关键特征。例如，学习者学习了"鸟"的概念，知道了鸟共同的关键特征是体温恒定、全身有羽毛后，儿童能指出鸡也应该属于鸟类，这个时候我们就能说学习者已经掌握"鸟"这个概念了。

三是命题学习，命题学习必须建立在概念学习的基础上，是学习若干概念之间的关系或把握两个（或两个以上）特殊事物之间的关系的活动。这是一种最高级别的学习类型。学习若干概念之间的关系称为概括性命题学习。例如，学习长方形的面积等于长乘宽，这里的面积、长和宽可以代表任意长方形的面积、长和宽，而这里的乘积表示的是任意长与宽之间的联系。把握两个（或两个以上）特殊事物之间关系的学习称为非概括性命题学习，这种学习只是一种陈述学习。例如，掌握"无锡是中国最具经济活力的城市之一"，这里"无锡"表示的是一个城市，"中国最具经济活力的城市"表示的也是一个特殊对象，两者结合在一起就陈述了一个具体的事实。

（2）知识的同化。奥苏贝尔学习理论的基础是同化。他认为学习者学习新知识的过程实际上是新旧知识之间相互作用的过程，学习者必须积极寻找存在于自身原有知识结构中的能够同化新知识的停靠点，这里同化主要指的就是学习者把新知识纳入已有的图式中去，从而引起图式量的变化的活动。奥苏贝尔指出，学习者在学习中能否获得新知识，主要取决于学生个体的认知结构中是否已有了有关的概念（即是否具备了同化点）。教师必须在教授有关新知识以前了解学生已经知道了什么，并据此开展教学活动。

奥苏贝尔按照新旧知识的概括水平及其相互间的不同关系，提出了三种同化方式，即下位学习、上位学习和并列结合学习。

下位学习（也称类属学习）主要是指学习者将概括程度处在较低水平的概念或命题，纳入自身认知结构中原有概括程度较高水平的概念或命题之中，从而掌握新学习的有关概念或命题。按照新知识对原有知识产生影响的大小，下位学习又可以分为两种。一种是派生类属学习，即新学习的知识仅仅是学习者已有概念或命题的一个例证或一种派生物。例如，学习者掌握了个性心理的基本特征后，就不难理解个性心理中具有代表性的性格特征了，这种学习不仅使新知识获得了意义，而且使原有知识获得了证实或扩充。另一种是当学习者获得一定的类属于原有概念或命题的新知识以后，使自身原有的概念或命题进一步精确化，使其受到限制、修饰或扩展，这种学习称为相关类属学习。例如，学习者已经熟悉了"氯在点燃状态下可以与铁发生化学反应"的命题，现在学习新的命题"溴在点燃状态下也可以与铁发生化学反应"，后一命题与前一命题之间只是相关关系，后者不可以从前者中派生出来。

上位学习（也称总括关系）是指在学习者已经掌握几个概念或命题的基础上，进一步学习一个概括或包容水平更高的概念或命题。例如，学习者在熟悉了"感知""记忆""思维"这些下属概念之后，再学习"心理过程"这个概括程度更高的新的概念，这个概括水平更高的新概念主要通过归纳原有下位概念的属性而获得意义。

当新学习的概念和命题既不能与原有知识结构中的概念或命题产生下位关系，也不产生上位关系，而是并列关系时，这时的学习便只能采用并列结合学习。例如，学生在学习了心理过程的基本知识以后，再学习个性心理的有关知识，这时的学习就是并列结合学习。

（3）学习的原则与策略。奥苏贝尔还在有意义学习和同化理论的基础上提出了学习的原则与策略。

一是逐渐分化原则。这条原则主要适合下位学习，奥苏贝尔认为学习者在学习新知识时，用演绎法从已知的较一般的整体中分化细节要比用归纳法从已知的具体细节中概括整体容易一些，因而教师在传授新知识时应该先传授最一般的、概括性最强的、包摄性最广的概念或原理，然后再根据具体细节逐渐加以分化。

二是综合贯通原则。这条原则主要适合上位学习和并列结合学习，奥苏贝尔主张教师在用演绎法渐进分化出新知识的同时，还要注意知识之间的横向贯通，要及时为学习者指出新旧知识之间的区别和联系，防止由于表面说法的不同而造成知识之间人为地割裂，促进新旧知识的协调和整合。

三是序列巩固原则。这条原则主要针对并列结合学习，该原则指出对于非上位、非下位关系的新旧知识可以使其序列化或程序化，使教材内容由浅入深、由易到难。同时，奥苏贝尔也指出，对于这类知识的学习，教师还应该要求学习者及时采取纠正和反馈等方法复习回忆，保证促进认知结构中原有观念的稳定性及对新知识掌握的牢固性。

为了有效地贯彻这三条原则，奥苏贝尔提出了具体的先行组织者策略。先行组织者是指在呈现新的学习任务之前，由教师先告诉学生一些与新知识有一定关系的、概括性和综合性较强的、较清晰的引导材料，来帮助学生建立学习新知识的同化点，以有效促进学习者的下位学习。根据所要学习新知识的性质，奥苏贝尔列出了两种不同类型的先行组织者。对于完全陌生的新知识，他主张采用说明性组织者（或陈述性组织者），利用更抽象和概括的观念为下一步的学习提供一个可资利用的固定观念；对于不完全陌生的新知识，他主张采用比较性组织者，帮助学生分清新旧知识之间的共同点和不同点，为获得精确的知识奠定基础。

5. 社会学习理论

美国心理学家阿尔伯特·班杜拉（Albert Bandura）在反思行为主义所强调的刺激-反应的简单学习模式的基础上，接受了认知学习理论的有关成果，提出了学习理论必须研究学习者头脑中发生的反应过程的观点，形成了综合行为主义和认知心理学有关理论的认知-行为主义的模式，提出了"人在社会中学习"的基本观点[34]。

班杜拉建构的社会学习理论也有一个实验作为载体，只不过他所采用的实验对象从动物变为了人类自身。实验过程分成两个阶段：第一阶段是让三个不同班级（A，B，C）的学生看三段录像，录像中的一部分内容是相同的，都是一个大孩子在一间屋子里击打一只充气玩具。接着，屋子里出现了一个成人，三个班级的学生随后所看录像的内容就不一样了，A 班学生看到的镜头是成人不满地在孩子的脑袋上拍打了几下，以示对孩子这种行为的惩罚；B 班学生则看到进来的成人亲昵地摸了摸孩子的头，似乎是对孩子这种行为的赞许；C 班学生看到成人进屋以后，既没有对孩子表示惩戒，也没有对孩子表示赞赏，只是若无其事地招呼孩子离开那间屋子。看完录像以后，实验者让三个班级的学生分别待在不同的教室里，里面都放有一只充气的玩具，观察者则在教室外观察学生的行为反应，结果看到 B 班学生主动攻击玩具的次数最多，C 班次之，A 班最少。

班杜拉通过这个实验得出了著名的社会认知理论，他认为儿童社会行为的习得主要是通过观察、模仿现实生活中重要人物的行为来完成的。班杜拉认为，任何有机体观察学习的过程都是在个体、环境和行为三者相互作用下发生的，行为和环境是可以通过特定的组织加以改变的，三者对于儿童行为塑造产生的影响取决于当时的环境和行为的性质。

班杜拉把儿童观察学习的过程分成了四个阶段。第一，注意阶段。有机体通过观察其所处环境的特征，注意到那些可以知觉的线索。一般而言，儿童往往更倾向于选择那些与自身条件相类似的或被他认可为优秀的、权威的、被得到肯定的对象作为知觉的对象。第二，保持阶段。有机体通过表象和言语两种表征系统来记住他在注意阶段已经观察到的榜样的行为，并用言语编码的方式存储于自身的信息加工系统中。第三，复制阶段。有机体从自身的信息加工系统中提取从榜样情景中习得并记住的有关行为，在特定的环境中模仿。这是有机体将观察学习而习得的不完整的、片段的、粗糙的行为，通过自行练习而得到弥补的过程，最终使一项被模仿的行为通过复制过程而成为有机体自己熟练的技能。第四，动机阶段。有机体通过前面三个阶段已经基本上掌握了榜样的有关行为，但在现实生活中，个体却并不一定在任何情景中都会按照榜样的行为去采取自己的反应，班杜拉认为这主要是因为"机会"或"条件"不成熟，而"机会"或"条件"的成熟与否主要取决于外界对此行为的强化程度。

按照班杜拉的理解，对于有机体行为的强化方式有三种。一是直接强化，即对学习者做出的行为反应当场予以正或负的刺激。二是替代强化，指学习者通过观察其他人实施这种行为后所得到的结果来决定自己的行为指向。例如，实验中 B 班学生由于看到录像中小孩对充气玩具攻击后受到成人的表扬，从而决定采取与录像中小孩相同的行为来对待生活中碰到的类似事情。三是自我强化，指儿童根据社会对他所传递的行为判断标准，结合个人自己的理解对自己的行为表现进行正或负的强化。自我强化参照的是自己的期望和目标。例如，在一次跳绳比赛中一个学生对自己跳了 150 次而欣喜不已，而另外一个同样成绩的学生则懊丧不已。

6. 建构主义学习理论

建构主义强调学习者是以自己的经验为基础来建构现实，或者至少说是在解释现实。维特罗克（M.C.Wittrock）认为，学习过程不是先从感觉经验本身开始的，而是从对该感觉经验的选择性注意开始的。任何学科的学习和理解总是涉及学习者原有的认知结构，学习者总是以其自身的经验，包括正规学习前的非正规学习和科学概念学习前的日常概念，来理解和建构新的知识或信息。建构一方面是对新信息意义的建构，同时又包含对原有经验的改造和重组[35]。因此，他们更关注如何以原有的经验、心理结构和信念为基础建构知识，更强调学习的主动性、社会性和情境性。

建构主义强调，应当把学习者原有的知识经验作为新知识的生长点，引导学习者从原有的知识经验中，生长新的知识经验。他们认为学习者并不是空着脑袋走进教室的，他们在各种形式的学习中，凭借自己的头脑创建了丰富的经验。当学习问题一旦呈现在他们面前时，学习者会基于以往的经验，依靠他们的认知能力，形成对问题的解释，由于学习者的经验及其对经验的信念不同，他们对外部世界的理解也是不同的。因此，著名的人本主义心理学家凯利（G.A.Kelley）指出：第一，个人建构是不断发展、变化和完善的，可推陈出新，不断提高；第二，个人建构因人而异，现实是各人所理解和知觉到的现实，面对同一现实，不同的人会有不同的反应；第三，在研究人格整体结构的同时，不能将其组成部分弃于一端，而应努力做到整体与部分、形式与内容的有机统一；第四，当人们总用已有的建构去预期未来事件时，不可避免地要遇到一些困难和麻烦，新的信息和元素需要加入原有的建构之中；第五，一个人要获得一种同现实十分一致的建构体系绝非轻而易举，要经过大量的探索和试误过程[36]。

7. 人本主义学习理论

人本主义是 20 世纪 50 年代末 60 年代初在美国出现的一种重要的教育思潮，主要的代表人物是马斯洛（A.Maslow）、罗杰斯（C.R.Rogers）和凯利等。这些心理学家反对把对小白鼠、鸽子、猫和猴子的研究结果应用于人类学习上，主张采用个案研究方法。

人本主义心理学的主要观点[37]是：第一，心理学研究的对象是"健康的人"；第二，生长与发展是人的本能；第三，人具有主动地、创造性地作出选择的权利；第四，人的本性中情感体验是非常重要的内容。建立于现代人本主义心理学基础上的人本主义学习理论包括以下观点。

（1）以人性为本位的教学目的观。人本主义认为：人性本质是善的，人生而具有善根，只要后天环境适当，就会自然地成长；人所表现的任何行为不是由外在刺激引起或决定的，而是发自内在、出于当事人自己的情感与意愿所作出的自主性与综合性的选择；人的学习是个人潜能的充分发展，是人格的发展。马斯洛指出：学习的本质是发展人的潜能，尤其是那种成为一个真正人的潜能；学习要在满足人最基本需要的基础上，强调学习者自我实现需要的发展；人的社会化过程与个性化过程是完全统一的。

因此，许多人本主义教育家认为，教育的根本目标是帮助发展人的个体性，帮助学生认识到他们自己是独特的人类并最终帮助学生实现其潜能。人本主义者强调学校教师在教学中应重点帮助学生明确学习的目标和学习的内容，创设能促进学生学习的良好的心理氛围，保证学生在充满满足感和安全感的情境中通过教师安排的合适的学习活动，发现学习内容的价值和意义，使学习者成为充分发展的人。

（2）彰显主体的教学过程观。人本主义认为，在教学过程中，应以"学生为中心"，这是其"自我实现"的教育目的的必然产物，教学以学习者为中心，让学生成为学习的真正主体。马斯洛认为，健康的儿童是乐于发展、前进，乐于提高技术和能力，乐于增强力量的。人本主义强调在教育教学过程中应重视学生的认知、情感、兴趣、动机和潜能等内心世界的研究，尊重每个学生的独立人格，保护学生的自尊心，帮助每个学生充分挖掘自身潜能、发展个性和实现自身的价值，并力图证明：外部的学习要求与每个人具有的生长趋势是一致的，学习可以带来即时的娱乐和兴奋的源泉，而不是作为与别人竞争或保证一个人在未来社会中的地位和工具，学习的手段和目的应该是统一的，同时，认为每个人具有先天性的友爱、求知和创造等潜能，这些潜能必须发挥出来，人的自我实现则是人的潜能不断得到发挥的一种动态的、形成的过程。教育的主要功能是创造最好的条件促使每个人达到他所能及的最佳状态，帮助个体发现与真正的自我更相协调的学习内容和方法，提供一种良好的促进学习和成长的氛围。因此，教师在教学过程中尤其要重视学生的情感体验，设身处地地从学生的角度去理解学习的过程和内容，帮助学生了解学习的意义，建立学习内容与学习者个人之间的联系，指导学生在一定的范围内自行选择学习材料，激发学生从自我倾向性中产生学习倾向，培养学生自发、自觉地学习习惯，实现真正意义上的有意义学习。

三、教师的讲授理论依据

（一）教学理论的形成

教学理论的形成经历了漫长的历史阶段，从教学经验总结，到教学思想成熟再到教学理论的形成。这一进程是人们对教学实践活动认识不断深化、不断丰富和不断系统化的过程，其中系统化是教学理论形成的标志。《学记》[38]是最早论述教学理论的专著。在西方教育文献中，最早使用"教学论"一词的是德国教育家拉特克（W.Ratke）和捷克教育家夸美纽斯（J.A.Comenius），他们用的词是"didactica"，并将其解释为"教学的艺术"。赫尔巴特（J. F. Herbart）在《普通教育学》[39]中解释的教育学是"padagogik"，英语是"pedagogy"，源于希腊语中的"教仆"（pedagogue）一词，它主要指教学方法和学生管理两方面。教育性教学是赫尔巴特教育学的核心，他第一个明确提出这一概念，把道德教育与学科知识教学统一在同一个教学过程中，并提出了著名的教学形式阶段理论，即"明了"（clearness）、"联合"（association）、"系统"（system）和"方法"（method）。《普通教育学》是科学化教学理论的标志，是将心理学的研究成果应用于教学过程最初尝试的典范。

第一阶段，"明了"（也译为"清楚"）。"明了"是了解新出现的个别事物，它相当于出现某种新"问题"。这是教学过程的第一步，由教师传授新教材。为了使学生真正明了个别事物，教学速度必须放慢一些并尽量将教学内容分解为小步骤。要求教师在讲解时应尽量明了、准确、详细，并和学生意识中相关的观念（已掌握的知识）进行比较。教师主要采用提示教学，也可辅之以演示，包括实物挂图等直观教学方式帮助学生明了新观念，掌握新教材。学生这一阶段的心理状态是处于静止的专心活动，主要表现为注意，注意教师对新教材的提示，集中精神对新的概念、教材进行钻研，努力明了新概念。

在"明了"阶段，儿童的观念活动处于静态的钻研状态，对学习的内容逐个进行深入的学习，主要的任务是明了各种知识。这就要求把所学的内容加以分解，逐个地提出，使学生能清楚、明确地看到各个事物。据此，教师应采用清晰简明的讲解和直观示范等叙述教学法，使学生注意力集中并兴趣盎然地开始学习新教材（即书本知识），对新教材的内容产生探求钻研的意向。

第二阶段，"联合"（也译为"联想"）。"联合"是将新出现的个别事物与经验观念中的原有事物联系起来考虑，初步形成新旧事物之间的某种暂时的"关系"，它相当于针对新问题初步提出某种"假设"。赫尔巴特将这种从"明了"到"联合"的心理活动称为"专心"。学生此时的心理状态是处于动态的"专心"活动，这种钻研活动可使学生新掌握的观念、教材与以往已有的观念之间产生联系。由于新知识与原有知识之间的联系开始时尚不清晰，处于一种模糊状态，心理表现为"期待"，希望知道新旧观念联系起来所得的结果。教师应采用分析教学，与学生进行无拘束的自由谈话，引起统觉过程，使新旧知识产生"联合"。

第三阶段，"系统"。赫尔巴特讲的"系统"是针对初步形成的新旧事物联系（假设）进一步检查，使新旧事物处于恰当的位置。经过"联合"阶段后，学生的新旧观念、新旧知识已经产生了联系，但还不"系统"，需要一种静止的审思活动。学生应在教师指导下，在新旧观念联系的基础上进行深入的思考和理解，并寻求结论和规律。学生此时的心理状态是处于静止的审思活动，心理上的特征是"探究"。教师可采用综合教学，通过新旧教材对比联系，将知识形成概念、定义和定理。

第四阶段，"方法"。"方法"是通过重复推广应用，进一步验证原来假想的关系。赫尔巴特讲的"方法"即"应用"（或"练习"），如作业、写作和改错，让学生在类似的情境中获得对新知识的理解、提升和抽象，因为这里可以表明学生是否正确地把握主要思想，能否应用它们。学生心理状态是学生对观念体系的进一步深思，表现为一种动态的审思活动。学生会产生把系统知识应用于实际的要求，其心理特征是"行动"。教师可采用练习法，指导学生通过练习和作业等方式将所领会的教材应用于实际，并发展逻辑地进行思维的技能。

赫尔巴特将"系统"与"方法"一起视为"审思"活动，它是由"明了"-"联合"构成的"专心"活动的延续。他认为教学的步骤应该是一个从"专心"到"审思"的过程，"专心"活动应当发生在"审思"活动之前，必须使两者尽可能地相互接近，而"审思"又可变为新的"专心"，"专心"与"审思"必须交替进行。这个教学过程就是一个观念运动过程，通过"明了"阶段使个别的观念明确清楚，通过"联合"阶段使许多个别的观念得以联合，通过"系统"阶段使已联合的许多观念得以系统化，通过"方法"阶段使已系统化的观念进行某种运用，以便使之更为牢固和熟练。赫尔巴特的四阶段理论事实上就是教师呈现新教材，并且让学生感知这些教材，进而使新旧知识相互"融合"并使知识系统化，然后通过"学习"等手段使学生运用所学的知识。赫尔巴特提出的四阶段，后来由德国的齐勒尔（Ziller）和威尔赫姆·赖因（Wilhelm Rein）修改为预备、提示、比较、总括和应用五段，称为五段教学法[40]。19世纪形成的五段教学法，直到现在还能见到它的影子，甚至很多学校还完全按照其讲课的程序和步骤在进行着21世纪的教学。

（二）教学理论流派

教学理论流派主要有哲学取向的教学理论、行为主义教学理论、认知教学理论、情感教学理论。

1. 哲学取向的教学理论

哲学取向的教学理论源于苏格拉底（Socrates）和柏拉图（Plato）的"知识即道德"的传统。这种理论认为教学的目的是形成人的道德，而道德又是通过知识积累自然形成的。为了实现道德目的，知识就成为教学的一切，依次便演绎出一种偏于知识授受为逻辑起点、从目的和手段进行展开的教学理论体系。这种理论的代表作有苏联达尼洛夫和叶希波夫的《教学论》[41]、斯卡特金主编的《中学教学论》[42]和王策三的《教学论稿》[43]。这种理论的基本主张是：知识——道德本位的目的观，知识授受的教学过程，科目本位的教学内容，语言呈示为主的教学方法（讲授法是教师通过口头语言向学生系统地传授知识的教学方法，包括讲述、讲解和讲演三种基本方式）。

2. 行为主义教学理论

20世纪初以美国心理学家华生为首发起的行为革命对心理学的发展进程影响很大。他在《行为主义者心目中的心理学》[44]中指出，心理学是自然科学的一个纯客观的实验分支，它的理论目标在于预见和控制行为。心理学把刺激-反应作为行为的基本单位，学习即刺激-反应之间联结的加强，教学的艺术在于如何安排强化。由此派生出程序教学、计算机辅助教学、自我教学单元、个别学习法和视听教学等多种教学模式和方式。其中，以斯金纳的程序教学理论影响最大，其理论的基本主张如下[45]。

（1）预期行为结果的教学目标。斯金纳认为，"学习"即反应概率的变化；"理论"是对所观察到的事实解释；"学习理论"所要做的是指出引起概率变化的条件。他还认为，人类和动物的行为可能取决于前提性事件，也可能取决于结果性事件，所以我们可以安排各种各样的反应结果，以决定和预见有机体的行为。根据行为主义原理，教学的目的就是提供特定的刺激，以便引起学生特定的反应，所以教学目标越具体、越精确越好。美国教育心理学家布卢姆等人的教育目标分类学[46]与行为主义的基本假设是一致的。

（2）相倚组织的教学过程。所谓相倚组织，就是对强化刺激的系统控制。斯金纳认为，学生的行为是受行为结果影响的，若要学生做出合乎需要的行为反应，必须形成某种相倚关系，即在行为后有一种强化性的后果；倘若一种行为得不到强化，它就会消失。根据这一原理，形成了一种相倚组织的教学过程，这种教学过程对学习环境的设置、课程材料的设计和学生行为的管理做出了系统的安排，包括以下五个阶段。

① 具体说明最终的行为表现，即制定并明确目标，具体说明想要得到的行为结果，制定测量和记录行为的计划；

② 评估行为，即观察并记录行为的频率，如有必要，记录行为的性质和当时的情景；

③ 安排相倚关系，即做出有关环境安排的决定，选择强化物和强化安排方式，确定最后的塑造行为的计划；

④ 实施方案，即安排环境并告知学生具体要求；

⑤ 评价方案，即测量所想到的行为反应，重现原来的条件，测量行为，然后再回到相倚安排中去。

简单来看，行为主义者似乎关注的是"怎样教"，而不是"教什么"。事实上，根据行为科学的原理设计程序，直接涉及要教什么，不教什么，他们侧重的是行为，并要以一种可以观察、测量的形式来具体说明课程内容和教学过程。

（3）程序教学的方法。程序教学法是根据强化作用理论而来的。斯金纳认为，对有机体与其环境相互作用的一种适当的陈述，必须始终具体说明三件事：反应发生的场合，反应本身，强化结果。这三者之间的相互关系便是"强化相倚关系"（contigencies of reinforcement）。根据强化相倚关系，斯金纳设计了两种促使有机体行为变化所采用的技术——塑造和渐退。塑造是指通过安排特定的强化相倚关系使有机体做出其行为库中原先不曾有过的复杂动作。渐退是指通过有差别的强化，缓慢地减少两种（或两种以上）刺激的特征，从而使有机体最终能对两种只有很小差异的刺激做出有辨别的反应。斯金纳对程序学习的处理包括两种形式：一种是"直线式"；另一种是"分支式"，它较直线式复杂，通常包括一种多重选择的格式。学生在被呈现若干信息之后，即要面临多重选择的问题。若回答正确，则进入下一个信息系统；若回答不正确，则给予补充信息。

程序教学的四个基本原则是逐步前进（step-by-step progression）、经常反馈（constant feedback）、及时强化（immediate enforcement）和个别对待（individualized approach）。

3. 认知教学理论

认知心理学家提出，批判行为主义是在研究"空洞的有机体"，在个体与环境的相互作用上，认为是个体作用于环境，而不是环境引起人的行为，环境只是提供潜在刺激，至于这些刺激是否受到注意或被加工，则取决于学习者内部的心理结构。学习的基础是学习者内部心理结构的形成和改组，而不是刺激-反应联结的形成或者行为习惯的加强和改变，教学就是促进学习者内部心理结构的形成或改组。提出认知教学理论的是美国教育心理学家布鲁纳和奥苏贝尔等，其中影响较大的是布鲁纳的认知结构教学理论，其理论的基本主张如下。

（1）理智发展的教学目标。布鲁纳认为，发展学生的智力应是教学的主要目的。他在《教育过程》[32]中指出，必须强调教育的质量和理智的目标，也就是说，教育不仅要培养成绩优异的学生，还要帮助每个学生获得最好的理智发展。教育主要是培养学生的操作技能、观察技能、想象技能和符号运算技能，具体为：第一，鼓励学生发现自己猜想的价值和可修正性，以实现试图得出假设的激活效应；第二，培养学生运用心智解决问题能力的信心；第三，培养学生的自我促进；第四，培养学生"经济地运用心智"；第五，培养学生理智的诚实。

（2）动机-结构-序列-强化原则。布鲁纳提出了以下四条教学原则。

第一，动机原则。学习取决于学生对学习的准备状态和心理倾向。儿童对学习都具有天然的好奇心和愿望，问题在于教师如何利用儿童的这种自然倾向，激发儿童参与探究活动，从而促进儿童智慧的发展。

第二，结构原则。要选择适当的知识结构，并选择适合于学生认知结构的方式，才能促进学习。这意味着教师应该认识到教学内容与学生已有知识之间的关系，知识结构应与学生的认知结构相匹配。

第三，序列原则。要按最佳顺序呈现教学内容，学生的发展水平、动机状态、知识背景都可能会影响教学序列的作用，因此，如果发现教学效果不理想，教师就需要随时准备修正或改变教学序列。

第四，强化原则。要让学生适时地知道自己学习的结果，但需要注意的是，教师不应提供太多的强化，以免学生过于依赖教师的指点。另外，要逐渐从强调外部奖励转向内部奖励。

（3）学科知识结构。布鲁纳认为，任何学科知识都是一种结构性存在，知识结构本身具有理智发展的效力。他认为学习基本结构有四个好处：第一，如果学生知道了一门学科的基本结构或它的逻辑组织，就能理解这门学科；第二，如果学生了解了基本概念和基本原理，有助于学生把学习内容迁移到其他情景中去；第三，如果把教材组织成结构的形式，有助于学生记忆具体细节的知识；第四，如果给予学生适当的学习经验和对结构的合理陈述，即便是幼儿也能学习"高级"的知识，从而缩小"高级"知识与"初级"知识之间的差距。

（4）发现教学方法。布鲁纳认为，学生的认知发展主要是遵循其特有的认识程序。学生不是被动的知识接受者，而是积极的信息加工者。教师的角色在于创设可让学生自己学习的环境，而不是提供预先准备齐全的知识。因此，他极力倡导使用发现法，强调学习过程，强调直觉思维，强调内在动机，强调信息提取。

4. 情感教学理论

20世纪60年代以来，人本主义作为心理学的第三势力崛起，力陈认知心理学的不足在于把人当做"冷血动物"，即没有感情的人，主张心理学要想真正成为关于人的科学，应该探讨完整的人，而不是把人分割成行为和认知等从属方面。人本主义心理学家认为，真正的学习涉及整个人，而不仅仅是为学习者提供事实。真正的学习经验能够使学习者发现其自己独特的品质，发现自己作为一个人的特征。教学的本质即促进，促进学生成为一个完善的人。美国人本主义心理学家卡尔·兰塞姆·罗杰斯（Carl Ransom Rogers）的非指导性教学就是这一流派的代表，其基本主张如下[47]。

（1）教学目标是人。罗杰斯认为，最好的教育，目标应该是充分发挥作用的人、自我发展的人和形成自我实现的人。

（2）非指导性教学过程。罗杰斯把心理咨询的方法移植到教学中来，为形成促进学生学习的环境构建了一种非指导性的教学模式。这种教学过程以解决学生的情感问题为目标，包括五个阶段：第一，确定帮助的情景，即教师要鼓励学生自由地表达自己的情感；第二，探索问题，即鼓励学生自己来界定问题，教师要接受学生的感情，必要时加以澄清；第三，形成见识，即让学生讨论问题，自由地发表看法，教师给学生提供帮助；第四，计划和抉择，即由学生计划初步的决定，教师帮助学生澄清这些决定；第五，整合，即学生获得较深刻的见识，并较为积极地行动，教师对此要予以支持。

（3）意义学习与非指导性学习。罗杰斯按照某种意义的连续，把学习分为无意义学习和意义学习。无意义学习（如记忆无意义的音节）只与心有关，它是发生在"颈部以上"的学习，没有情感或个人的意义参与，它与全人无关。意义学习不是那种仅仅涉及事实累积的学习，而是一种使个体的行为、态度、个性以及在未来选择行动方式时发生重大变化的学习。这不仅仅是一种增长知识的学习，而且是一种与每个人各部分经验都融合在一起的学习。这种意义学习主要包括四个要素：第一，学习具有个人参与的性质；第二，学习是自我发起的，即使有推动力或刺激来自外界，但要求发现、获得、掌握和领会的感觉是来自内部的；第三，学习是渗透性的；第四，学习是由学生自我评价的。这种意义学习实际上就是一种非指导性学习。非指导性学习既是一种理论，又是一种实践。它是一种教学模式，其理论假设是：每个人都有健康发展的自然趋向，有积极处理多方面生活的可能性，充满真诚、信任和理解的人际关系会促成健康发展潜能的实现。其基本原则是：教师在教学中必须有安全感，信任学生，同时感到学生同样信任他，不能把学生当成"敌人"，倍加提防。课堂中的气氛必须是融洽、真诚、开放、相互支持的，以使学生自由地表达个人想法，自己引导个人的思想、情绪，自然地显示症结所在的情绪因素，自己调整这种情绪的变化并决定变化的方向，从而改变相应的态度和行为。

（4）师生关系的品质。罗杰斯认为，教师作为促进者在教学过程中的作用表现为四个方面：第一，帮助学生澄清自己想要学什么；第二，帮助学生安排适宜的学习活动及材料；第三，帮助学生发现他们所学东西的个人意义；第四，维持某种滋育学习过程的心理气氛。罗杰斯认为，发挥促进者的作用，关键不在于课程设置、教师知识水平或视听教具，而在于促进者与学习者之间的人际关系的某些态度品质。这种态度品质包括三个方面，即真诚、接受和理解。他认为，真诚是第一要素，是基本的。所谓真诚就是要求教师与学生坦诚相见、畅所欲言，不要有任何的做作和虚伪，喜怒哀乐要完全溢于言表。所谓接受，有时也称信任、奖赏，要求教师能够完全接受学生碰到某一问题时表露出来的畏惧和犹豫，并且接受学生达到目的时的那种惬意。所谓理解，罗杰斯常用"移情性的理解"一词，它是指教师要设身处地地站在学生的立场上考察或认识学生的所思、所言、所为，而不是用教师的标准或主观臆断来"框套"学生。

教学不是知识的传递，而是知识的处理和转换。教师不是知识的简单呈现者，也不是知识权威的象征。教师应该重视学生自己对各种现象的理解，倾听他们的看法，思考他们这些想法的由来，并以此为依据，引导学生丰富或调整自己的解释。因此，教师与学生、学生与学生之间需要共同针对某些问题进行探索，并在探索的过程中相互交流和质疑，了解彼此的想法，引导学习者从原有的知识经验中生长新的知识经验。学习者要努力通过自己的活动，建构形成自己的智力的基本概念和思维形式。

教师的角色应该是学生建构知识的忠实支持者、学生学习的高级伙伴或合作者。建构主义虽然非常重视个体的自我发展，但是它并不否认教师的外在影响作用，认为教师应该给学生提供复杂的真实问题，教师不仅必须开发或发现这些问题，而且必须认识到复杂问题有多种答案，激励学生对问题解决的多种观点。教师必须提供学生元认知工具和心理测量工具，培养学生评判性的认知加工策略，以及自己建构知识和理解的心理模式，帮助他们掌握应对各种挑战所需要的知识、技能和策略，使其养成独立自主和控制自己学习的习惯，让学习者能够成为独立的思考者和解决问题者。在具体教学中，教师应清楚地认识教学目标,理解教学是逐步减少外部控制、增加学生自我控制学习的过程。

教师要成为学生建构知识的积极帮助者和引导者。在建构意义的过程中,教师应要求学生主动去收集和分析有关的信息资料,对所学的问题提出各种假设并努力加以验证。要善于使学生把当前学习内容尽量与自己已有的知识经验联系起来,并对这种联系加以认真思考。为了使意义建构更有效,教师应在可能的条件下组织协作学习,提出适当的问题,以引起学生的思考和讨论;在讨论中设法把问题一步步引向深入,以加深学生对所学内容的理解;要启发、诱导学生自己去发现规律、纠正或补充错误的或片面的认识,并对协作学习过程进行引导,使之朝有利于意义建构的方向发展。通过创设符合教学内容要求的情境、提供新旧知识之间联系的线索来激发学生的学习兴趣,引发并保持学生的学习动机。

教师必须关心学习的实质,以及学习者学习什么、如何学习和学习效率如何等问题,必须明白要求学习者获得什么学习效果。建构主义教学比传统教学要求教师承担更多的教学责任,教师应当重视维戈茨基(Vygotsky)提出的最近发展区[48],并为学生提供一定的辅导。教师不是知识的简单呈现者,而是不断促使学生丰富和调整自己理解的引导者。为此,教师在教学实践中必须创设一种良好的学习环境,学生在这种环境中可以通过实验、独立探究和合作学习等方式来展开学习。

本节的最后,我们想介绍一下苏联著名心理学家维戈茨基的最近发展区思想。研究这一思想对于如何进行新课程改革是非常有益的,也利于我们的教学面对全体,使学生各有所得。

最近发展区理论表明,儿童发展任何时候不是仅仅由成熟的部分决定的。维戈茨基认为至少可以确定儿童有两个发展的水平:第一个是现有的发展水平,表现为儿童能够独立地、自如地完成教师提出的智力任务;第二个是潜在的发展水平,即儿童还不能独立地完成任务,而必须在教师的帮助下,通过模仿和努力才能完成的智力任务。这两个水平之间的幅度即为最近发展区。

在维戈茨基看来,最近发展区对智力发展和成功的进程,比现有水平有更直接的意义。他强调教学不应该指望于儿童的昨天,而应指望于他的明天。只有走在发展前面的教学,才是好的教学,因为它使儿童的潜在发展水平不断提高。

依据最近发展区的思想,最近发展区是教学发展的最佳期限,即发展教学最佳期限,在最佳期限内进行的教学是促进儿童发展最佳的教学。教学应根据最近发展区设定。如果只根据儿童智力发展的现有水平来确定教学目的、任务和组织教学,就是指望于儿童发展的昨天,面向已经完成的发展进程。这样的教学从发展意义上说是消极的,它不利于促进儿童发展。教学过程只有建立在那些尚未成熟的心理机能上,才能产生潜在水平与现有水平之间的矛盾,而这种矛盾又可引起儿童心理机能之间的矛盾,从而推动儿童的发展。例如,初中一年级负数的教学,学生过去未认识负数,教师可以举一些具体的、具有相反意义的量。例如,可用温度计测温度的例子,在零摄氏度以上与在零摄氏度以下的时候的温度怎样表示,以吸引学生,使他们渴望找到表示这些量的数,从而解决他们想解决未能解决的问题。这样的由教学过程中的矛盾而引起的心理机能的矛盾,使学生很快掌握了负数的概念,并能运用其解决实际问题。

依据最近发展区,教学也应采取适应的手段。教师借助教学方法和手段,引导学生掌握新知识,形成技能和技巧。要实现这一目的关键在于最近发展区,因此教学方法和手段应考虑最近发展区。例如，在初中二年级的相似三角形教学中，可先带学生做教学实验，让学生应用已有知识测量学校校园内国旗旗杆的高，使学生产生兴趣，旗杆不能爬，怎样测量呢？这时教师可以充分利用学校的资源，带领学生进行实地测量，得到一些数据。怎样处理这些数据呢？当然学生在未学相似三角形知识之前是不知道的。这样必然会引起学生心理机能的矛盾，再因势利导，回到课堂。这样比单一的教学方法效果更好，可以培养学生注意自己平时不感兴趣的东西。

　　根据最近发展区，教学必须遵循因材施教的原则。从学生整体而言，如一个班的教学，应面向大多数学生，使教学的深度为大多数学生经过努力后所能接受。这就得从大多数学生的实际出发，考虑他们整体的现有水平和潜在水平，正确处理教学中的难与易、快与慢、多与少的关系，使教学内容和进度符合学生整体的最近发展区。当遇到较难的章节时，教师可以添加一些为大多数学生所能接受的例题，不一定全部照搬课本，以便使学生各有所获。对于个体学生来说，有的学生认识能力强，兴趣广泛，思维敏捷，记忆力强，他们不满足按部就班地学习，迫切希望教师传授给他们未知的知识，要求更有深度的广延。教师应根据他们最近发展区的特点，实施针对性教学。例如，有的学校办提高班，给他们开小灶是较好的做法。而有的学生成为学困生，是因为教学不符合他们的最近发展区。在课堂教学中要注意这一批学生。例如，有一道题目是求证"对角线相等的梯形是等腰梯形"。在这一例题的教学过程中，对于理论基础较差的学生来说很可能听不懂，为了使学生各有所得，教师可以提出不同层次的要求。例如，对部分学生只要求能按照题目要求画出等腰梯形的图形就可以了，这样降低要求充分顾及了个体的最近发展区，使学生学有所乐，让不同层次的学生在数学课堂上都有所收获，调动了大多数学生的积极性。同时，教师在布置作业的时候也要作多层次的要求，避免个别学生交不上作业的局面，使得学生在作业中各有所为。由于身体素质、发育情况、认识能力、意识倾向和兴趣爱好等差异，同一年龄段的学生会有领会、理解能力的差异。有些学生不善于借助分析、结合和逻辑推理的方法来领会、掌握知识，但可能长于较具体、形象的思维，所以教学应根据他们的最近发展区，进行相应的教学，激发他们的求知欲。又如，在初中一年级讲幂的运算时，正数的任何次幂都是正数，负数的偶次幂是正数，负数的奇次幂是负数，这样一个关于幂的符号问题，教师应由形象到抽象顺序，先举例子：正数幂 $2^2=4, 3^2=9$；负数幂 $(-3)^2=9, (-1)^3=-1$。让学生直观观察，一起总结规律，然后提出性质 $a^n=b$（当 $a>0$ 时，$b>0$；当 $a=0$ 时，$b=0$；当 $a<0$，n 为奇数时，$b<0$）。这样的教学方法较好，可以促进学生抽象思维的发展。

　　由应试教育向素质教育转变的今天，依据最近发展区进行数学教学是必要的。这样才能使学生真正得到发展，尽管某些学生的水平达不到我们教育者的要求。依据最近发展区进行数学教学能增强学生对本学科的兴趣，也使学生学有所乐，促进学生在点滴教学中提高数学素质。只要教师多研究学生的最近发展区，在课堂教学中采取符合学生实际情况的教学方法，必定能让学生各有发展，这样才能够适应新课改的要求：人人学有用的数学，人人学习必需的数学。

四、培养学生数学核心素养的目标依据

　　2017 版《普通高中课程标准》明确指出：学科核心素养是育人价值的集中体现，是

学生通过学科学习而逐步形成的正确价值观念、必备品格和关键能力。数学作为最重要的基础学科之一，其学科核心素养是数学课程目标的集中体现，是具有数学基本特征的思维品质、关键能力以及情感、态度和价值观的综合体现，它是在数学学习和应用的过程中逐步形成和发展的。数学学科核心素养包括数学抽象、逻辑推理、数学建模、直观想象、数学运算和数据分析。这些数学学科核心素养既相对独立，又相互交融，是一个有机的整体。

2017 版《普通高中课程标准》要求学生通过高中数学课程的学习，获得进一步学习以及未来发展必需的数学基础知识、基本技能、基本思想、基本活动经验（简称"四基"）；提高从数学角度发现和提出问题的能力、分析和解决问题的能力（简称"四能"）；学会用数学眼光观察世界，发展数学抽象和直观想象素养；学会用数学思维分析世界，发展逻辑推理和数学运算素养；学会用数学语言表达世界，发展数学建模和数据分析素养。

高中数学教学以发展学生数学学科核心素养为导向，创设合适的教学情境，启发学生思考，引导学生把握数学内容的本质；提倡独立思考、自主学习、合作交流等多种学习方式，激发学习数学的兴趣，养成良好的学习习惯，促进学生实践能力和创新意识的发展；注重信息技术与数学课程的深度融合，提高教学的实效性；不断引导学生感悟数学的科学价值、应用价值、文化价值和审美价值。

在本节的最后，介绍一下中山大学教师发展中心王竹立教授提出的新知识观以及与之相适应的新学习观和新教学观[49]，或许对我们进行教学设计及教学研究有些新的启示。

新知识观是一种对知识全新的划分方法，是因应信息时代的需要而提出的，是对今天知识形态变化的客观描述。不同于历史上各种知识观，它主要包括三方面内容：其一，信息时代知识发生了五大变化：第一，知识结构由静态层级变成动态网络和生态；第二，知识呈现由抽象变为具象；第三，知识形态由硬变软；第四，知识内容由整体变为碎片；第五，知识生产由单纯依靠人类变为人机合作。其二，信息时代知识可划分为软知识和硬知识，区分软、硬知识的主要指标是知识在三个层面上的稳定性。其三，今天软知识大量出现，且越来越重要。

最终他给知识的定义是：知识是人类及人造智能在学习和实践过程中，通过内外因素的相互作用所产生的对客观世界（包括人类自身）的认识、经验、技能和数据等的总和。这个定义只是暂时的，今后将随着实践和认识的深化不断更新迭代。

与新知识观相适应的新学习观——新建构主义学习观，是将建构主义与联通主义思想融会贯通的一种新的学习理论。它认为学习是一个零存整取、不断重构的过程，创新比继承更重要，学习的目的不仅仅是为了传承知识，更重要的是实现创新创造，因此将"为创新而学习，在学习中创新，对学习的创新"是其首要原则。新建构主义最核心的主张就是"零存整取，碎片重构"这八个字，即在碎片化学习时代，学习者应该将各种途径获得的碎片化知识，通过零存整取的策略和方法，有机整合起来，形成个性化知识体系；而不必试图通过复原的方法，按照书本教材原来的知识结构，建立共性化的知识体系。

与新知识观相适应的新教学观——新建构主义教学法，包含四个关键词，分别是分享、协作、探究和零存整取。根据新建构主义思想，王竹立教授提出"三进"式（互联网进课堂、生活实践进课堂、创新教育进课堂）的"互联网＋"课堂。未来的教育将越来越趋向个性化、个别化和差异化，而不是标准化、集中化和统一化。那时，工业时代的现代学校制度将逐渐解体，被开放式学习空间、网络学习和终身教育体系所替代。

第三节　数学教学设计的类型

本节将讨论数学教学设计的类型，这里的类型指的是数学教学设计的呈现形式，并非课程类型。常见的教学设计类型有三种，即常规式、图表式和交互式，介绍如下。对于每种类别，我们分别给出了案例，对案例不作评价，请读者自行学习、分析和反思。

一、常 规 式

常规式数学教学设计指的是按照数学课题、教材分析、教学目标、教学重难点、教学方法和手段、教学过程的顺序依次撰写，最后进行教学设计说明的一种教学设计类型。

下面的案例《算术平方根》是编著者指导 2010 级本科生宋健讲课训练中编写的一篇常规式教学设计。

案例 1-3-1

算术平方根

一、教学目标

（一）知识技能

（1）了解算术平方根的概念，会用根号表示一个正数的算术平方根。

（2）了解一个正数的算术平方根与平方是互逆运算，并会用互逆关系求某些非负数的算术平方根。

（二）数学能力

（1）加强概念形成的教学，提高学生的思维水平。

（2）鼓励学生进行探索和交流，培养其创新意识和合作精神。

（三）情感态度目标

（1）让学生积极参与教学活动，培养其对数学的好奇心和求知欲。

（2）训练学生动脑、动口、动手，提高其合作能力。

二、教学重难点

教学重点：算术平方根的概念和性质；会用根号表示一个正数的算术平方根。

教学难点：算术平方根的概念和求法。

三、教具准备

小卡片、PPT。

四、教学过程

（一）创设问题情境引入新课（预计 1 min 左右）

1. 问题情境

$5^2 = 25$，5 是 25 的什么呢？

2. 提出问题，带着问题导入课题

揭示课题：算术平方根。

（二）层层递进，探索新知（预计 10 min 左右）

1. 算术平方根的定义

如果一个正数 x 的平方等于 a，即 $x^2 = a$，那么这个正数 x 称为 a 的算术平方根。a 的算术平方根记为 $\sqrt{a}$，读作"根号 a"，a 称为被开方数。

规定：0 的算术平方根是 0。

2. 概念的分析和理解

注：（1）正数的算术平方根是正数。

（2）"$\sqrt{\ }$"读作二次根号，简称根号。

（3）正数的算术平方根与平方互为逆运算。

3. 游戏互动，加深对算术平方根的理解

活动规则：卡片分为 A、B 两面，A 面写 1～10 这 10 个数字，B 面写它们的平方。

要求：（1）两人一组，共同合作。

（2）一个同学任意抽出一张卡片，另一个同学回答卡片上数字的平方或算术平方根。若抽出 A 面，则对方回答出它的平方；若抽出 B 面，则对方回答出它的算术平方根。

在游戏之后揭示正数的算术平方根与平方互为逆运算的关系，同时强调对算术平方根的理解。

4. 探索算术平方根的解法，明确解题的依据

例 求下列各数的算术平方根：

（1）100　　　　　　（2）0.0001　　　　　　（3）$\dfrac{49}{64}$

解 （1）因为 $(10)^2 = 100$，所以 100 的算术平方根是 10，即 $\sqrt{100} = 10$。

（2）、（3）小题由学生自己独立完成，教师指导。

（三）小结（预计 1～2 min）

本节课学习了什么？本节课我们学会了算术平方根的概念、用根号表示一个正数的算术平方根，以及算术平方根的求法。

（四）布置作业

75 页习题 1，2。

五、板书设计

13.1　算术平方根

定义：如果一个正数 x 的平方等于 a，即 $x^2 = a$，那么这个正数 x 称为 a 的算术平方根。a 的算术平方根记为 $\sqrt{a}$，读作"根号 a"，a 称为被开方数。

规定：0 的算术平方根是 0。

例　求下列各数的算术平方根：

（1）100　　　　　（2）0.0001　　　　　（3）$\dfrac{49}{64}$

解　（1）因为 $(10)^2 = 100$，所以 100 的算术平方根是 10，即 $\sqrt{100} = 10$。

（2）、（3）略。

六、设计说明及反思

（1）问题情景设置，导入算术平方根概念，同时提醒学生应注意的几点，从而加深其对概念的理解。

（2）互动环节，学生合作玩一个游戏，使其进一步加深对算术平方根的理解，并从游戏中得出正数的算术平方根与平方互逆，从而得出求解一个正数的算术平方根的方法。补充一组例题加强学生对算术平方根算法的理解。

（3）小结，带领学生梳理本节的知识内容；布置作业，加强其对算术平方根的掌握。

通过试讲，我觉得这堂课中在组织学生、带动学生积极参与教学课程、师生、生生互动做得很好。同时，在知识的传授和学生对知识的接受等方面都处理得很恰当。但是自己的语速略快，在课堂上有些表述还是欠佳。

下面的案例《对数函数及其性质（1）》是编著者在指导 2010 级本科生编写常规式教学案例时，学生在 2007 年福建省普通教育教学研究室组织的教学设计大赛中宁德市霞浦县第六中学郭星波教师的参赛作品的基础上改写的。

案例 1-3-2

对数函数及其性质（1）

一、教材分析

选自"普通高中课程标准数学教科书"《数学必修（一）》（人教版）第二章基本初等函数（1）2.2.2 对数函数及其性质（第一课时），主要内容是学习对数函数的定义、图像、性质及其初步应用。对数函数是继指数函数之后的又一个重要初等函数，无论从知识还是思想方法的角度来看对数函数与指数函数，它们都有许多类似之处。与指数函数相比，对数函数所涉及的知识更丰富，方法更灵活，能力要求也更高。学习对数函数是对指数函数知识和方法的巩固、深化和提高，也为解决函数综合问题及其在实际中的应用奠定良好的基础。虽然这个内容十分熟悉，但新教材做了一定的改动，如何设计能够符合新课标理念，是人们十分关注的。本设计力求在某些方面有所突破。

二、学生学习情况分析

刚从初中升入高一的学生，仍保留着初中生的许多学习特点，能力发展正处于形象思维向抽象思维转折的阶段，但更注重形象思维。由于函数概念十分抽象，又以对数运算为基础，同时，初中函数教学要求降低，初中生运算能力有所下降，这双重问题增加了对数函数教学的难度。教师必须认识到这一点，教学中要控制要求的拔高，关注学习过程。

三、设计理念

本节课以建构主义基本理论为指导，以新课标基本理念为依据进行设计，针对学生的学习背景，对数函数的教学，首先要挖掘其知识背景贴近学生实际，其次要激发学生的学习热情，把学习的主动权交给学生，为他们提供自主探究、合作交流的机会，切实改变学生的学习方式。

四、教学目标

（1）通过具体实例，直观了解对数函数模型所刻画的数量关系，初步理解对数函数的概念，对数函数是一类重要的函数模型。

（2）能借助计算器或计算机画出具体对数函数的图像，探索并了解对数函数的单调性和特殊性。

（3）通过比较和对照的方法，引导学生结合图像类比指数函数，探索研究对数函数的性质，培养学生运用函数的观点解决实际问题。

五、教学重难点

重点是掌握对数函数的图像和性质，难点是底数对对数函数的值变化的影响。

六、教学过程设计

背景材料→引出课题→函数图像→函数性质→问题解决→归纳小结。

（一）熟悉背景，引入课题

1. 让学生看材料

材料 1（幻灯）马王堆女尸千年不腐之谜。1972 年，马王堆考古发现震惊世界，专家发掘西汉辛追夫人遗尸时，形体完整，全身润泽，皮肤仍有弹性，关节还可以活动，骨质比现在六十岁的正常人还好，是世界上发现的首例历史悠久的湿尸。大家知道，世界上发现的不腐之尸都是在干燥的环境下风干而成的，譬如沙漠环境，这类干尸肌肤未腐，是因为干燥不利于细菌繁殖，但关节和一般人死后一样，是僵硬的；而马王堆辛追夫人却是在湿润的环境中保存了两千多年，而且关节可以活动。人们最关注的有两个问题：第一，怎么鉴定尸体的年份？第二，是什么环境使尸体未腐？其中第一个问题与数学有关。

图 1-2　辛追夫人复原像

如图 1-2 所示，在长沙马王堆"沉睡"近 2200 年的古长沙国丞相夫人辛追，日前奇迹般地"复活"了。

那么，考古学家是怎么计算出古长沙国丞相夫人辛追"沉睡"近 2200 年？考古学家提取尸体的残留物碳-14 的残留量 p，利用 $t = \log_{5730\sqrt{1/2}} p$ 估算尸体出土的年代，不难发现：对每一个碳-14 的含量的取值，通过这个对应关系，生物死亡年数 t 都有唯一的值与之对应，从而可知 t 是 p 的函数。

材料 2（幻灯）如图 1-3 所示，某种细胞分裂时，由 1 个分裂成 2 个，2 个分裂成 4 个……如果要求这种细胞经过多少次分裂，大约可以得到细胞 1 万个，10 万个……不难发现：分裂次数 y 就是要求的细胞个数 x 的函数，即 $y = \log_2 x$。

图 1-3　细胞分裂

2. 引导学生观察这些函数的特征

含有对数符号，底数是常数，真数是变量，从而得出对数函数的定义：函数 $y = \log_a x$ $(a > 0$ 且 $a \neq 1)$ 称为对数函数，其中 x 为自变量，函数的定义域为 $(0, +\infty)$。

注意：（1）对数函数的定义与指数函数类似，都是形式定义，注意辨别。例如，$y = 2\log_2 x$，$y = \log_5 \dfrac{x}{5}$ 都不是对数函数。

（2）对数函数对底数的限制为 $a > 0$ 且 $a \neq 1$。

3. 根据对数函数的定义填空

例 1　（1）函数 $y = \log_a x^2$ 的定义域是＿＿＿＿＿＿＿＿＿（$a > 0$ 且 $a \neq 1$）；

（2）函数 $y = \log_a(4-x)$ 的定义域是＿＿＿＿＿＿＿＿＿（$a > 0$ 且 $a \neq 1$）。

说明：本例主要考察对数函数定义中底数和定义域的限制，加深对概念的理解，所以把教材中的解答题改为填空题，节省时间，点到为止，以避免挖深、拓展、引入复合函数的概念。

（二）尝试画图，形成感知

1. 确定探究问题

教师：当我们知道对数函数的定义之后，紧接着需要探讨什么问题？

学生 1：对数函数的图像和性质。

教师：你能类比前面研究指数函数的思路，提出研究对数函数图像和性质的方法吗？

学生 2：先画图像，再根据图像得出性质。

教师：画对数函数的图像是否像指数函数那样也需要分类？

学生 3：按 $a > 1$ 和 $0 < a < 1$ 分类讨论。

教师：观察图像主要看哪几个特征？

学生 4：从图像的形状、位置、升降和定点等角度去识图。

教师：在明确了探究方向后，按以下步骤共同探究对数函数的图像。

步骤一：（1）用描点法在同一坐标系中画出对数函数 $y = \log_2 x$ 和 $y = \log_{1/2} x$ 的图像。

（2）用描点法在同一坐标系中画出对数函数 $y = \log_3 x$ 和 $y = \log_{1/3} x$ 的图像。

步骤二：观察对数函数 $y = \log_2 x$ 和 $y = \log_3 x$ 与 $y = \log_{1/2} x$ 和 $y = \log_{1/3} x$ 的图像特征，看看它们有哪些异同点。

步骤三：利用计算器或计算机，选取底数 a（$a > 0$ 且 $a \neq 1$）的若干个不同的值，在同一平面直角坐标系中作出相应对数函数的图像。观察图像，它们有哪些共同特征？

步骤四：归纳出能体现对数函数代表性的图像。

步骤五：将指数函数的图像与对数函数的图像进行比较。

2. 学生探究成果

（1）较为熟练地用描点法画出对数函数 $y = \log_2 x$ 和 $y = \log_{1/2} x$ 与 $y = \log_3 x$ 和 $y = \log_{1/3} x$ 的图像（图 1-4 和图 1-5）。

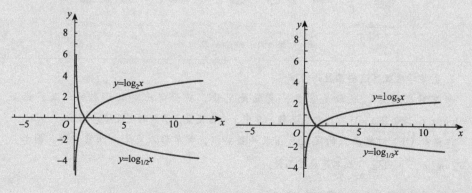

图 1-4　$y = \log_2 x$ 和 $y = \log_{1/2} x$ 的图像　　　图 1-5　$y = \log_3 x$ 和 $y = \log_{1/3} x$ 的图像

（2）如图 1-6 所示，学生选取底数 $a = \dfrac{1}{4}, \dfrac{1}{5}, \dfrac{1}{6}, \dfrac{1}{10}, 4, 5, 6, 10$，并推荐几位代表上台演示"几何画板"，得到相应对数函数的图像。由于学生自己动手，加上"几何画板"的强大作图功能，学生非常清楚地看到了底数 a 是如何影响函数 $y = \log_a x\,(a > 0$ 且 $a \neq 1)$ 图像变化的。

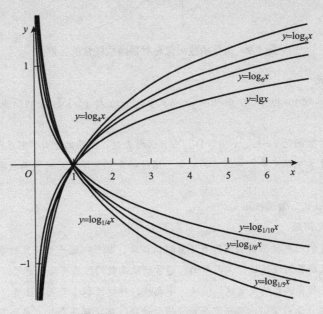

图1-6　演示"几何画板"图像

（3）有了这种画图感知的过程及学习指数函数的经验，学生很明确 $y = \log_a x\,(a > 1)$ 和 $y = \log_a x\,(0 < a < 1)$ 的图像代表对数函数的两种情形（图 1-7 和图 1-8）。

（4）学生相互补充，自主发现了图像的下列特征：

① 图像都在 y 轴右侧，向 y 轴正负方向无限延伸。

② 图像都过点 $(0,1)$。

③ 当 $a > 1$ 时，图像沿 x 轴正向逐步上升；当 $0 < a < 1$ 时，图像沿 x 轴正向逐步下降。

④ 图像关于原点和 y 轴不对称，并且能从图像的形状、位置、升降和定点等角度指出指数函数与对数函数图像的区别（图 1-9）。

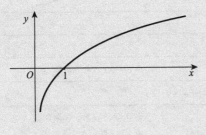

图1-7　$y = \log_a x\,(a > 1)$

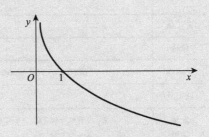

图1-8　$y = \log_a x\,(0 < a < 1)$

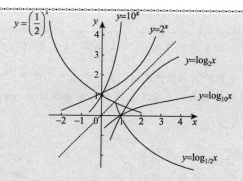

图 1-9　指数函数图像与对数函数图像的区别

3. 拓展探究

（1）对数函数 $y = \log_2 x$ 与 $y = \log_{1/2} x$ 以及 $y = \log_3 x$ 与 $y = \log_{1/3} x$ 的图像有怎样的对称关系？

（2）对于对数函数 $y = \log_a x \,(a > 1)$，当 a 值增大时，图像的上升"程度"怎样？

说明：这是学生探究中容易忽略的地方，通过补充可使学生对对数函数图像的感性认识更加全面。

（三）理性认识，发现性质

1. 确定探究问题

教师：当我们对对数函数的图像有了直观认识后，就可以进一步研究对数函数的性质，提高我们对对数函数的理性认识。同学们，通常研究函数的性质有哪些途径？

学生：主要研究函数的定义域、值域、单调性、对称性和过定点等性质。

教师：现在，请同学们依照研究函数性质的途径，再次联手合作，根据图像特征探究出对数函数的定义域、值域、单调性、对称性和过定点等性质。

2. 学生探究成果

在学生自主探究、合作交流的基础上填写表 1-1。

表 1-1　对数函数对比表

函数	$y = \log_a x \,(a > 1)$	$y = \log_a x \,(0 < a < 1)$
图像		
定义域	$\mathbf{R}^+$	
值域	$\mathbf{R}$	
单调性	在 $(0, +\infty)$ 内是增函数	在 $(0, +\infty)$ 内是减函数
过定点	$(1, 0)$，即 $x = 1, y = 0$	
取值范围	当 $0 < x < 1$ 时，$y < 0$ 当 $x > 1$ 时，$y > 0$	当 $0 < x < 1$ 时，$y > 0$ 当 $x > 1$ 时，$y < 0$

（四）探究问题，变式训练

问题 1　（幻灯）（教材 79 页例 8）比较下列各组数中两个值的大小：

（1）$\log_2 3.4$，$\log_2 8.5$

（2）$\log_{0.3} 1.8$，$\log_{0.3} 2.7$

（3）$\log_a 5.1$，$\log_a 5.9$（$a > 0$ 且 $a \neq 1$）

独立思考：（1）构造怎样的对数函数模型？

（2）运用怎样的函数性质？

小组交流：（1）$y = \log_2 x$ 是增函数；

（2）$y = \log_{0.3} x$ 是减函数；

（3）$y = \log_a x$ 分 $a > 1$ 和 $0 < a < 1$ 两种情况讨论。

变式训练：1. 比较下列各题中两个值的大小：

（1）$\log_{10} 6$＿＿＿＿$\log_{10} 8$　　　　　（2）$\log_{0.5} 6$＿＿＿＿$\log_{0.5} 4$

（3）$\log_{0.1} 0.5$＿＿＿＿$\log_{0.1} 0.6$　　　　（4）$\log_{1.5} 0.6$＿＿＿＿$\log_{1.5} 0.4$

2. 已知下列不等式，比较正数 m, n 的大小：

（1）$\log_3 m < \log_3 n$　　　　　　　　（2）$\log_{0.3} m > \log_{0.3} n$

（3）$\log_a m < \log_a n$（$0 < a < 1$）　　　（4）$\log_a m > \log_a n$（$a > 1$）

问题 2　（幻灯）（教材 79 页 例 9）溶液酸碱度的测量。

溶液酸碱度是通过 pH 刻画的。pH 的计算公式为 $pH = -\log_a [H^+]$（$0 < a < 1$），其中 $[H^+]$ 表示溶液中氢离子的浓度，单位是 mol/L。

（1）根据对数函数性质及上述 pH 的计算公式，说明溶液酸碱度与溶液中氢离子的浓度之间的变化关系。

（2）已知纯净水中氢离子的浓度为 $[H^+] = 10^{-7}$ mol/L，计算纯净水的 pH。

独立思考：解决这个问题要选择怎样的对数函数模型？运用什么函数性质？

小组交流：$pH = -\lg[H^+] = \lg 1/[H^+]$，随着 $[H^+]$ 的增大，pH 减小，即溶液中氢离子浓度越大，溶液的酸碱度就越大。

（五）归纳小结，巩固新知

1. 议一议

（1）怎样的函数称为对数函数？

（2）对数函数的图像形状与底数有什么样的关系？

（3）对数函数有怎样的性质？

2. 看一看

对数函数的图像特征及相关性质如表 1-2 所示。

表 1-2　对数函数图像和性质对比表

对数函数的图像特征		对数函数的相关性质	
$a > 1$	$0 < a < 1$	$a > 1$	$0 < a < 1$
函数图像都在 y 轴右侧		函数的定义域为 $(0, +\infty)$	
图像关于原点和 y 轴不对称		非奇非偶函数	
向 y 轴正负方向无限延伸		函数的值域为 $\mathbf{R}$	

续表

对数函数的图像特征		对数函数的相关性质	
函数图像都过定点 $(1,0)$		$\log_a 1 = 0$	
自左向右看，图像逐渐上升	自左向右看，图像逐渐下降	增函数	减函数
第一象限的图像纵坐标都大于 0	第一象限的图像纵坐标都大于 0	$x > 1$，$\log_a x > 0$	$0 < x < 1$，$\log_a x > 0$
第四象限的图像纵坐标都小于 0	第四象限的图像纵坐标都小于 0	$0 < x < 1$，$\log_a x < 0$	$x > 1$，$\log_a x < 0$

（六）作业布置，课后自评

（1）必做题：教材 82 页习题 2.2（A 组）第 7、8、9、12 题。

（2）选做题：教材 83 页习题 2.2（B 组）第 2 题。

七、教学过程中的设计意图

（1）新课标"考虑到多数高中生的认知特点，为了有助于他们对函数概念本质的理解，不妨从学生自己的生活经历和实际问题入手"。因此，新课引入不是按旧教材从反函数出发，而是选择从两个材料引出对数函数的概念，让学生熟悉它的知识背景，初步感受对数函数是刻画现实世界的又一重要数学模型。这样处理，对数函数显得不抽象，学生容易接受，降低了新课教学的起点。

（2）旧教材是通过对称变换直接从指数函数图像得到对数函数图像的。这样处理学生虽然会接受了这个事实，但对图像的感觉是肤浅的；这样处理也存在着函数教学忽视图像和性质的认知过程而注重应用的"功利"思想。因此，本节课的设计注重引导学生用特殊到一般的方法探究对数函数图像的形成过程，加深感性认识。同时，帮助学生确定探究问题、探究方向和探究步骤，确保探究的有效性。这个环节，还要借助计算机辅助教学，增强学生的直观感受。

（3）发现性质、弄清性质的来龙去脉，是为了更好地揭示对数函数的本质属性，传统教学往往让学生在解题中领悟。为了扭转这种方式，先引导学生回顾指数函数的性质，再利用类比的思想、小组合作的形式通过图像主动探索出对数函数的性质。教学实践表明，当学生对对数函数的图像已有感性认识后，得到这些性质必然水到渠成。

（4）探究环节作为本节课的重头戏，设置探究问题只是从另一层面上提升学生对性质的理解和应用。问题 1 是比较大小，始终要紧扣对数函数模型，渗透函数的观点（数形结合）解决问题的思想方法。旧教材在图像和性质之后，通常操练类似比较大小等技巧性过大的问题；而新教材引出问题 2，还是强调数学建模的思想，并且关注学科之间的联系，这种精神应予以领会。当然要预计到，实际教学中学生理解这道应用题题意会遇到一些困难，教师要注意引导。

八、教学反思

从教二十多年，每每设计函数的教学，始终存有困惑和感慨，同时也有遇旧如新的喜悦。函数始终是高中数学教学的主线，对数函数始终是高中数学的难点。高中新课改的春风，带来了函数教学设计上的创新，促使我们在学生学习方法上、教学内容的组织上、教学辅助手段上率先尝试，但这只是一个起点，目前教学条件还受到制约，如图形计算器未能普及、课时紧所授内容多，这些都影响着函数的正常教学，通过这次活动希望能引起大家的广泛关注并深入探讨。

教学设计的评析如下。

本节课教学目标的设计定位准确，教学重难点明确。从两个实际问题引出对数函数的概念，让学生了解知识产生的背景，初步感受对数函数是刻画现实世界的一个重要数学模型。教学设计注重引导学生用特殊到一般的方法探究对数函数图像的形成过程，加深感性认识；帮助学生确定探究问题、探究方向和探究步骤，确保探究的有效性；同时借助计算机辅助教学，增强学生的直观感受。

教给学生方法比教给学生知识更重要。本设计能在前一节课刚学过指数函数的图像和性质的基础上，通过类比，以旧引新，自然过渡到本节课的学习，用研究指数函数的图像和性质的方法来研究对数函数的图像和性质。在教学过程中，教师能引导学生确定探究问题、探究方向和探究步骤，确保了探究的有效性；让学生动手画图、观察图像，启发学生思考、实验、分析、归纳，注重探究的过程和方法。在这里，教师成为课堂教学的组织者和学生学习的促进者，而学生成为学习的主人，学会了学习，学到了"对比联系""数形结合""分类讨论"的思想方法。

另外，教学情景的设置、教学例题的选用，以及用信息技术来动态演示，都令人耳目一新，体现了教师良好的素养及丰厚的学科功底。

二、图表式

数学教学设计的图表式指的是在表格中将课题、教材、教学目标、教学重难点、教学方法和手段，以及教学流程等撰写出来，将每个环节的设计意图或情况说明单独作为一列（通常放在最后一列）呈现出来的一种教学设计类型。图表式的优点是具有清晰的框架性，结构一目了然。

编著者 2018 年指导研究生赵永丽参加全国教育专硕（数学）教学竞赛初赛，设计了下面的案例《直线与圆的位置关系》，属于图表式教学设计。

案例 1-3-3

直线与圆的位置关系

一、教材分析

"直线与圆的位置关系"是人教版高中数学必修二第四章第二节《直线、圆的位置关系》第一课时。学生在初中平面几何中已学过直线与圆的三种位置关系，并知道可以利用直线与圆公共点的个数或圆心到直线的距离 d 与圆的半径 r 的关系判断直线与圆的位置关系。在学习了解析几何以后，一种判断方法是联立直线方程与圆的方程，判断方程组解的组数，来确定直线与圆的位置关系；另一种判断方法是利用点到直线的距离公式，求出圆心到直线的距离 d 后，与圆的半径 r 比较，从而确定直线与圆的位置关系。同时也为后面的"圆与圆的位置关系"的学习打下了坚实的基础。

二、教学目标

（1）知识与技能。掌握判断直线与圆的位置关系的方法，能根据直线和圆的方程，熟练求出交点坐标。

（2）过程与方法。通过观察、探索、讨论、总结直线与圆的位置关系的判断方法，锻炼学生观察、比较、概括的逻辑思维能力。

（3）情感态度与价值观。通过师生互动、生生互动的教学活动过程，体会成功的愉悦，提高学生数学学习的兴趣，培养学生独立思考、自主探究、合作交流的学习方式。

三、教学重难点

教学重点：直线与圆的位置关系的判断方法。

教学难点：学生体会和理解用解析法解决问题的数学思想。

四、教学方法与手段

恰当地利用多媒体课件，通过学生身边的实际情景引入课题，拉近学生与现实的距离，调动学生主体参与的积极性。采用启发式教学法，用环环相扣的问题将探究活动层层深入。

五、教学流程设计

按照"五步教学"设计教学流程，如图1-10所示。

```
┌─────────┐      ┌─────────┐      ┌─────────┐
│ 创设情境 │ ──▷ │ 问题探究 │ ──▷ │ 例题讲解 │
│ 引入新课 │      │ 建构知识 │      │ 运用知识 │
└─────────┘      └─────────┘      └─────────┘
                                        │
                                        ▽
┌─────────┐      ┌─────────┐      ┌─────────┐
│ 作业布置 │ ◁── │ 课堂小结 │ ◁── │         │
│ 巩固知识 │      │ 复习知识 │      │         │
└─────────┘      └─────────┘      └─────────┘
```

图 1-10　教学流程

六、教学活动过程设计

教学环节	内　　容	学生活动	教师活动	设计意图
（一） 创设情境 引入新课	一轮红日从地平面上冉冉升起 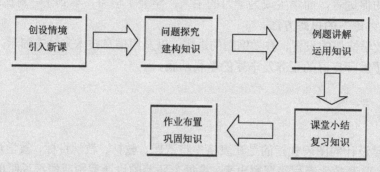	观察太阳升起的画面	展示图片，引出课题。	从实际生活出发，吸引学生的注意力。
（二） 问题探究 建构知识	相交　　相切　　相离 （1）由直线与圆公共点个数，引出方程组解的不同情况，给出不同位置关系。 （2）利用点到直线的距离公式求出 d，判断 d 与 r 的大小关系，从而给出位置关系。	合作交流，自主探索。	展示图片，引导学生用解析几何的方法判断直线与圆的位置关系。	为学生创设良好的氛围，让学生在交流中学习数学。
（三） 例题讲解 运用知识	已知直线 $l:3x+y-6=0$ 和圆 C：$x^2+y^2-2y-4=0$，判断直线 l 与圆的位置关系。如果相交，求它们的交点坐标。	独立思考，自主探究。	出示问题，让学生比较两种方法，哪种方法更简捷？	通过例题让学生运用两种方法解题，达到巩固新知识的目的，会选择恰当的方法。

教学环节	内　　容	学生活动	教师活动	设计意图
（四）课堂小结复习知识	（1）本节课你学会了什么？ （2）本节课运用了哪些数学思想？	学生反思。	教师引导学生反思。	形成知识体系。
（五）作业布置巩固知识	必做题：128页第2、3题。 选做题：128页第4题。	课后完成作业。	出示作业。	必做题让学生巩固知识，为了促进优秀学生的发展设计选做题。

七、板书设计

直线与圆的位置关系

位置关系	数量关系	
相交	$\Delta > 0$	$d < r$
相切	$\Delta = 0$	$d = r$
相离	$\Delta < 0$	$d > r$

判别式法　　距离法

公共点个数 $\Longleftrightarrow$ 方程组解的组数

$\Longleftrightarrow$ 一元二次方程判别式 Δ

圆心到直线距离 d 与圆半径 r 的关系

八、设计说明

课程题目	直线与圆的位置关系
学习对象	高一学生
学习目标	（1）掌握判断直线与圆的位置关系的方法。 （2）能根据直线和圆的方程，熟练求出交点坐标。
教材分析	本节课是在学生已掌握平面几何中直线与圆的位置关系的基础上，进一步研究解析几何中直线与圆的位置关系的判定方法。
设计思路	（1）整体设计思路：通过初中直线与圆的位置关系的两种刻画，应用解析几何中曲线方程的工具来判断直线与圆的位置关系。 （2）引入设计思路：通过生活中的情景，拉近教学与现实的距离，激发学生求知欲，调动学生主体参与的积极性。 （3）内容设计思路：通过图形培养学生直观想象的能力，通过问题启示提高学生的注意力，最终让学生体会用解析法解决问题的思想方法，实现数形结合。
教学过程	**第一环节：创设情境，引入课题** 　　同学们看过日出吗？今天带领大家一起欣赏日出。（媒体演示，一起观看）如果我们将太阳看成一个圆，地平线看成一条直线，那么太阳升起的过程中，圆与直线的相对位置关系有哪些情况呢？先相交再相切最后相离。这节课我们借助解析几何知识来刻画同一平面内直线与圆的位置关系。（板书：直线与圆的位置关系）

课程题目	直线与圆的位置关系
教学过程	**第二环节：问题探究，建构知识** 　　太阳升起的画面我们知道了平面内直线与圆的三种位置关系，并且在初中我们已学过，还记得如何判断直线与圆的位置关系吗？（学生回答，媒体展示图形）对，根据直线与圆的公共点的个数来判断。引导学生归纳（边说边板书）：有两个公共点时直线与圆相交；有一个公共点时直线与圆相切；没有公共点时直线与圆相离。 　　当我们已知直线和圆的方程时，如何确定它们公共点的个数呢？（学生思考并讨论）通过图形可以发现，若点在曲线上，则点的坐标满足曲线方程，故联立直线方程与圆的方程，可以从方程组解的组数来判断。我们知道直线是二元一次方程，圆是二元二次方程，所以可以通过消元将方程化为一元二次方程。一元二次方程根的个数如何确定呢？（学生回答）对，我们常用判别式研究一元二次方程根的个数。当判别式 $\Delta > 0$ 时，方程有两个实根，即直线与圆有两个公共点，说明直线与圆相交；当判别式 $\Delta = 0$ 时，方程有一个实根，即直线与圆有一个公共点，说明直线与圆相切；当判别式 $\Delta < 0$ 时，方程无实数根，即直线与圆没有公共点，说明直线与圆相离。（媒体展示）我们利用一元二次方程的判别式判断直线与圆的位置关系的方法称为判别式法。（边说边板书） 　　在初中我们除通过公共点的个数来判断直线与圆的位置关系外，还学了什么方法呢？（学生回答）很好，我们还学习了比较圆心到直线的距离 d 与圆的半径 r 的大小来判断。（媒体展示图片）已知圆的方程和直线方程，怎样求 d 和 r 呢？我们可以先将圆的方程化为标准形式找出圆心和半径，然后利用点到直线的距离公式求出圆心到直线的距离 d，最后比较 d 与 r 的大小从而判断出直线与圆的位置关系。（媒体展示）这种利用圆心到直线的距离 d 与圆的半径 r 的大小关系判断直线与圆的位置关系的方法称为距离法。（边说边板书） **第三环节：例题讲解，知识运用** 　　通过两种方法的学习，下面检测一下大家的掌握情况。 　　例：已知直线 $l: 3x + y - 6 = 0$ 和圆 $C: x^2 + y^2 - 2y - 4 = 0$，判断直线与圆的位置关系。如果相交，求它们的交点坐标。 　　解析：用两种方法求解并比较利弊。 **第四环节：课堂小结** 　　本节课我们有什么收获？体现了哪些数学思想？ 　　（和学生一起总结）我们学习了直线与圆的位置关系及其判断方法，（媒体出示表格）用到了转化和数形结合的数学思想。 **第五环节：作业布置** 　　（媒体出示）

　　下面的案例是 2014 年编著者指导本科生张琼尹参加学校讲课比赛的教学设计，也是典型的图表式。

案例 1-3-4

直线与平面平行的判定（第一课时）

（选自普通高中《数学》人教版必修二第二章第二节第一课时）

一、教材分析

　　本节课选自高中《数学》人教版教材必修二第二章第一节。直线与平面问题是高考考查的重点之一，求解的关键是根据线与面之间的互化关系，借助创设辅助线与面，找出符号语言与图形语言之间的关系来解决问题。通过对有关概念和定理的概括、证明和应用，使学生体会"转化"的观点，提高学生的空间想象能力和逻辑推理能力。

本节课学习内容中蕴含丰富的数学思想,即"线线平行与线面平行的互相转化"。直线与平面平行是研究空间线线关系和线面关系的桥梁,为后继面面平行的学习奠定基础。

二、学情分析

(一)起点能力分析

学生已有的认知是直线与平面平行的定义,这为学生学习直线与平面平行的判定定理打下了基础。学生学习的困难在于,如何通过操作实物模型(如教室的门、书本和纸笔模型等),理解判定定理的形成过程及条件的确定。

(二)学习行为分析

本节课安排在立体几何的初始阶段,是学生空间观念形成的关键时期,课堂上学生在教师的指导下,通过动手操作、观察分析和自主探索等活动,切身感受直线与平面平行判定定理的形成过程,体会蕴涵其中的思想方法。再通过练习与课后小结,使学生进一步加深对直线与平面平行的判定定理的理解。

三、教学目标

(一)知识与技能

(1)理解并掌握直线与平面平行的判定定理。

(2)进一步培养学生观察、发现的能力和空间想象能力。

(二)过程与方法

学生通过观察图形,借助已有知识,掌握直线与平面平行的判定定理。

(三)情感态度与价值观

(1)让学生在发现中学习,增强学习的积极性。

(2)让学生了解空间与平面相互转换的数学思想。

四、教学重难点

教学重点:对直线与平面平行的判定定理的理解及简单应用。

教学难点:探究、归纳直线与平面平行的判定定理,体会定理中所包含的转化思想。

五、教学策略

(一)教学手段

为了让学生充分理解和掌握直线与平面平行的判定定理,突破难点,在教学过程中通过实际生活实例引出课题,采用试验探究归纳定理,探究时每个学生亲手操作、合作交流、归纳结论,教师引导证明结论,得出定理。这样学生就更容易理解和掌握定理。

(二)教学方法及其理论依据

为了调动学生学习的积极性,充分体现课堂教学的主体性,采用启发、实践、引导教学法,以学生为主体,教师为主导,引导学生运用观察、分析、概括的方法学习这部分内容,在整个教学过程当中,贯穿以学生为主体的原则,充分鼓励和启发学生。

六、教学准备

(1)信息技术支持:PowerPoint幻灯片课件。

(2)实物教具支持:纸片多张。

七、教学过程设计

教师活动	学生活动	设计意图
【情景引入】（预计 1 min） 　　请同学们观察图片，图片中直线与平面有怎样的位置关系？（平行） 　　如何判断门转动的一边与门框所在的平面平行，封面边缘所在直线与桌面所在平面平行？教师引导学生思考数学问题，直线与平面平行的判定，并由此引出课题。	学生观察图片，思考生活中直线与平面平行的例子，积极发言。	从实际背景出发，直观感知直线与平面平行的位置关系，提出问题，引出课题。
【复习巩固】（预计 1 min） 　　直线与平面平行的定义：若直线 l 与平面 α 没有公共点，则称直线 l 与平面 α 互相平行。	学生回顾已学知识，为后续学习打下基础。	通过复习巩固定义，为后面的定理证明提供理论依据，帮助学生加强知识连贯性。
【定理探究】（预计 11 min） 　　提出问题：如何判定一条直线与平面平行？教师引导学生思考定义法，发现无法一一验证，进而激发学生去寻找具有操作性的方法。 　　动手实践、合作交流、自主探索：将学生分成几个小组，每4人一组。教师将准备好的长方形纸片发给学生，以手中的笔为直线，带领学生一同做实验。 　　平面外的直线与平面内的直线具有怎样的位置关系？平面外的直线与该平面平行。 **问题1** 平面 α 外的直线 a 平行于平面 α 内的直线 b。 　　（1）直线 a 与直线 b 共面吗？ 　　（2）直线 a 与平面 α 相交吗？ 　　（直线 a 与直线 b 共面，直线 a 与平面 α 不相交，直线 a 与平面 α 平行） 　　解析　（1）不共面，因为直线 a 平行于直线 b。 　　（2）（反证法）假设 $A=a\cap\alpha$，若点 A 在直线 b 上，则 $A\in b$，故 $A=a\cap b$ 与 $a/\!/b$ 矛盾。 　　若点 A 在直线 b 外，则 $A\notin b$，此时直线 a 与直线 b 异面，故与 $a/\!/b$ 矛盾。	学生独立思考教师提出的问题。 　　引导学生根据直观感知以及已有经验，进行合理推理，获得正确的结论。 　　学生利用教具亲自动手进行实验，小组讨论直线与平行的位置，并探求原因。 　　最后通过实验归纳与反证法的思想判定直线与平面平行。	通过提出问题，寻找具有可操作性的判定方法，激发学生自主探索欲望及对知识的渴求。 　　通过实验，引导学生独立发现直线与平面平行的条件，培养学生的动手操作能力和几何直观能力；并着重引导学生用严密的数学依据推理证明直观感知，培养良好的数学思维习惯。 　　通过带着问题进行活动操作，使学生从实践中感受平行的位置关系，并独立思考，小组交流，解答问题，对直线与平面平行需要满足什么条件做好准备。
问题2 由此实验你能得到判定直线与平面平行所需的条件吗？并给出解释。 　　在操作实验中，直线与平面所在的位置会出现"平行"情况，引导学生进行交流，根据直线与平面平行的定义解释"平行"的理由。 　　通过小组合作交流、自主探索，派学生代表陈述实验过程和结论。 　　最后给出判定定理的图形语言和符号语言表述。 $$\left.\begin{array}{l}a\not\subset\alpha\\ b\subset\alpha\\ a/\!/b\end{array}\right\}\Rightarrow a/\!/\alpha \text{（板书）}$$	小组代表发言，陈述小组的结论，用自己的语言总结结论，归纳判定条件，相互补充。 　　让学生试着把图形语言转化为文字语言，并写出符号语言。	引导学生根据直观感知及已有知识经验，进行合情推理，获得判定定理。 　　（用图形语言表示线面的位置关系仍是学生认知的一个难点）

教师活动	学生活动	设计意图
【归纳总结】 　　教师根据学生的回答给予完善和总结。 　　只要保证直线 a 不在平面内，即 $a \not\subset \alpha$，直线 a 与平面内的一条所在的直线 b 共面（即无交点），即 $a /\!/ b$，则有直线 a 与平面 α 平行，同时增强几何直观性。 　　根据上面的实验，归纳出直线与平面垂直的判定定理（板书）：平面外的一条直线与此平面内的一条直线平行，则该直线与此平面平行，记为 $a /\!/ \alpha$。 　　定理的三个条件缺一不可；简记为 　　线线平行 $\Rightarrow$ 线面平行	判定定理揭示了证明直线与平面平行时往往转换成证明直线与直线平行。 把空间问题平面化，将教学的这一思想潜移默化地渗透。	对知识的适当挖掘与归纳，有利于学生对知识的理解与掌握，有利于学生知识的内化。 让学生在活动中，亲身体会探究过程，感受判定定理的三个条件的"缺一不可"；通过学生的板演，可更好地暴露学生认知的不足。
【实战演练】 　　如图所示，空间四边形 $ABCD$ 中，点 E 和点 F 分别是 AB 和 AD 的中点。求证：$EF /\!/$ 平面 BCD。 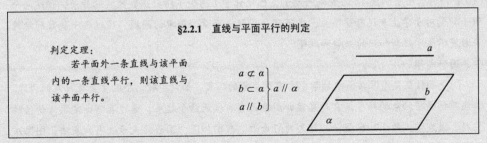 　　证明　连接 BD。 　　$\because AE = EB, AF = FD$ 　　$\therefore EF /\!/ BD$ 　　（三角形中位线性质） 　　$EF \not\subset$ 平面 BCD，$BD \subset$ 平面 BCD。 　　由直线与平面平行的判定定理得 $EF /\!/$ 平面 BCD。	学生思考并回答，教师点评或引导，师生共同归纳证明直线与平面平行的方法。	通过例题及变式使学生明白要证线面平行，关键是在平面内找一直线与已知直线平行，因此要关注题中线线的平行关系。 理论依据是：定理的应用对发展学生的逻辑思维有特殊作用，但起决定作用的不是证明本身，而是证题思路的探索。
【小结反思】（预计 1 min） 　　直线与平面平行的判定定理。 　　判定定理中体现了什么数学思想？ 　　（转化的数学思想） 　　教师针对学生发言给予补充，归纳出判断直线与平面平行的方法。	学生回顾本节课的主要内容，回答提问，师生互相补充。	培养学生反思的习惯，鼓励学生对问题多质疑、多概括。
【布置作业】 　　必做题：课本 55 页练习 1、2。 　　选做题：课本 78 页总复习 A 组习题 5、9。	学生课后完成作业。	针对学生认知的差异设计有层次的作业，既使学生巩固知识，形成技能，又使学有余力的学生获得最佳发展。

八、板书设计

---
§2.2.1　直线与平面平行的判定

　　判定定理：
　　　　若平面外一条直线与该平面
　　内的一条直线平行，则该直线与
　　该平面平行。

$$\left.\begin{array}{l} a \not\subset \alpha \\ b \subset \alpha \\ a /\!/ b \end{array}\right\} a /\!/ \alpha$$

九、教学反思

　　本节课的预期教学效果是让学生掌握并会简单运用直线与平面平行的判定定理。

　　首先，在探究活动中，让学生带着问题进行探究，可以调动学生学习的积极性，让学生亲自动手发现问题，教师再引导学生解决问题，证明探究结论的正确性时采用中学教学中常用的几何画板软件动画展示，让学生直观上感知的同时理解严密的逻辑推理过程，充分利用多媒体教学的优势；其次，在巩固练习中选用一个经典例题来应用判定定理，并引导学生概括例题结论，从而拓展学生知识；最后，将定理运用到生活实践中去，反映数学的应用性，也培养了学生运用数学知识解决实际问题的能力，让学生更爱生活，更喜欢学数学。

教学过程中应多关注学生的表情及回答的反应等，以便及时更好地掌握其对课堂内容的掌握程度，有针对性地实施更有效的教学。

三、交互式

数学教学设计的交互式指的是按照课题、教材、教学目标、教学重难点、教学方法和手段，以及教学流程顺序依次撰写的同时，每个环节穿插写出设计意图或情况说明。这种形式综合了前两种方式的优点，也比较灵活。

下面的案例《指数函数的图像及其性质》和《用二分法求方程的近似解》均选自 2007 年福建省普通教育教学研究室组织的教学设计大赛参赛作品，属于交互式数学教学设计。

案例 1-3-5

指数函数的图像及其性质
福州十一中　胡鹏程

一、教学内容分析

本节课是普通高中课程标准实验教科书《数学》（1）人教 A 版第二章第一节第二课（2.1.2）《指数函数的图像及其性质》。根据学生的实际情况，将其划分为两节课（探究图像及其性质，指数函数及其性质的应用），这是第一节课探究图像及其性质。指数函数是重要的基本初等函数之一，作为常见函数，它不仅是今后学习对数函数和幂函数的基础，同时在生活及生产实际中有着广泛的应用，所以指数函数应重点研究。

二、学情分析

对指数函数的研究是在学生系统学习了函数的概念、基本掌握了函数的性质的基础上进行的，是学生对函数概念及性质的第一次应用。教材在之前的学习中给出了两个实际例子（GDP 的增长问题和碳-14 的衰减问题），已经让学生感受了指数函数的实际背景，但这两个例子背景对于学生来说有些陌生。本节课先设计一个看似简单的问题，通过超出想象的结果来激发学生学习新知识的兴趣和欲望。

三、设计思想

（1）函数及其图像在高中数学中占有很重要的位置，如何突破这个既重要又抽象的内容，其实质就是将抽象的符号语言与直观的图像语言有机地结合起来，通过具有一定思考价值的问题，激发学生的求知欲望——持久的好奇心。我们知道，函数的表示法有列表法、图像法和解析法三种，以往函数的学习大多只关注到图像的作用，这其实只是借助了图像的直观性，从一个角度看函数，是片面的。本节课力图让学生从不同的角度去研究函数，对函数进行全方位的研究，并通过对比总结得到研究的方法，让学生去体会这种研究方法，以便能将其迁移到其他函数的研究中去。

（2）结合参加我校组织的两个课题"对话—反思—选择"和"新课程实施中同伴合作和师生互动研究"的研究，在本节课的教学中将努力实践以下两点：第一，在课堂活动中通过同伴合作、自主探究培养学生积极主动、勇于探索的学习方式；第二，在教学过程中努力做到生生对话、师生对话，并且在对话之后重视体会、总结、反思，力图在培养和发展学生数学素养的同时让学生掌握一些学习、研究数学的方法。

（3）通过课堂教学活动向学生渗透数学思想方法。

四、教学目标

根据任教班级学生的实际情况，本节课确定的教学目标是：理解指数函数的概念，使学生能画出具体指数函数的图像；在理解指数函数概念和性质的基础上，使学生能应用所学知识解决简单的数学问题；在教学过程中通过类比，回顾归纳从图像和解析式这两种不同角度研究函数性质的数学方法，加深对指数函数的认识，使学生在数学活动中感受数学思想方法之美，体会数学思想方法之重要；使学生获得研究函数的规律和方法；培养学生主动学习、合作交流的意识。

五、教学重难点

教学重点：指数函数的概念、图像和性质。

教学难点：对底数的分类，如何由图像和解析式归纳指数函数的性质。

六、教学过程

（一）创设情景，提出问题（约 3 min）

师：1 号同学准备 2 粒米，2 号同学准备 4 粒米，3 号同学准备 6 粒米，4 号同学准备 8 粒米，5 号同学准备 10 粒米……按这样的规律，51 号同学该准备多少粒米？

学生回答后教师公布事先估算的数据：51 号同学该准备 102 粒米，大约 5 g 重。

师：如果改成让 1 号同学准备 2 粒米，2 号同学准备 4 粒米，3 号同学准备 8 粒米，4 号同学准备 16 粒米，5 号同学准备 32 粒米……按这样的规律，51 号同学该准备多少粒米？

【学情预设】学生可能说很多或能算出具体数目。

师：大家能否估计一下，51 号同学该准备的米有多重？

教师公布事先估算的数据：51 号同学所需准备的大米约重 1.2 亿 t。

师：1.2 亿 t 是一个什么概念？根据 2007 年 9 月 13 日美国农业部发布的最新数据显示，2007～2008 年度我国大米产量预计为 1.27 亿 t。这就是说 51 号同学所需准备的大米相当于 2007～2008 年度我国全年的大米产量。

【设计意图】用一个看似简单的实例，为引出指数函数的概念做准备；同时，通过与一次函数的对比让学生感受指数函数的爆炸式增长，激发学生学习新知识的兴趣和欲望。

在以上两个问题中，每位同学所需准备的米粒数用 y 表示，每位同学的座号数用 x 表示，y 与 x 之间的关系分别是什么？

学生很容易得出 $y = 2x \ (x \in \mathbf{N}^*)$ 和 $y = 2^x \ (x \in \mathbf{N}^*)$。

【学情预设】学生可能会漏掉 x 的取值范围，教师要引导学生思考具体问题中 x 的范围。

（二）师生互动，探究新知

1. 指数函数的定义

师：其实，在本章开头的问题 2 中，也有一个与 $y = 2^x$ 类似的关系式 $y = 1.073^x \ (x \in \mathbf{N}^*,$ $x \leqslant 20)$。

（1）让学生思考并讨论以下问题（问题逐个给出）。（约 3 min）

① $y = 2^x \ (x \in \mathbf{N}^*)$ 和 $y = 1.073^x \ (x \in \mathbf{N}^*, x \leqslant 20)$ 这两个解析式有什么共同特征？

② 它们能否构成函数?

③ 它们是我们学过的哪种函数?如果不是,你能否根据该函数的特征给它起个恰当的名字?

【设计意图】引导学生从具体实际问题中抽象出数学模型。学生对比已经学过的一次函数、反比例函数和二次函数,发现 $y=2^x$ 和 $y=1.073^x$ 是一种新的函数模型。让学生给这个新的函数命名,由此激发学生的学习兴趣。

引导学生观察,两个函数中,底数是常数,指数是自变量。

师:如果可以用字母 a 代替其中的底数,那么上述两式就可以表示成 $y=a^x$ 的形式。自变量在指数位置,所以我们把它称为指数函数。

(2) 让学生讨论并给出指数函数的定义。(约 6 min)

对底数分类,可分为以下情况。

① 若 $a<0$ 会有什么问题?(若 $a=-2,x=1/2$,则在实数范围内相应的函数值不存在。)

② 若 $a=0$ 会有什么问题?(若 $x\leq0$,则 a^x 无意义。)

③ 若 $a=1$ 又会怎么样?(无论 x 取何值,1^x 的值总是 1,对它没有研究的必要。)

师:为了避免上述各种情况的出现,规定 $a>0$ 且 $a\neq1$。

在这里要注意学生之间和师生之间的对话。

【学情预设】

① 若学生从教科书中已经看到指数函数的定义,教师可以问,为什么要求 $a>0$ 且 $a\neq1$? $a=1$ 为什么不行?

② 若学生只给出 $y=a^x$,教师可以引导学生通过类比一次函数($y=kx+b,k\neq0$)、反比例函数($y=k/x,k\neq0$)和二次函数($y=ax^2+bx+c,a\neq0$)中的限制条件,思考指数函数中底数的限制条件。

【设计意图】

① 对指数函数中底数限制条件的讨论可以引导学生研究一个函数时应注意它的实际意义和研究价值。

② 讨论出 $a>0$ 且 $a\neq1$,为下面研究性质时对底数的分类做准备。

接下来教师可以问学生是否明确了指数函数的定义,能否写出一两个指数函数。教师也在黑板上写出一些解析式让学生判断,如 $y=2\times3^x$, $y=3^{2x}$, $y=-2^x$ 。

【学情预设】学生可能只是关注指数是不是变量,而不考虑其他的。

【设计意图】加深学生对指数函数的定义及呈现形式的理解。

2. 指数函数的性质

(1) 提出两个问题。(约 3 min)

① 目前研究函数一般包括哪些方面?

【设计意图】让学生在研究指数函数时有明确的目标:函数三个要素(对应法则、定义域、值域)和函数的基本性质(单调性、奇偶性)。

② 研究函数(如指数函数)可以怎样研究?用什么方法、从什么角度研究?

可以从图像和解析式这两个不同的角度进行研究;可以从具体的函数入手(即底数取一些数值);当然也可以用列表法研究函数,只是今天我们所学的函数用列表法不易得出此函数的性质,可见具体问题要选择适当的方法来研究才能事半功倍;还可以借助一些数学思想方法来思考。

【设计意图】

① 让学生知道图像法不是研究函数的唯一方法，由此引导学生从图像和解析式（包括列表）等不同的角度对函数进行研究。

② 对学生进行数学思想方法（从一般到特殊再到一般、数形结合、分类讨论）的有机渗透。

（2）分组活动，合作学习。（约 8 min）

师：好，下面我们就从图像和解析式这两个不同的角度对指数函数进行研究。

① 让学生分为两大组，一组从解析式的角度入手（不画图）研究指数函数，一组借助计算机通过几何画板的操作从图像的角度入手研究指数函数。

② 每一大组再分为若干合作小组（建议 4 人一小组）。

③ 每组都将研究所得到的结论或成果写出来以便交流。

【学情预设】考虑到各组的水平可能有所不同，教师应巡视，对个别组做适当的指导。

【设计意图】通过自主探索、合作学习不仅能让学生成为学习的主人，更可以让学生加深对所得到结论的理解。

（3）交流总结。（10～12 min）

师：下面我们开一个成果展示会。

教师在巡视过程中应关注各组的研究情况，此时可选一些有代表性的小组上台展示研究成果，并对比从两个角度入手研究的结果。

教师可根据上课的实际情况对学生发现、得出的结论进行适当的点评，或者要求学生分析。这里除研究定义域、值域、单调性和奇偶性外，还要引导学生注意是否还有其他性质？

师：各组在研究过程中除定义域、值域、单调性和奇偶性外是否还得到一些有价值的副产品呢？（如过定点 $(0,1)$，$y=a^x$ 与 $y=1/a^x$ 的图像关于 y 轴对称。）

【学情预设】

① 首先选一从解析式的角度研究的小组上台汇报。

② 对于从图像角度研究的，可先选没对底数进行分类的小组上台汇报。

③ 问其他小组有没有不同的看法，上台补充，让学生对底数进行分类，引导学生思考哪个量决定着指数函数的单调性，以什么为分界，教师可以马上通过计算机操作看函数图像的变化。

【设计意图】

① 函数的表示法有列表法、图像法和解析法三种，通过这个活动，让学生知道研究一个具体的函数应该从多个角度入手，从图像角度研究只能直观地看出函数的一些性质，而具体的性质还是要通过对解析式论证来获得。特别是定义域和值域，更是可以直接从解析式中得到。

② 让学生上台汇报研究成果，有种成就感，同时还可训练其对数学问题的分析和表达能力，培养其数学素养。

③ 对指数函数的底数进行分类是本节课的一个难点，让学生在讨论中自己解决分类问题使该难点的突破显得自然。

师：从图像入手我们很容易看出函数的单调性和奇偶性，以及过定点 $(0,1)$，但定义域和值域却不可确定；从解析式（结合列表）可以很容易得出函数的定义域和值域，但对底数的分类却很难想到。

教师通过在几何画板中改变参数 a 的值，追踪 $y = a^x$ 的图像，在变化过程中，让全体学生进一步观察指数函数的变化规律。

师生共同总结指数函数的图像和性质，教师可以边总结边板书，如表1-3所示。

表1-3　指数函数图像和性质

图像	0<a<1	a>1
定义域	**R**	
值域	$(0, +\infty)$	
性质	过定点 $(0,1)$	
	非奇非偶	
	在 **R** 上是减函数	在 **R** 上是增函数

（三）巩固训练，提升总结（约 8 min）

（1）**例**　已知指数函数 $f(x) = a^x$，$a > 0$ 且 $a \neq 1$ 的图像经过点 $(3, \pi)$，求 $f(0), f(1), f(-3)$ 的值。

解　因为 $f(x) = a^x$ 的图像经过点 $(3, \pi)$，所以 $f(3) = \pi$，即 $a^3 = \pi$，解得 $a = \pi^{1/3}$，于是 $f(3) = \pi^{x/3}$。因此 $f(0) = 1, f(1) = \sqrt[3]{\pi}, f(-3) = 1/\pi$。

【设计意图】通过本例加深学生对指数函数的理解。

师：根据本例，你能说出确定一个指数函数需要什么条件吗？

师：从方程思想来看，求指数函数就是确定底数，因此只要一个条件，即列一个方程就可以了。

【设计意图】让学生明确底数是确定指数函数的要素，同时向学生渗透方程的思想。

（2）练习：①在同一平面直角坐标系中画出 $y = 3^x$ 和 $y = \left(\dfrac{1}{3}\right)^x$ 的大致图像，并说出这两个函数的性质。

② 求下列函数的定义域：① $y = 2^{\sqrt{x-2}}$；② $y = \left(\dfrac{1}{2}\right)^{1/x}$。

（3）师：通过本节课的学习，你对指数函数有什么认识？有什么收获？

【学情预设】学生可能只是把指数函数的性质总结一下，教师要引导学生谈谈对函数研究的学习，即怎么研究一个函数。

【设计意图】

① 让学生再一次复习对函数的研究方法（从多个角度进行），让学生体会本课的研究方

法，以便能将其迁移到其他函数的研究中去。

②　总结本节课中所用到的数学思想方法。

③　强调各种研究数学的方法之间有区别又有联系，要学会融会贯通。

（4）作业：课本59页习题2.1 A组第5题。

七、教学反思

（1）本节课改变了以往常见的函数研究方法，让学生从不同的角度去研究函数，对函数进行全方位的研究，不仅仅是通过对比总结得到指数函数的性质，更重要的是让学生体会对函数的研究方法，以便能将其迁移到其他函数的研究中去，教师可以真正做到"授之以渔"而非"授之以鱼"。

（2）教学中借助信息技术可以弥补传统教学在直观感、立体感和动态感方面的不足，可以很容易地化解教学难点、突破教学重点、提高课堂效率，使用几何画板可以动态地演示指数函数的底数变化过程，让学生直观地观察底数对指数函数单调性的影响。

（3）在教学过程中不断向学生渗透数学思想方法，让学生在活动中感受数学思想方法之美，体会数学思想方法的重要，部分学生还能自觉地运用这些数学思想方法去分析、思考问题。

案例1-3-6

用二分法求方程的近似解

福建师大附中　周裕燕

一、教学内容分析

本节课选自普通高中课程标准实验教科书《数学》1 必修本（A版）的第三章3.1.2《用二分法求方程的近似解》。本节课要求学生能够根据具体的函数图像借助计算机或信息技术工具计算器用二分法求相应方程的近似解，了解这种方法是求方程近似解的常用方法，从中体会函数与方程之间的联系。这既是本册书中的重点内容，又是对函数知识的拓展；既体现了函数在解方程中的重要应用，又为高中数学中函数与方程思想、数形结合思想、二分法的算法思想打下了基础。

二、学情分析

学生已经学习了函数，理解了函数零点与方程根的关系，初步掌握了函数与方程的转化思想。但是对于求函数零点所在区间，只是比较熟悉求二次函数的零点，对于高次方程和超越方程对应函数零点的寻求会有困难。另外，算法程序的模式化和求近似解对他们是一个全新的问题。

三、设计思想

倡导积极主动、勇于探索的学习精神和合作探究式的学习方式；注重提高学生的数学思维能力，发展学生的数学应用意识；与时俱进地认识"双基"，强调数学的内在本质，注意适度形式化；在教与学的和谐统一中体现数学的文化价值；注重信息技术与数学课程的合理整合。

四、教学目标

通过具体实例理解二分法的概念，掌握运用二分法求简单方程近似解的方法，从中体会函数的零点与方程的根之间的联系及其在实际问题中的应用；能借助计算器用二分法求方程的近似解，让学生能够初步了解逼近思想；体会数学逼近过程，感受精确与近似的相对统一；通过具体实例的探究，归纳概括所发现的结论或规律，体会从具体到一般的认知过程。

五、教学重难点

教学重点：用二分法求方程的近似解，使学生体会函数的零点与方程的根之间的联系，初步形成用函数观点处理问题的意识。

教学难点：方程近似解所在初始区间的确定，恰当地使用信息技术工具，利用二分法求给定精确度的方程的近似解。

六、教学过程设计

（一）创设情境，提出问题

问题1　在一个风雨交加的夜里，从某水库闸房到防洪指挥部的电话线路发生了故障。这是一条 10 km 长的线路，如何迅速查出故障所在？

如果沿着线路一小段一小段查找，困难很多。每查一个点要爬一次电线杆子。10 km 长，大约有 200 多根电线杆子呢。

想一想，维修线路的工人师傅怎样工作最合理？

以实际问题为背景，以学生感觉较简单的问题入手，激活学生的思维，形成学生再创造的欲望。注意学生解题过程中出现的问题，及时引导学生思考，从二分查找的角度解决问题。

【学情预设】学生独立思考，可能发现以下解决方法。

① 直接一个个电线杆去寻找。

② 通过先找中点，缩小范围，再找剩下来一半的中点。

教师从思路②入手，引导学生解决问题。

如图 1-11 所示，维修工人首先从中点 C 用随身带的话机向两个端点测试时，发现 AC 段正常，断定故障在 BC 段，再到 BC 段中点 D，这次发现 BD 段正常，可见故障在 CD 段，再到 CD 中点 E 来查。每查一次，可以把待查线路的长度缩减一半，如此查下去，不用几次，就能把故障点锁定在一两根电线杆附近。

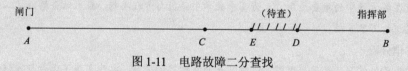

图 1-11　电路故障二分查找

师：我们可以用一个动态过程来展示一下（展示多媒体课件）。在一条线段上找某个特定点，可以通过取中点的方法逐步缩小特定点所在的范围（即二分法思想）。

【设计意图】从实际问题入手，利用计算机演示用二分法思想查找故障发生点，通过演示让学生初步体会二分法的算法思想与方法，说明二分法原理源于现实生活，并在现实生活中广泛应用。

（二）师生探究，构建新知

问题2　假设电话线故障点大概在函数 $f(x)=\ln x+2x-6$ 的零点位置，请同学们先猜想它的零点大概是什么？如何找出这个零点？

（1）利用函数性质或借助计算机、计算器画出函数图像，通过具体的函数图像帮助学生理解闭区间上的连续函数。如果两个端点的函数值是异号的，那么函数图像就一定与 x 轴相交，即方程 $f(x)=0$ 在区间内至少有一个解（即上节课的函数零点存在性定理，为下面的学习提供理论基础）。引导学生从"数"和"形"两个角度去体会函数零点的意义，掌握常见函数零点的求法，明确二分法的适用范围。

（2）我们已经知道，函数 $f(x)=\ln x+2x-6$ 在区间 $(2,3)$ 内有零点，且 $f(2)<0$，$f(3)>0$。进一步的问题是，如何找出这个零点？

【合作探究】学生先按四人小组探究。（倡导学生积极交流、勇于探索的学习方式，有助于发挥学生学习的主动性）

生：如果能够将零点所在的范围尽量缩小，那么在一定精确度的要求下，我们可以得到零点的近似值。

师：如何有效缩小根所在的区间？

生1：通过"取中点"的方法逐步缩小零点所在的范围。

生2：是否也可以通过"取三等分点或四等分点"的方法逐步缩小零点所在的范围？

师：很好，一个直观的想法是如果能够将零点所在的范围尽量缩小，那么在一定精确度的要求下，可以得到零点的近似值。其实"取中点"和"取三等分点或四等分点"都能实现缩小零点所在的范围，但是在同样可以实现缩小零点所在范围的前提下，"取中点"的方法比"取三等分点或四等分点"的方法更简便。因此，为了方便，下面通过"取中点"的方法逐步缩小零点所在范围。

引导学生分析理解求区间 (a,b) 的中点的方法 $x=\dfrac{a+b}{2}$。

学生两人一组互相配合，一人按计算器，一人记录过程。四人小组中的两组比较缩小零点所在范围的结果。

① 取区间 $(2,3)$ 的中点 2.5，用计算器算得 $f(2.5)\approx-0.084<0$。

又 $f(3)>0$，得知 $f(2.5)\cdot f(3)<0$，所以零点在区间 $(2.5,3)$ 内。

② 取区间 $(2.5,3)$ 的中点 2.75，用计算器算得 $f(2.5)\approx0.512>0$。因为 $f(2.5)\cdot f(2.75)<0$，所以零点在区间 $(2.5,2.75)$ 内。

结论：因为 $(2,3)\supset(2.5,3)\supset(2.5,2.75)$，所以零点所在的范围确实越来越小了。如果重复上述步骤，在一定精确度下，我们可以在有限次重复上述步骤后，将所得零点所在区间内的任一点作为函数零点的近似值。特别地，可以将区间端点作为函数零点的近似值。

引导学生利用计算器边操作边认识，通过小组合作探究，得出教科书上的表3-2，让学生有更多的时间来思考与体会二分法的实质，培养学生合作学习的良好品质。

【学情预设】学生通过上节课的学习知道这个函数的零点就是函数图像与 x 轴交点的横坐标，故它的零点在区间 $(2,3)$ 内。进一步利用函数图像通过"取中点"逐步缩小零点的范围，利用计算器通过将自变量改变步长减少很快得出教科书上的表3-2，找出零点的大概位置。

【设计意图】从问题1到问题2，体现了数学转化的思想方法，问题2有着承上启下的作用，使学生更深刻地理解二分法的思想，同时也突出了二分法的特点。通过问题2让学生掌握常见函数零点的求法，明确二分法的适用范围。

问题3　对于其他函数，如果存在零点，是不是也可以用这种方法去求它的近似解呢？

引导学生把上述方法推广到一般函数，经历归纳方法的一般性过程之后得出二分法及用二分法求函数 $f(x)$ 的零点近似值的步骤。

对于在区间 $[a,b]$ 上连续不断且满足 $f(a)\cdot f(b)<0$ 的函数 $y=f(x)$，通过不断地把函数

$f(x)$ 的零点所在的区间一分为二，使区间的两个端点逐步逼近零点，进而得到零点近似值的方法称为二分法。

注意引导学生分化二分法的定义（一是二分法的适用范围，即函数 $y = f(x)$ 在区间 $[a,b]$ 上连续不断，二是用二分法求函数的零点近似值的步骤）。

给定精确度 ε，用二分法求函数 $f(x)$ 的零点近似值的步骤如下。

① 确定区间 $[a,b]$，验证 $f(a) \cdot f(b) < 0$，给定精确度 ε。

② 求区间 (a,b) 的中点 c。

③ 计算 $f(c)$。

若 $f(c) = 0$，则 c 就是函数的零点；

若 $f(a) \cdot f(c) < 0$，则令 $b = c$（此时零点 $x_0 \in (a,c)$）；

若 $f(c) \cdot f(b) < 0$，则令 $a = c$（此时零点 $x_0 \in (c,b)$）。

④ 判断是否达到精确度 ε。

若 $|a - b| < \varepsilon$，则得到零点值 a（或 b）；否则重复步骤②～④。

利用二分法求方程近似解的过程，可以简约地用如图 1-12 表示。

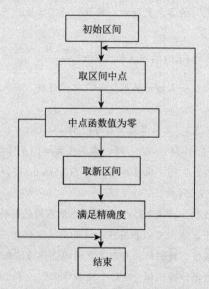

图 1-12　二分法求方程近似解的过程

【学情预设】学生思考问题 3 举出二次函数外，对照步骤观察函数 $f(x) = \ln x + 2x - 6$ 的图像去体会二分法的思想。结合二次函数图像和标有 a, b, x_0 的数轴理解二分法的算法思想及计算原理。

【设计意图】以问题研讨的形式替代教师的讲解，分化难点，解决重点，给学生"数学创造"的体验，有利于学生对知识的掌握，及对二分法原理的理解。学生在讨论、合作中解决问题，充分体会成功的愉悦。让学生归纳一般步骤有利于提高学生自主学习的能力，让学生尝试由特殊到一般的思维方法。利用二分法求方程近似解的过程用图表示，既简约又直观，同时能让学生初步体会算法的思想。

（三）例题剖析，巩固新知

例　借助计算器或计算机用二分法求方程 $2^x + 3x = 7$ 的近似解（精确度为 0.1）。

两人一组，一人用计算器求值，一人记录结果；学生讲解缩小区间的方法和过程，教师点评。

本例鼓励学生自行尝试，让学生体验解题遇阻时的困惑及解决问题的快乐。此例让学生体会用二分法来求方程近似解的完整过程，进一步巩固二分法的思想方法。

思考以下问题：

① 用二分法只能求函数零点的近似值吗？

② 是否所有的零点都可以用二分法来求其近似值？

教师有针对性地提出问题，引导学生回答、讨论、交流。反思二分法的特点，进一步明确二分法的适用范围及优缺点，指出它只是求函数零点近似值的一种方法。

【设计意图】及时巩固二分法的解题步骤，让学生体会二分法是求方程近似解的有效方法。解题过程也起到了复习转化思想的作用。

（四）尝试练习，检验成果

（1）下列图形表示的函数中能用二分法求零点的是（　　　）。

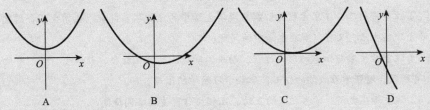

A　　　　　　　　B　　　　　　　　C　　　　　　　　D

【设计意图】让学生明确二分法的适用范围。

（2）用二分法求图像是连续不断的函数 $y=f(x)$ 在 $x\in(1,2)$ 内零点近似值的过程中得到 $f(1)<0$，$f(1.5)>0$，$f(1.25)<0$，则函数的零点落在区间（　　　）内。

A. $(1,1.25)$　　　　B. $(1.25,1.5)$　　　　C. $(1.5,2)$　　　　D. 不能确定

【设计意图】让学生进一步明确缩小零点所在范围的方法。

（3）借助计算器或计算机，用二分法求方程 $x=3-\lg x$ 在区间 $(2,3)$ 内的近似解（精确度为 0.1）。

【设计意图】进一步加深和巩固对用二分法求方程近似解的理解。

（五）课堂小结，回顾反思

学生归纳，互相补充，教师总结。

（1）理解二分法的定义和思想，用二分法可以求函数的零点近似值，但要保证该函数在零点所在区间内是连续不断的。

（2）用二分法求方程近似解的步骤。

【设计意图】帮助学生梳理知识，形成完整的知识结构，同时让学生知道理解二分法定义是关键，掌握二分法解题步骤是前提，实际应用是深化。

（六）课外作业

（1）书面作业：第92页习题3.1 A组3、4、5题。

（2）知识链接：第91页阅读与思考"中外历史上的方程求解"。

（3）课外思考：如果现在地处学校附近的地下自来水管某处破裂了，那么怎么找出这个破裂处？要不要把水泥板全部掀起？

七、板书设计

3.1.2　用二分法求方程的近似解

1. 二分法的定义
2. 用二分法求函数零点近似值的步骤
3. 用二分法求方程的近似解

八、教学反思

　　这堂课既是一堂新课又是一堂探究课，整个教学过程，以问题为教学出发点，以教师为主导、学生为主体，设计情境激发学生的学习动机，激励学生去取得成功，顺应合理的逻辑结构和认知结构，符合学生的认知规律和心理特点，重视思维训练，发挥学生的主体作用，注意数学思想方法的融入渗透，满足学生渴望的奖励结构。整个教学设计中，特别注重以下几个方面。

　　（1）重视学生的学习体验，突出其主体地位。训练学生用从特殊到一般、再由一般到特殊的思维方式解决问题的能力，不断加强其转化类比思想。

　　（2）注重将用二分法求方程近似解与现实生活中的案例联系起来，让学生体会到数学方法来源于现实生活，又可以解决生活中的问题。

　　（3）注重学生参与知识的形成过程，动手、动口、动脑相结合，让学生"听"有所思，"学"有所获，增强学习数学的信心，体验学习数学的乐趣。

　　（4）注重师生之间、学生之间的互动，互相协作，使其共同提高。

第二章　数学教学设计内容

　　教师进行教学设计是为了达到教学活动的预期目的，减少教学中的盲目性和随意性，其最终目的是使学生能更有效地学习，开发学生的学习潜能，塑造学生的健全人格，以促进学生的全面发展。

　　数学教学设计是一个既要满足常规教学要求，又要进行个人创造的过程。数学教学设计的主要内容包含分析、设计和评价三方面。本章按照数学教学设计三要素、数学教学设计基本模式和数学教学设计评价三方面来阐述数学教学设计的内容。

第一节　数学教学设计三要素

　　教师进行教学设计是为了达到教学活动的预期目的，减少教学中的盲目性和随意性。只有具备了较高的教学设计水平，才能更有效地组织教学。在进行教学设计时，教师一定要考虑：为什么教（教学目的）？教什么（教学内容）？如何教（教学过程）？完成数学教学设计，要考虑教学目标、教学内容、教学对象和教学方法等，其中教学内容包括对教材内容的分析与处理、教学内容的地位和作用、教学思路以及教学过程等。为此，我们以明确教学目标、形成设计意图和制定教学过程作为数学教学设计三要素来介绍分析数学教学设计的内容。

一、教学目标

　　课程目标是课程构成的一大核心要素，它对课程设计和课程实施具有重要的导向作用。课堂教学必须完成课程标准设置的要求。针对学生的学习任务，教师应该对教学活动的基本过程有一个整体的把握，按照教学情景的需要和教学对象的特点确定合格的教学目标。我国普通高中和义务教育数学课程内容的选择与安排、教科书的编写、教学过程的设计与实施都必须紧紧围绕国家普通高中和义务教育数学课程目标去展开。实践表明，认真学习数学课程标准，深刻理解并准确把握数学课程目标，对顺利完成中小学数学课程教学及改革任务，全面提高基础教育阶段数学教学质量具有十分重要的意义。

　　2011版《义务教育数学课程标准》将数学课程目标分为总目标和学段目标。总体目标由"四基""四能""情感态度"三部分组成，分别从知识技能、数学思考、问题解决和情感态度四个方面加以阐述。分段目标则是分三段（1～3年级、4～6年级、7～9年级）分别从知识技能、数学思考、问题解决和情感态度四个方面加以阐述。将数学课程目标分为结果目标和过程目标。结果目标使用"了解""理解""掌握""运用"等术语表述，过程目标使用"经历""体验""探索"等术语表述。

　　2017版《普通高中数学课程标准》中提出"四基""四能"的课程目标，以及六大核心素养的数学学科素养目标。期望通过高中数学课程的学习，学生能提高学习数学的兴趣，增强学好数学的自信心,养成良好的数学学习习惯,发展自主学习的能力;树立敢于质疑、善于思考、严谨求实的科学精神;不断提高实践能力,提升创新意识;认识数学的科学价值、应用价值、文化价值和审美价值。数学学科核心素养是"四基"的继承和发展;"四基"是培养学生数学学科核心素养的沃土,是发展学生数学学科核心素养的有效载体。教学中要引导学生理解基础知识,掌握基本技能,感悟数学基本思想,积累数学基本活动经验,促进学生数学学科核心素养的不断提升。

教学目标是由课程标准决定的,教师的任务是将目标进一步细化和清晰化。关于教学目标划分有多种方式。

(一)远期目标和近期目标

远期目标可以是某一课程内容学习结束时所要达到的目标,也可以是某一学习阶段结束后所要达到的目标。远期目标是数学教学活动中体现教育价值的主要方面。形象地说,远期目标是数学教学活动的一个方向,对数学教学设计具有指导性意义——远期目标确定以后,所有的相关教学活动都应当作为实现目标的一个(些)环节,而具体的教学设计虽然在一定的范围内可以呈"自封闭"形式,但从更大的背景上来看,它们应当服务于这些目标。值得注意的是,远期目标的实现周期很长,通常是一个课程,或一个学习领域,或一个核心观念的教学所孜孜追求的。

近期目标则是某一课程内容学习过程中或某一学习环节(如一节或几节课)结束时所要达到的目标。通常所说的教学目标是指设计具体教学内容的教学目标,更多指一节课的教学目标。近期目标在实际教学过程中常常充当两个角色。首先,它本身是通过教学活动就应当实现的目标;其次,它往往也是实现远期目标的一个环节。例如,对等可能性的认识可以算一个近期目标,它可以通过上述数学教学活动(也许需要几节课)来实现。但是,对等可能性的认识又可以看成是培养随机观念的一个环节。确立近期目标时,不仅要考虑自身的封闭性,还应当注意它与远期目标之间的联系,即所谓数学教学活动要设法体现数学的教育价值——数学教学的目的不仅仅是让学生获得一些数学知识和方法,更重要的是落实数学教学活动对促进学生发展的教育功能。

案例 2-1-1

"解二元一次方程组"教学目标

作为一个具体的数学知识,解二元一次方程组就是一个近期目标,它基本上可以在 1~2 个课时内完成。然而,如果仅仅把它的教学目的定位于让学生学会解方程组的技术,那么就意味着我们放弃了培养学生思维能力、提高学生对数学整体性认识的极好机会。

首先,无论是代入消元法还是加减消元法,它们所反映的都是一种基本的数学思想方法——化归(具体表现为消元),即把二元问题化归为一元问题,而一元方程是我们能够解的。这一基本思想方法可以毫无障碍地推广到 n 元,而代入消元法和加减消元法都只是实现化归的具体手段。当学生不再要求解方程组的时候,也许用不到代入消元法或加减消元法,但化归的思想方法所体现的——把不熟悉的问题变为熟悉的或已经解决的问题,对他们来说则是终身有用的,而这应当是数学教育给学生留下的痕迹——把一切忘记以后,留下来的东西。

其次,从数学的角度来看,解二元一次方程组,或者更一般地,解 n 元一次方程组(线性方程组）体现出来的数学解题策略具有很强的"普适性"——在几何作图问题中表现为"交轨法"，即由条件 a 得到轨迹（点集）A，由条件 b 得到轨迹（点集）B，所求点即两轨迹的交点。

因此，解二元一次方程组的教学目标就可以与数学教学的远期目标挂上钩，定位成：让学生了解解二元一次方程组的基本思路，掌握解二元一次方程组的基本方法；使学生体会到化归的思想方法——将不熟悉的转变为熟悉的，将未知的转变为已知的，以提高其数学思维的能力。

（二）过程性目标和结果性目标

新的数学课程标准所提出的过程性目标是"经历—过程"。经历运用数字、字母和图形描述现实世界的过程；经历运用数据描述信息、做出推断的过程；经历观察、实验、猜想和证明等数学活动的过程。例如，经历将一些实际问题抽象为数与代数的过程；经历探究物体与图形的形状、大小、位置关系和变换的过程；经历提出问题，收集、整理、描述和分析数据，做出决策和预测的过程。关于过程性目标，即"经历—过程"，有人认为有一点"摸不着边"——经过了一段较长时间的活动，学生似乎没学到什么"实质性"的东西，只是在"操作""思考""交流"，它真的很重要吗？对于这个问题的回答，在关于"数学史融入中学数学教学的实践与价值"讲座中，华东师范大学汪晓勤教授结合大量的案例介绍其课题组成员科学性、可学性、有效性、人文性、趣味性地将数学史融入数学教学中，体现历史与现实、数学与人文相融，体现知识之谐、方法之美、探究之乐、能力之助、文化之魅、德育之效，最终实现立德树人的目的[50-55]。我想以此来回答"经历—过程"的重要性应该是清楚的。

从教学结果的角度来分类，教学目标可分为知识技能类目标、方法能力类目标和情感态度类目标。结果性目标都是我们比较熟悉或能够把握的，因为它能够很快产生出一种"看得见、摸得着"的结果——学会一种运算，能解一种方程，知道一个性质（定理）。

《义务教育数学课程标准》对"数与代数""图形与几何""统计与概率""综合与实践"四块内容分别详细阐述了其知识技能、方法能力和情感态度目标。而高中数学则是分选修和必修，按主题从内容要求、教学提示和学业要求来提出具体目标的。

在确定具体课堂教学目标时，有按传统三维目标（知识、技能和情感）来设计的，如案例 2-1-2～2-1-4。每一节课中，课堂教学目标有三条左右的具体目标即可。知识、技能和情感三个方面的教学目标，有时可以各自单独写成一条，更多的是两两合在一起写成一条，或者是三三合在一起写成一条。反对本本主义，反对教条主义，要根据课堂教学的实际情况撰写课堂教学目标。知识目标中，常用"知道""了解""理解"等词语来表述。技能目标中，常用"学会""掌握""熟练掌握"等词语来表述。情感目标中，常用"体会""体验""感受""认识"等词语来表述。

案例 2-1-2

"一次函数"教学目标

2013 年人教版八年级数学下册第四章第 2 节"一次函数"，前两课时的教学目标，由湖北师范大学 10 级数学实验班学生余立婷设计。

（1）使学生理解一次函数和正比例函数的概念，能根据所给条件写出简单的一次函数表达式，发展学生应用数学的能力。

（2）使学生初步了解作函数图像的一般步骤，能熟练作出一次函数的图像，并掌握其简单性质。

（3）使学生了解两个条件能够确定一次函数，能根据所给条件求出一次函数的表达式，并用它解决有关问题。

案例 2-1-3

"直线方程的概念与直线的斜率"教学目标

高中数学必修 2 第三章直线与方程第 1 节"直线方程的概念与直线的斜率"教学目标设计由山东省实验中学周明君教师设计。

（1）理解直线的倾斜角和斜率的定义；掌握斜率公式，并会求直线的斜率。

（2）通过直线倾斜角概念的引入和直线倾斜角与斜率关系的揭示，提高学生分析、比较、概括和化归的数学能力，使学生初步了解用代数方程研究几何问题的思路，培养学生综合运用知识解决问题的能力。

（3）帮助学生进一步了解分类讨论思想、数形结合思想，在教学中充分揭示"数"与"形"的内在联系，体现"数"与"形"的统一美，激发学生学习数学的兴趣。

案例 2-1-4

"直线与圆的位置关系"教学目标

高中数学必修 2 第四章第 2 节"直线与圆的位置关系"教学目标设计，由陕西绥德中学崔世轮教师设计。

（1）知识目标。

① 理解直线与圆的位置关系。

② 掌握用圆心到直线的距离 d 与圆的半径 r 比较，以及通过方程组解的个数来判断直线与圆的位置关系的方法。

（2）能力目标。

① 通过两种方法判断直线与圆的位置关系，进一步培养学生用解析法解决问题的能力。

② 通过两种方法的比较，进一步培养学生分析问题以及灵活应用所学知识解决问题的能力。

（3）情感目标。

通过探索直线与圆的位置关系的过程，使学生体验数学活动充满探索与创造，在学习活动中获得成功的体验，锻炼克服困难的意志，建立自信心。

案例 2-1-5

"基本不等式"（第一课时）教学目标

高中数学必修五第三章第 4 节"基本不等式"（第一课时）教学目标设计，由浙江省桐乡第一中学石小丽教师设计。

（1）通过两个探究实例，引导学生从几何图形中获得两个基本不等式，了解基本不等式的几何背景，体会数形结合的思想。

（2）进一步提炼、完善基本不等式，并从代数角度给出不等式的证明，组织学生分析证明方法，加深对基本不等式的认识，提高逻辑推理论证能力。

（3）结合课本的探究图形，引导学生进一步探究基本不等式的几何解释，强化数形结合的思想。

（4）借助第 1 个例子尝试用基本不等式解决简单的最值问题，通过第 2 个例子及其变式引导学生领会运用基本不等式的三个限制条件（一正二定三相等）在解决最值问题中的作用，提升解决问题的能力，体会方法与策略。

案例 2-1-6

"用样本的频率估计总体分布" 教学目标

高中数学必修三第一章第 5 节"用样本的频率估计总体分布"教学目标设计，由华中科技大学附属中学夏云晶设计。

（1）通过实例体会分布的意义和作用。

（2）在分析样本数据的过程中，学会列频率分布表、画频率分布直方图，理解数形结合的数学思想和逻辑推理的数学方法。

（3）通过对样本分析和总体估计的过程，体会频率分布直方图的特征，利用它分析样本的分布，准确地做出总体估计，认识数学知识源于生活并指导生活，体会数学知识与现实世界的联系。

新课程标准提出"四基""四能"，按照新三维目标（知识与技能、过程与方法、情感态度与价值观）来确定教学目标，增加了过程性目标和方法性目标，重新整合，我们认为更全面、更科学，如案例 2-1-7 和案例 2-1-8。

案例 2-1-7

"数学归纳法" 教学目标

高中数学选修 2-2 第二章最后一节"数学归纳法"教学目标设计，由蚌埠一中赵亮教师设计。

（1）知识与技能。

① 了解归纳法，理解数学归纳法的原理与实质，掌握数学归纳法证题的两个步骤。

② 会证明与正整数有关的简单命题。

（2）过程与方法。

努力创设课堂愉悦的情境，使学生处于积极思考、大胆质疑的氛围，提高学生学习兴趣和课堂效率，让学生经历知识的构建过程，体会类比的数学思想。

（3）情感、态度与价值观。

通过本节课的教学，使学生领悟数学思想和辩证唯物主义观点，激发学生学习热情，提高学生数学学习的兴趣，培养学生大胆猜想，小心求证的辩证思维素质，以及发现问题、提出问题的意见和数学交流能力。

案例 2-1-8

"函数的单调性"教学目标

高中数学必修一第二章第 3 节"函数的单调性"教学目标设计，由编著者指导的湖北师范大学教育专硕赵永丽设计。

（1）知识与技能。

从数和形两方面理解函数单调性的概念，掌握利用函数图像和定义判断、证明函数单调性的方法及步骤。

（2）过程与方法。

通过观察函数图像的变化趋势——上升或下降，初步感受函数单调性，数形结合，让学生尝试归纳函数单调性的定义，并能利用函数图像及定义解决单调性的证明。

（3）情感、态度与价值观。

在对函数单调性的学习过程中，让学生感知从具体到抽象、从特殊到一般、从感性到理性的认知过程，增强学生透过现象猜想、总结事物本质的能力。

教学目标的确定对实施教学是至关重要的，编著者结合实际教学内容——小学估算，阐述了数学课程教学目标的确定和达成；提出在充分了解学情的基础上，以教学内容为依据，确定明确、清晰的教学目标；在重视估算方法、讲究估算过程、合理评价估算结果的基础上设计科学、合理的教学内容和过程，并保质保量地实施教学，最终达成教学目标。希望引起数学教师对数学教学目标的重视，并认真思考如何实现数学教学目标[56]。

二、设计意图

在教学目标确定之后，就要进入教学设计的核心部分——形成设计意图。怎样形成数学教学的设计意图呢？教师应根据教学目标，选择适当的教学方法和教学策略，形成科学、合理、实用、艺术化的设计意图。正如任何设计意图一样，教学设计意图既要遵循教学设计所必须考虑的一些设计规范，又要设计师独到的创新意念。建筑是凝固的艺术，服装是流动的线条，音乐、美术需要有独到意境、灵感、布局和构思，一堂好的数学课需要有教师的个人构想。做数学教学设计就像建大厦前的图纸设计，必须对教学内容有整体规划、全局规划、系统规划的观念和意识，要明确教学重点、难点和关键点，还得分析学情，充分了解学生。综合来看，主要有下面三个方面的考虑。

（一）整体设计观念

对于教师，我们可以说："不谋系统知识者，不足谋好一节课。"一堂好的数学课是整个单元乃至整门课程的组成部分。教师需要把握整体，才能看清楚局部，正如一座大楼，必须与周围的环境协调。虽然教学设计通常是设计一节课的教学内容，但必须了解本节课的内容所在章节的名称，并对此章节的教材要有全面的认识和较深的理解，甚至本节课的内容在本学段中的具体地位及前后知识的逻辑关系都需要清楚。只有做到整体性和系统性，才能更准确地把握此节内容的教学目标，不至于将教学目标定得太高、太低或脱离实际情况，导致在本节课内根本就完不成。一节好的数学课必须与以前的课相衔接，又要为后续的课做准备。例如，在一元二次方程求解的过程中，当提到判别式小于零时，一般总是说无解；有的教师则说在实数范围内无解；个别教师说这时候没有实数解，只有复数解，复数是高中要学的内容。哪一种好？个人应该考虑，做出选择。

（二）明确重点、难点和关键点

教学的目标确立起来后，具体实行的方法是必须抓住重点解决主要矛盾。同时，又要分析这些教学内容的重点、难点和关键点，并予以克服。教学重点、难点和关键点是教学设计的核心问题，对教学设计起决定性作用。所以，好的教学设计要突出重点、突破难点、紧抓关键点。

（1）重点是指在学习中那些贯穿全局、带动全面、应用广泛、对学生认知结构起核心作用、在进一步学习中起基础作用和纽带作用的内容。一般教材中所确定的公式、定理和法则，以及数学思想方法和基本技能的训练，都是教学内容的重点。

确定重点内容的意义在于从知识的内在联系上着眼，去深究新旧知识的连接点，并认识其地位和作用。重点内容的确定不可能按照某种固定方法去套出来。重要的是掌握它的特征，并根据特征，从教材的全局到部分，再从部分到全局的分析研究中把它悟出来。例如，平面几何中三角形是基本的直线形，其他平面直线形大多数可以转化为三角形来研究，三角形在以后的学习和生产实践中应用广泛，而且对培养学生的逻辑思维能力和推理论证能力起着重要作用，因此三角形是整个几何教学的重点内容。

（2）难点是指学生接受起来比较困难的知识点，往往是由于学生的认知能力、接受水平与新旧知识之间的矛盾造成的，也可能是学新知识时，所用到的旧知识不牢固造成的。

分析教学难点是一件相当复杂的工作，教师要从教材本身的特点、教学过程中的矛盾以及学生学习心理等各种角度综合考虑和分析。教学中的难点是指学生接受起来比较困难的知识点，如无理数、复数、指数和对应等；还有些是技巧上的难点，如因式分解和三角函数的变换等。

（3）关键点是指对掌握某一部分知识或解决某一个问题能起决定性作用的知识内容，掌握了这部分内容，其余内容就容易掌握，或者整个问题就迎刃而解了。

（三）分析学生的状况

学生是教学的对象，也是教学活动的主体，教师在教学过程中通过提问，根据学生回答问题的情况，观察学生的表情变化和接受情况。注意有多少优秀生和后进生，并且密切关注他们的特殊需求。所有的教学，最终都落实到学生身上，所以离开学生谈教学就像避开士兵谈打仗，纯属纸上谈兵。无论是教学设计还是教学实施，必须在了解学生情况的基础上设计教学、组织教学。教师在按照教案进行教学后，及时根据上课的实际情况，对该教案和课堂教学状况做出客观评价与总结。

下面的教学设计案例中，教师 A 设计意图：希望通过动手操作，利用等积法由已知的正方体的体积推导出球的体积，但结果却是不对的。设计意图很好，问题的原因在哪里？

案例 2-1-9

球 的 体 积

教师 A 拿来三件东西：无盖的正方体盒、球和一壶水。A 说："正方体盒的棱长等于球的直径。我将球放在正方体盒内，向盒中注满水。然后取出球，测得盒中的水是盒子容积的一半。"我们见证了这个过程，他做得很小心，取球时溢出的水也倒回了盒子里。根据这个实验过程，A 推证：设盒子的棱长是 $2R$，则盒子的容积是 $8R^3$，故球的体积是 $4R^3$。即 $V_球 = 4R^3$，而不是 $V_球 = \dfrac{4}{3}\pi R^3$。

我们坚信球的体积公式 $V_球 = \dfrac{4}{3}\pi R^3$，认为 A 的探求是错误的。那么：

（1）A 的问题在哪里呢？

（2）我们如何说服 A？

（3）这个设计给我们什么启示？

对于问题（2），我们要求：在说服 A 时，要能表现出教研工作者的责任、宽容和机智。这样的创意虽然探究的结论有问题，但从设计意图看，它构成了课堂教学设计的灵魂，显示出了数学设计者的用心。同时也教育学生科学实验中结果受多因素影响，实验不一定成功，需要我们科学、严谨地分析问题，锲而不舍地探索问题。

下面结合编著者指导在职研究生冼深平（广东罗定市小学数学教师）完成毕业论文《小学数学立体图形教法研究》中的一个教学设计片断，从中分析设计意图的三个方面。

案例 2-1-10

根据 2017 版《义务教育课程标准》，从整体上把握小学立体图形的教学内容及教学目标。

一、教学内容

（一）立体图形的认识

长方体的认识：面、棱、顶点的概念→长方体的特征→长、宽、高的概念。

正方体的认识：正方体的特征→正方体的概念→长方体与正方体的联系。

圆柱的认识：圆柱的组成→圆柱的特征。

圆锥的认识：圆锥的组成→圆锥的特征。

（二）立体图形的表面积

长方体的表面积：长方体的展开图→长方体表面积的概念→长方体表面积的计算方法。

正方体的表面积：正方体的展开图→正方体表面积的计算方法。

圆柱的表面积：圆柱表面积的概念→圆柱的展开图→圆柱的表面积、侧面积和表面积的公式推导→圆柱表面积的应用。

（三）立体图形的体积

长方体的体积：体积的概念→体积单位及其进率→长方体体积公式的推导→长方体体积的应用。

正方体的体积：正方体体积公式的推导→正方体体积的应用→长方体和正方体体积公式的统一→容积概念和容积单位→不规则物体体积的计算→涂色正方体的探索。

圆柱的体积：圆柱体积公式的推导→圆柱体积的应用→求不规则形状的体积。

圆锥的体积：圆锥体积公式的推导→圆锥体积的应用。

二、教学目标

第一学段（1～3 年级）"图形与几何"的教学要求：能通过实物和模型辨认长方体、正方体、圆柱和球等几何体。

第二学段（4～6 年级）"图形与空间"的教学要求：从不同方向（前面、侧面、上面）

看到的物体的形状图；通过观察、操作，认识长方体、正方体、圆柱和圆锥，认识长方体、正方体和圆柱的展开图；通过实例了解体积（包括容积）的意义及度量单位的实际意义；体验某些实物（如土豆等）体积的测量方法；结合具体情境，探索并掌握长方体、正方体、圆柱的体积和表面积以及圆锥的体积的计算方法，并能解决简单的实际问题。

　　教学设计中，我们对教学重点和教学难点都很关注，而关键点大多数教师可能没有很注重。冼教师结合教学内容和教学目标，总结小学立体图形教学六大关键点：①以培养学生空间观念和空间想象力来处理教材，设计教学环节；②通过教具或多媒体手段直观呈现由"物体"抽象出"几何图形"的过程；③要注意创设机会让学生在三维立体图形与二维平面图形之间相互转换，即用好"长方体、正方体、圆柱和展开图"这一学习资源；④设计一些有利于学生唤起图形表象、需要借助空间想象力才能完成的练习，从而不断发展学生的空间观念与空间想象力；⑤通过图形的变式深化图形的本质特征，从而建立全面而深刻的图形概念；⑥要注意对难点内容的突破。

　　例如，在设计五年级《数学》下册第三单元"长方体和正方体"中的教学例6时，设法求出橡皮泥和梨这两种不规则物体的体积。引导学生将前者捏成长方体或正方体，量出棱长，再运用长方体或正方体的体积公式求出它的体积；后者则运用排水法，把梨的体积转化成升高部分水的体积，即梨的体积＝升高部分水的体积。在接着的"回顾和反思"中追问学生排水法对乒乓球和冰块是否适用，让学生进行思考，把排水法转化成排沙法等。让学生体验实物体积的测量方法并能类比转化。又如"圆柱的体积"中的教学例7，如图2-1所示，一个瓶底内直径是8 cm的瓶子里，水的高度是7 cm，把瓶盖拧紧倒置放平，无水部分是圆柱形，高度是18 cm。这个瓶子的容积是多少？倘若只看左边的瓶子，不难想出瓶子的容积＝无水部分的体积＋水的体积，水的体积是圆柱形，可以运用圆柱的体积公式求出，关键是要求出无水部分这一不规则图形的体积。可以引导学生思考，水瓶盖拧紧倒置后，水的形状变了，由原来的圆柱形变成了不规则图形，但体积不变；而无水部分的形状由不规则图形变成了圆柱形，但体积也不变。又因为瓶子的容积＝无水部分的体积＋水的体积，所以瓶子的容积＝圆柱形水

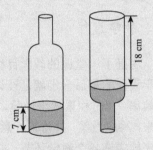

图2-1　瓶子的容积

的体积＋圆柱形无水部分的体积。显然，这道例题也是运用转化思想进行教学。

　　通过数学的转化思想借用图形的变式深化图形的本质特征，从而建立全面而深刻的图形概念，突破难点内容。这样的设计，把不规则的物体体积转化成规则的物体体积，把新的知识转化成学过的知识，抓住转化中的"变"与"不变"，化繁为简，提高学生的分析能力和解决问题能力，发展其空间观念，这样也就抓住了关键点。

　　关于学情的分析，除了解五年级学生知识结构和身体心理思维等共性特征外，还对授课班级进行实际抽样检测。检测的内容包括以下七个方面：长方体和正方体的认识，长方体和正方体的棱长和计算，长方体和正方体的表面积计算，正方体表面积的逆问题，长方体和正方体的体积计算，长方体和正方体体积的逆问题，解决实际问题。检测的目的有两个方面：一是考查学生对长方体和正方体内容的理解情况，强化学生对小学数学立体图形的认识，查漏补缺，为日后的教学提供参考；二是拓宽学生关于立体图形的解题思路，促进空间思维能力和解决问题能力的发展，培养探索和创新精神。

对检测数据统计分析发现，学生的整体水平不高，与其他六方面比较，学生对长方体和正方体的体积公式掌握得比较好，但是在解决实际问题方面显得比较薄弱。结合这次检测的结果和与个别学生的谈话，做出以下分析总结。

一是大部分学生能正确写出长方体和正方体的表面积和体积计算公式，个别学生把公式混淆了，把正方体中的棱长写成了边长，由此看出，学生对公式的掌握比较好，公式也便于学生的记忆。但在计算表面积和体积的时候，有部分学生出现计算失误导致失分。

二是大部分学生在解决实际问题这方面出现的错误比较多，主要原因有计算失误和审题错误。对于需要运用两个或两个以上知识点来解决的问题，有35%的学生无法解决，由此可以看出，学生对长方体和正方体内容的掌握只是停留在表层，掌握了基础知识，但对解决实际问题的认识不够深刻，欠缺生活体验和空间想象力，空间观念难以发展。有一小部分学生虽然掌握了基本方法，但忽略了单位之间的换算或者是计算失误。

分析测试情况，给出原因分析和建议，学生对于小学数学立体图形知识的掌握情况还不够理想，需要加强平面图形与立体图形之间的知识迁移和理解小学数学立体图形的内容，清楚每一个数据表示的意义，有效地把知识联系起来解决问题。同时，在学习小学数学立体图形时，学生要积极参与实践活动，多观察、多动手、多思考，把知识与生活实际联系起来，以加深对小学数学立体图形的理解，更好地建立和发展空间观念。

在明确了教学目标及设计意图后，教学设计进入关键阶段——教学过程设计阶段。教师个人的创新，在这里得到充分体现。

三、教学过程

明确了一堂课的教学目标，又形成了总体上的设计意图，熟悉了教材，了解了学生，教学设计的最后一步就是设计具体的可操作的教学过程。为了优化教学设计，提高课堂教学效率，及时积累教学经验，教师需要在课前将酝酿好的教学设计方案以书面的形式记录下来，写成教案，并将设计意图转换为可操作的、有效的教学手段，创设良好的教学环境，有序地实施各个教学环节，拟订可行的评价方案，从而促使教学活动顺利进行，达到原定的目标。

数学课堂教学的教学过程，也就是教学环节，不同类型的课有所不同。例如，新授课通常包含创设情境、引入新课，根据信息提出问题，自主探索、合作交流，拓展练习、巩固提升，课堂小结、学后感悟等环节。新授课中，根据教授内容的性质可以进一步分为概念课、命题课、问题课和活动课等。习题课通常设计为知识再现、基本练习、综合练习和反思总结。复习课通常包含知识系统整理、查缺补漏训练和综合运用提升。测试讲评课则包含对测试情况概述、典型错例点评、平行补救练习和掌握情况再测等。

我们以新授课为例介绍数学教学过程包含的基本环节[57, 58]。

（一）创设情境，引入新课

创设情境的目的是激发学生兴趣，抓住学生的注意力，使课堂气氛活跃，师生关系和谐，使学生求知欲旺盛。在数学课堂教学中，创设一个贴切的情境，对于学生的学习具有重要的作用,但情境对于课堂学习来说并不是必不可少的,我们不能为了情境而创设情境。情境创设的要义是关注学生已有的经验和旧知识,不符合常理、违背知识结构和学生思维的情境是有害的。

（二）根据信息，提出问题

创设情境引入课题后,需要根据教材提供的信息,引导学生发现问题,进而提出问题。问题是学生思维的动力,但问题要问在有疑之处,要有启发性和针对性。

（三）自主探索，合作交流

提出问题后,教师引导学生经历"猜测—验证—结论"的探究过程。猜测,可以让学生有预见性,激发思维。验证,也就是求证的过程,经历从发现到感悟理解的过程,进而最终解决问题。结论则是通过学生的验证从而归纳、总结、概括,点明规律性的东西,即本课的重要知识点。

在教学活动中,教师要尽量放手让学生进行独立思考,自主探索,合作交流。凡是能够探究得出的知识教师不要直接告诉学生;能够独立思考的问题教师不要暗示学生;能独立操作的教师不要代替学生。应给学生提供充分的自主探究的时间和空间,让学生根据自己的体验,用自己的思维方式,自主地去探究、去发现有关数学知识。教师在这过程中应激发学生的学习积极性,向学生提供充分从事数学活动的机会,帮助他们在自主探究和合作交流的过程中真正理解和掌握基本的数学知识和技能,数学思想和方法,获得广泛的活动经验,使数学学习成为学生的主体性、能动性和独立性不断生成、张扬、发展、提升的过程。教师要注意学习方式的多样,其最终目的是促使孩子思考。在课堂教学中,并不唯一地崇尚探究式学习方式,更科学、更贴近学生年龄特点及知识能力的发展状况,应该将思索、操作、探究和听讲等多种方式综合。同时,师生和生生应该建构成有着共同目标的学习共同体。

（四）拓展练习，巩固提升

经历探究和交流之后,主要任务是深化和提高所学知识,使学生能够迁移运用,举一反三。这部分主要遵循学生由浅入深、由简到繁、由易到难的认知规律。

（五）课堂小结，学后感悟

一堂课下来,最后应该让学生对所学知识进行及时梳理,所以在每堂课临近结束的时候,教师都会适当留出一点时间,让学生畅所欲言谈收获,这个过程就是让学生梳理知识、总结归纳的过程。

下面的案例是编著者指导的在职研究生谭梅玲教师设计的教学案例。

案例 2-1-11

等差数列（第一课时）

一、教学目标

（1）知识培养。

① 理解等差数列的概念,能判断一个数列是否为等差数列。

② 掌握等差数列的通项公式，会用公式解决一些简单问题。

（2）教学重点：理解等差数列的概念，探索并掌握等差数列的通项公式。

（3）教学难点：概括通项公式推导过程中体现的数学思想方法（叠加法）。

（4）思想培养：①函数与方程思想；②观察类比归纳思想；③化归思想。

（5）情感态度与价值观：培养学生观察、分析资料的能力，积极思维，以及追求新知的创新意识。

二、教学过程

（一）情境引入

生活中的例子：（课本 36 页的三个例子）

（1）数数习惯：0, 5, 10, 15, 20, 25, （　　　　），…；

（2）女子举重级别（kg）：48, 53, 58, 63, （　　　　），…；

（3）水库水位（m）：18, 15.5, 13, 10.5, 8, 5.5, （　　　　），…。

观察以上三个数列的共同特征，并填空，引出等差数列的概念。

（二）等差数列的概念

等差数列的定义：如果一个数列从第 2 项起，每一项与它的前一项的差等于同一个常数，那么这个数列就称为等差数列，这个常数称为等差数列的公差（常用字母 d 表示）。

数学符号表示：$a_n - a_{n-1} = d$（d 为常数；$n \geqslant 2, n \in \mathbf{N}^*$）或 $a_{n+1} - a_n = d$（d 为常数，$n \in \mathbf{N}^*$）。

例1　判断下列数列是否为等差数列。

（1）1, 2, 4, 6, 8, 10, 12, …；

（2）–3, –2, 1, 3, 5, 7, …；

（3）3, 3, 3, 3, 3, …；

（4）1, 2, 4, 7, 11, 16, …。

（三）通项公式的推导及应用

思考：已知等差数列 $\{a_n\}$ 的首项为 a_1，公差为 d，求 a_n。

设等差数列 $\{a_n\}$ 的首项是 a_1，公差是 d。

（1）不完全归纳法。

$a_2 - a_1 = d$, 即 $a_2 = a_1 + d$；$a_3 - a_2 = d$, 即 $a_3 = a_2 + d = a_1 + 2d$；$a_4 - a_3 = d$, 即 $a_4 = a_3 + d = a_1 + 3d$……

由此归纳等差数列的通项公式为 $a_n = a_1 + (n-1)d$。

（2）叠加法。因为 a_n 是等差数列，所以

$$a_n - a_{n-1} = d$$
$$a_{n-1} - a_{n-2} = d$$
$$a_{n-2} - a_{n-3} = d$$
$$……$$
$$a_2 - a_1 = d$$

两边分别相加得 $a_n - a_1 = (n-1)d$，因此 $a_n = a_1 + (n-1)d$。

等差数列的通项公式为 $a_n = a_1 + (n-1)d, n \in \mathbf{N}^*$。

例2　（1）求等差数列 8, 5, 2, … 的通项公式和第 20 项。

（2）–401 是不是等差数列 –5, –9, –13 的项？如果是，是第几项？

分析　（1）根据所给数列的前 3 项求得首项和公差，写出该数列的通项公式，从而求出所求项。

（2）要想判断一个数是否为某一个数列的其中一项，关键是要看是否存在一个正整数 n，使得 a_n 等于这个数。

等差中项：若 a,b,c 成等差数列，则 b 称为 a,c 的等差中项。

由等差数列的定义知，若 a,b,c 成等差数列，则 $b-a=c-b$，从而 $b=\dfrac{a+c}{2}$。

（四）练习

1. 基础练习

（1）已知等差数列 $3,7,11,\cdots$，求第 4 项与第 10 项。

（2）在 $\triangle ABC$ 中，三个内角 A,B,C 成等差数列，则角 $B=\underline{\hspace{2cm}}$。

2. 巩固练习

（1）在等差数列 $\{a_n\}$ 中，已知 $a_5=10$，$a_{12}=31$，求首项 a_1 与公差 d。

（2）已知数列 $\{a_n\}$ 为等差数列，$a_3=\dfrac{5}{4}$，$a_7=-\dfrac{3}{4}$，求 a_{15} 的值。

（五）课堂小结

（1）等差数列及等差中项的定义。

（2）等差数列的通项公式及其推导与应用（叠加法）。

（六）课后作业

课本 40 页第一题。

第二节　数学教学设计基本模式

一、数学教学设计模式的概念

教学模式可以定义为在一定教学思想或教学理论指导下建立起来的较为稳定的教学活动结构框架和活动程序。作为结构框架，教学模式从宏观上把握教学活动整体及各要素之间内部的关系和功能；作为活动程序，教学模式具有有序性和可操作性。

数学教学设计模式是在归纳总结各种教学设计理论的基础上，反映数学教学设计工作过程的一种结构形式，它既包含教学设计工作的基础组成部分，也包含数学教学设计工作的特殊内容。

二、数学教学设计模式的分类及特点

常见的数学教学设计模式有五种：迪克-凯利系统教学设计模式、肯普模式、史密斯-雷根模式、梅瑞尔五星教学模式和一般模式。以下分别作简单介绍。

（一）迪克-凯利系统教学设计模式

迪克-凯利系统教学设计模式是美国教育和文化背景下的产物，是典型的基于行为主义的教学系统开发模式[1]。这个模式集中讨论了教学设计和发展的具体过程，教学设计步骤具体而详细。它包括三个大环节、九个小环节和最后的信息反馈修改环节。

该模式从确定教学目标开始，到终结性评价结束，组成一个完整的教学系统开发过程，具体如图 2-2 所示。

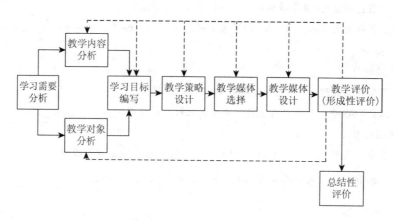

图 2-2　迪克-凯利系统教学设计模式

在该模式中，教学设计活动主要包括如下几个方面。

1. 确定教学目标

教学目标的确定主要是通过对社会需求、学科特点及学习者特点三个方面进行分析而得出。教学目标一般以可操作的行为目标形式加以描述。

教学设计的第一步是评估学习需要，即有哪些方面的内容是需要学习的，并以需要的情况为依据确定教学目的，包括在教学之后学生应该能够做什么。教学目的制订的依据包括教育需求的评估、学生需求的评估、现实中的学习问题、工作分析及其他一些因素。这一内容可以被阐述为确定教学目的应该做教学需要的评估。

在教学目的确定之后，设计者需要确定教学目的涵盖的学习类型，并分析完成学习任务所需要的步骤。同样，设计者也需要对学习任务的从属能力进行任务分析，通过这种分析，可以得出达到教学目的所需的能力或子能力，以及这些能力之间的关系。

设计者需要强调对学习者及学习发生环境进行分析，而不是由学科专家确认初始行为和特征。这个过程包含对学习情境线索及情境与学习任务内在联系的分析，以及学习情境的计划；也包含对学习者起点能力的分析确定等。这并不是将学生所具有的知识和技能都罗列出来，而是确定在学习任务中包含的能力和从属能力中哪些学习者已经具备并确定需要提供哪些学习资源（如认知工具、上下文的线索和必要的情境等）。同样，设计者还应明确对教学活动将有重要影响的另外一些学习者的学习特征（如学习风格和年龄特点等）。

在教学分析和起点能力确定的基础之上，设计者还要详细描述在教学任务完成之后，学生应该能做什么或有怎样的表现。作业目标的陈述内容包括学习者将要学习的行为、行为发生的条件，以及完成任务的标准。

设计者需要开发评价的工具，主要是编制标准参照测验。测验项目测量的内容应该是行动目标中所揭示的学习者的习得能力，因此应注意测验项目与行动目标的一致性。

2. 选用教学方法

在教学目标确定以后，接下来的工作就是如何实现教学目标。教学方法的选用可以通过选用合适的教学策略和教学材料得以实现。

设计者需要考虑如何形成教学策略，如教学前或教学后的活动安排、知识内容的呈现，以及练习、反馈和测试等。在师生相互作用的课堂教学中，教学策略的选择应根据现有的学习原理和规律、教学内容，以及学习者的特性等因素而定。

在确定运用何种教学策略后，设计者需要考虑采用何种教学材料，进行何种教学活动，如材料准备、测验和教师的指导等。选择这些材料及活动依赖于可利用的教学手段、教学素材和教学资源等。

3. 开展教学评价

教学评价包括形成性评价和终结性评价。

形成性评价形式可以是个别、小组和全班的测试。每一种评价的结果都为设计者提供可用于改进教学的数据或信息。

在形成性评价之后，设计者总结和解释收集来的数据，确定学习者遇到的问题及这些问题产生的原因，并修改教学步骤。修改教学还包括对行动目标进行重新制定或陈述，改进教学策略和教学方法，从而促使有效教学。

最后是设计和进行总结性评价。尽管总结性评价是确定教学是否有效的步骤，但在这一教学模式中，迪克和凯利并不认为它是教学设计的一个环节。这一步骤是评价教学的绝对价值和相对价值，在教学结束时进行。通常，总结性评价并非由教学设计者来设计与执行，因此这一步骤不被认为是教学设计过程中应做的工作。

可以看出，这一模式是基于一般教学过程的教学设计，也是一个以学生学习为中心的设计过程。以学生学习为中心应该区别于以学习者为中心，前者不一定是学习者作为教学活动的控制者，后者必定是学习者控制教学活动。两者的共同点在于都要依据学习者学习的规律。这一模式的特点包括：第一，强调学生学习任务的分析及起点能力的确立；第二，教学设计是一个反复的过程，需要设计者不断进行分析、评估和修正，以期完成具体的教学任务，达到教学目标；第三，安排教学活动，以优化每一教学事件，保证教学的整体效果。

（二）肯普模式

1977年，肯普首次提出一种教学模式，是用线条把各个要素顺时针连接起来。但在后来的研究与实践中，他看到教师和设计人员所面临的教学问题与实际情况并不是完全按照他所制定的顺序来进行设计，因此又经过多次修改，到1985年，他的教学模式得到完善。肯普认为，四个基本要素及其关系是组成教学系统开发的出发点和大致框架，并由此引申开去，提出了一个教学系统开发的椭圆形结构模型，如图2-3所示，并称之为肯普模式[2]。该模式的特点可用三句话概括：在教学设计过程中应强调四个基本要素，需着重解决三个主要问题，要适当安排十个教学环节。

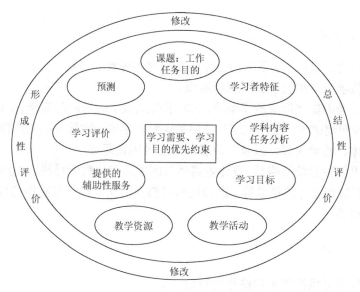

图 2-3　肯普模式

1. 四个基本要素

四个基本要素是指教学目标、学习者特征、教学资源和教学评价。肯普认为，任何教学设计过程都离不开这四个基本要素，它们即可构成整个教学设计模式的总体框架。也就是说，在进行教学设计时要考虑：这个教案或教材是为什么样的人而设计的？希望这些人能学到什么？最好用什么方法来教授有关的教学内容？用什么方法和标准来衡量他们是否确实学会了？

2. 三个主要问题

肯普认为，任何教学设计都是为了解决以下三个主要问题。

（1）学生必须学习到什么（确定教学目标）。

（2）为达到预期的目标应如何进行教学（即根据教学目标的分析、确定教学内容和教学资源，根据学习者特征分析、确定教学起点，并在此基础上确定教学策略和教学方法）。

（3）检查和评定预期的教学效果（进行教学评价）。

3. 十个教学环节

十个教学环节包括：①确定学习需要和学习目的，为此应先了解教学条件（包括优先条件和限制条件）；②选择课题和任务；③分析学习者特征；④分析学科内容；⑤阐明教学目标；⑥实施教学活动；⑦利用教学资源；⑧提供辅助性服务；⑨进行教学评价；⑩预测学生的准备情况。

为了反映各个环节之间的相互联系、相互交叉，肯普没有采用直线和箭头这种线性方式来连接各个教学环节，而是采用如图 2-3 所示的环形方式来表示。图中把确定学习需要和学习目的置于中心位置，说明这是整个教学设计的出发点和归宿，各个环节均应围绕它们来进行设计；各个环节之间未用有向弧线连接，表示教学设计是很灵活的过程，可以根据实际情况及教师的教学风格从任一环节开始，并可按照任意顺序进行；图中的形成性评价、总结性评价和修改在环形圈内标出，是为了表明评价与修改应贯穿整个教学过程的始终。椭圆形将十项因素圈在整个系统中，并以外围的评价和修改，表示它们是整个设计过程中持续进行的工作。这更显示出系统方法的分析、设计、评价和反馈修正的工作策略实际上是在模式中每一因素（环节）中均执行的基本精神。因此，这个模式在形式上比其他许多流程型的模式更能反映系统论的观念。

肯普模式的另一个特色是将学习需要、教学目的、优先顺序和约束条件置于中心地位，以强调教学设计过程中必须随机使用这几个因素作为参考的依据。如前所述，教学系统是由一组有共同目标且相互关联的因素所组成的，其作用范围是人为设定的。因此，肯普将学习需要和教学目的置于中心正是突出了系统方法以系统目标为导向的本质。同时，教学系统的设计过程离不开环境的制约：先考虑什么，后考虑什么，能做什么，不能做什么，等等，都必须以环境的需要和可能为转换。肯普模式不像其他许多模式那样只能按线性结构按部就班地进行设计，设计者可以根据自己的习惯和需要，选择某个因素作为起始点，并将其余因素按照任意逻辑程序进行排列；说明因素之间具有相对独立性，如某些情况下不需要某个因素便可不予考虑，避免了形式化；说明因素之间的相互联系性，一个因素所采取的决策会影响其他因素，一个因素决策内容变动，其相联系的因素必须进行一定的修改。

（三）史密斯-雷根模式

史密斯-雷根模式是 ID2 的代表模式，它是由史密斯和雷根于 1993 年提出的，并发表在他们两人合著的《教学设计》[14]一书中。它是在迪克-凯利的基础上发展而来的，吸取了加涅在"学习者特征分析"环节中注意对学习者内部心理过程进行认知分析的优点，并进一步考虑认知学习理论对教学内容组织的重要影响而发展起来的。该模式较好地实现了行为主义与认知主义的结合，较充分地体现了联结-认知学习理论的基本思想，并且雷根本人又曾是美国教育传播与技术协会（Association for Educational Communications and Technology，AECT）理论研究部主席，是当代著名的教育技术与教育心理学家，因此该模式在国际上有较大的影响。

史密斯-雷根把教学设计模式划分为三个阶段：分析、策略和评价。在第一阶段，分析学习环境、学习者和学习任务，制定初步的设计栏目；第二阶段，确定组织策略，传递策略，设计出教学过程；第三阶段进行形成性评价，对设想的教学过程予以修正。三个阶段及各策略之间的关系如图 2-4 所示。

史密斯-雷根模式的主要特点是明确指出设计三类教学策略：教学组织策略、教学内容传递策略和教学资源管理策略。

（1）教学组织策略是指有关教学内容应按何种方式组织、次序应如何排列，以及具体教学活动应如何安排（即如何做出教学处方）的策略。

（2）教学内容传递策略是指为实现教学内容由教师向学生的有效传递，应仔细考虑教学媒体的选用和教学的交互方式。传递策略就是有关教学媒体的选择、使用及学生如何分组（个别化、双人组、小组或是班级授课等不同交互方式）的策略。

（3）教学资源管理策略是指在上面两种策略已经确定的前提下，如何对教学资源进行计划与分配的策略。

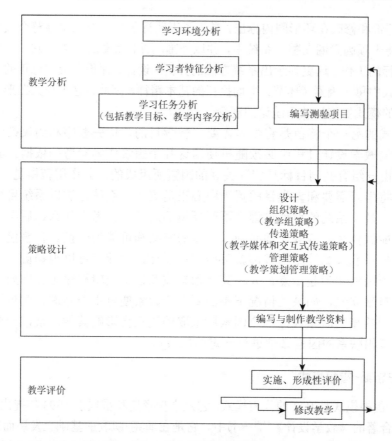

图 2-4　史密斯-雷根模式

　　因为教学组织策略涉及认知学习理论的基本内容,为了使学生能最快地理解和接受各种复杂的新知识、新概念,对教学内容的组织和有关策略的制订必须充分考虑学生原有的认知结构和认知特点,所以这一点是使该模型在性质上发生改变,即由纯粹的行为主义联结学习理论发展为联结-认知学习理论的关键。

　　以史密斯-雷根模式为代表的第二代教学设计(ID2)与第一代相比已有很大改进,其中最突出的是:明确指出应进行三类教学策略的设计,并把重点放在教学组织策略上,而教学内容的组织和有关策略的制订必须充分考虑学生原有的认知结构,这就与认知学习理论密切相关。由于教学组织策略可进一步分成"宏策略"和"微策略"两类,这两类策略目前均有较成熟的理论研究成果(细化理论 CT 和成分显示理论 CDT)可直接引用,这就为以史密斯-雷根模式为代表的 ID2 的推广应用创造了条件。可见,理论基础较牢固是 ID2 的主要优点。

(四)梅瑞尔五星教学模式

　　梅瑞尔认为,从赫尔巴特开始一直到建构主义的创新,都对课堂教学结构提出了新的见解。尤其是加涅,提出了著名的"九大教学事件"[11],并且将五种学习结果与其相适配,为提高课堂教学的有效性指明了方向。但是,随着学习理论和教学理论的不断发展,怎样与时俱进地发展加涅的教学设计理论呢?梅瑞尔指出,虽然当前各种各样的教学设计理论与模式发展迅速,但是它们之间绝不是仅仅体现了设计方式的差异,而是有其共通性。为此,梅瑞尔考察了不同的教学设计理论与模式,提出了一组相互关联的"首要教学原理"(The First Principles),也就是"五星教学模式"。

2002 年,梅瑞尔的首要教学原理发表于美国教育技术专业杂志《教育技术》(*Education Technology*)第三期,这一原理是继他的教学设计"成分显示理论"后,对教育技术领域的又一重大贡献,2003 年经浙江大学教育学院盛群力教师翻译后引入我国。梅瑞尔为《首要教学原理》[59]的中文译文写过几句话,非常简明地概括了五星教学模式的价值。他指出:五星教学模式(首要教学原理)试图确定能最大限度地有利于学习的任何教学产品的若干基本特征;五星教学模式也是有效教学的各种处方,它们得到了绝大多数教学设计理论的肯定并且有实证研究的支持;实施五星教学模式将有助于确保教学产品的教学效能。

五星教学模式做到了胸怀开阔、尊重历史遗产和与时俱进地创新相结合;认知主义和建构主义理论兼收并蓄、博采众长;汲取了各种教学原理共通的成分。五星教学模式的核心主张是:在"聚焦解决问题"的教学宗旨下,教学应该由不断重复的四阶段循环圈——"激活原有知识""展示论证新知""尝试应用练习""融会贯通掌握"等构成,共有 15 个要素。当然,实施这一模式还应辅以"指引方向""动机激发""协同合作""多向互动"四个教学环境因素的配合。五星教学模式的实质是:具体的教学任务(教事实、概念、程序或原理等)应被置于循序渐进的实际问题解决情境中来完成,即先向学习者呈现问题,然后针对各项具体任务展开教学,接着展示如何将学到的具体知识运用到解决问题或完成整体任务中去。只有达到了这样的要求,才是符合学习过程(由"结构—指导—辅导—反思"构成的循环圈)和学习者心理发展要求的优质高效的教学。梅瑞尔得出的结论是:教学产品的效能同是否运用了五星教学模式之间有着一种直接的相关。五星教学模式如图 2-5 所示。

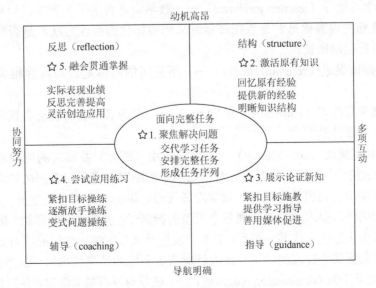

图 2-5 五星教学模式

下面介绍的"五星教学标准"(5 Star Instructional Design Rating)是依据 5 个主要素

（聚焦解决问题、激活原有知识、展示论证新知、尝试应用练习和融会贯通掌握）和 15个次要素进行评估的 15 条标准。每条标准都有三个水平——铜星、银星和金星，这取决于教学符合标准具体要求的程度。

（1）聚焦解决问题（problem-centered）——教学内容是否在联系现实世界问题的情境中加以呈现？

① 交代学习任务（show task）——教学有没有向学习者表明在完成一个单元或一节课后他们将能完成什么样的任务或将会解决什么样的问题？

② 安排完整任务（task level）——学习者是否参与解决问题或完成任务而不是只停留在简单的操作水平或行为水平上？

③ 形成任务序列（problem progression）——教学是否涉及一系列逐渐深化的相关问题而不是只呈现单一的问题？

（2）激活原有知识（activation）——教学中是否努力激活先前的相关知识和经验？

① 回忆原有经验（previous experience）——教学有没有指导学习者回忆、联系、描绘或应用相关的已有知识经验，使之成为学习新知识的基础？

② 提供新的经验（new experience）——教学有没有提供那些作为新知识学习所必需的相关经验？

③ 明晰知识结构（structure）——如果学习者已经知道了这些内容，教学中是否能为他们提供展示先前掌握的知识和技能的机会？

（3）展示论证新知（demonstration or show me）——教学是否展示论证（实际举例）要学习什么而不是仅仅陈述要学习的内容？

① 紧扣目标施教（match consistency）——展示论证（举例）是否和将要教学的内容相一致？即是否展示所教概念的正例和反例？是否展示某一过程？是否对某一过程做出生动形象的说明？是否提供行为示范？

② 提供学习指导（learner guidance）——教学中是否采用下列学习指导？即是否引导学习者关注相关内容信息？是否在展示时采用多样化的呈现方法？是否对多种展示的结果或过程进行明确比较？

③ 善用媒体促进（relevant media）——所采用的媒体是否与内容相关并可以增进学习？

（4）尝试应用练习（application or let me）——学习者是否有机会尝试应用或练习其刚刚理解的知识或技能？

① 紧扣目标操练（consistency）——尝试应用（练习）及相关的测验是否与教学目标（已说明的或隐含的）相一致？即针对记忆信息的练习要求学习者回忆和再认所学的内容；针对理解知识之间关系的练习要求学习者找出、说出名称或者描述每一部分的内容；针对知识类型的练习要求学习者辨别各个类型的新例子；针对"应怎样做"的知识进行的练习要求学习者实际去完成某一过程；针对"发生什么"的知识进行的练习要求学习者根据给定的条件预测某个过程的结果，或者针对未曾预期的结果找出错误的条件。

② 逐渐放手操练（diminishing coaching）——教学有没有要求学习者使用新知识或新技能来解决一系列变式问题？针对已经表现的学业行为，学习者有没有得到教师的反馈？

③ 变式问题操练（varied problems）——在大部分应用或练习中，学习者是否能在遇

到困难的时候获得帮助和指导？这种帮助和指导是否随着教学的逐渐深化而不断减少？

（5）融会贯通掌握（integration）——教学能不能促进学习者将新知识和新技能应用（迁移）到日常生活中？

① 实际表现业绩（watch me）——教学有没有为学习者提供机会以公开展现他们所学的新知识和新技能？

② 反思完善提高（reflection）——教学有没有为学习者提供机会以反思、讨论或辩护他们所学的新知识和新技能？

③ 灵活创造运用（creation）——教学有没有为学习者提供机会以创造、发明或探索富有个性特点的应用新知识和新技能的途径？

五星教学标准不适用于孤立事实的教学，也可能不适合动作技能教学。五星教学标准较适宜于可概括化技能的教学。所谓可概括化的技能（generalizable skill）是指能应用于两种以上的具体情境的技能，如概念、程序或原理。五星教学标准对指导性或体验性（tutorial or experiential）教学也特别适宜。这同梅瑞尔教授曾经指出的一个观点是一致的，他认为，教学活动的基本程序也可以概括为"讲授（tell）—提问（ask）—练习（do，实践）—表现（show）"，但以往的教学将重点放在前两个环节，典型的做法是讲述和问答型教学（tell & ask），即先呈现教学内容，然后在一个教学单元结束后提出一些选择题、是非题和简答题等来加以检查。这种类型的教学只是记忆信息而已，并没有达到最基本的掌握要求，因为没有其他方面的证据表明学习者真正掌握了所学的东西。所以，讲述和问答型教学连一颗星都得不到。现在必须大力倡导加强后两个环节：练习和表现。

最后，我们要特别强调，五星教学模式本身尚在不断完善中，依靠广大教师结合自身教学实践创造性地运用，我们一定能够丰富这一理论。

（五）教学设计的一般模式

我国对教学设计的研究目前处于刚刚起步阶段，许多问题还值得进一步研究。特别是结合具体学科的教学实际需要，在引介国外研究成果的同时，发展教学设计的理论与实践。国内一些学者归纳了教学设计的四个基本问题，提出了四个阶段逐步展开的教学设计过程基本模式，反映了教学设计的基本思想、方法和过程。教学设计的一般模式，将教学设计过程分为四个阶段，即前端分析阶段、学习目标的阐明与目标测试题的编制阶段、设计教学方案阶段，以及评价与修改方案阶段。

1. 前端分析阶段

前端分析是美国学者哈利斯（J. Harless）提出的一个概念[60]，指的是在教学设计过程开始的时候，先分析若干直接影响教学设计但又不属于具体设计事项的问题，主要包括学习需要分析、教学内容分析和学习者特征分析。现在前端分析已成为教学设计的一个重要组成部分。

学习需要分析就是通过内部参照分析或外部参照分析等方法，找出学习者的现状与期望之间的差距，确定需要解决的问题是什么，并确定问题的性质，形成教学设计项目的总目标，为教学设计的其他步骤打好基础。

教学内容分析就是在确定好总的教学目标的前提下，借助于归类分析法、图解分析法、层级分析法和信息加工分析法等方法，分析学习者要实现总的教学目标，需要掌握哪些知识、技能，以及形成什么态度。通过对学习内容的分析，可以确定出学习者所需学习内容的范围和深度，并能确定内容各组成部分之间的关系，为以后教学顺序的安排奠定好基础。

教学设计的一切活动都是为了促进学习者的学习，因此，要获得成功的教学设计，就需要对学习者进行很好的分析，以学习者的特征为教学设计的出发点。学习者特征是指影响学习过程有效性的学习者的经验背景。学习者特征分析就是要了解学习者的一般特征和学习风格，分析学习者学习教学内容之前所具有的初始能力，并确定教学的起点。其中学习者的一般特征分析就是要了解那些会对学习者学习有关内容产生影响的心理的和社会的特点，主要侧重于对学习者整体情况的分析。学习者学习风格分析主要侧重于了解学习者之间的一些个体差异，即了解不同学习者在信息接收加工方面的不同方式，了解他们对学习环境和条件的不同需求，了解他们在认知方式方面的差异，了解他们的焦虑水平等某些个性意识倾向性差异，了解他们的生理类型的差异等。

2. 学习目标的阐明与目标测试题的编制阶段

通过前端分析确定了总的教学目标，确定了教学的起点，并确定了教学内容的广度和深度以及内容之间的内在联系，这就基本确定了教与学的内容的框架。在此基础上需要明确学习者在学习过程中应达到的学习结果或标准，这就需要阐明具体的学习目标，并编制相应的测试题。学习目标的阐明就是要以总的教学目标为指导，以学习者的具体情况和教学内容的体系结构为基础，按一定的目标编写原则，如加涅和布鲁姆等的分类学，把对学习者的要求转化为一系列的学习目标，并使这些目标形成相应的目标体系，为教学策略的制定和教学评价的开展提供依据，同时要编写相应的测试题以便将来对学习者的学习情况进行评价。

3. 设计教学方案阶段

设计教学方案阶段，主要完成教学策略的制定，就是根据特定的教学目标、教学内容、教学对象，以及当地的条件等，合理地选择相应的教学顺序、教学方法、教学组织形式，以及相应的媒体。教学顺序的确定就是要确定教学内容各组成部分之间的先后顺序；教学方法的选择就是要通过讲授法、演示法、讨论法、练习法、实验法和示范-模仿法等不同方法的选择，来激发并维持学习者的注意和兴趣，传递教学内容；教学组织形式主要有集体授课、小组讨论和个别化自学三种形式，各种形式各有所长，须根据具体情况进行相应的选择；各种教学媒体具有各自的特点，须从教学目标、教学内容、教学对象、媒体特性，以及实际条件等方面，运用一定的媒体选择模型进行适当的选择。教学策略的制定是根据具体的目标、内容和对象等来确定的，要具体问题具体分析，不存在能适用于所有目标、内容和对象的教学策略。

4. 评价与修改方案阶段

经过前三个阶段的工作，已经形成了相应的教学方案和媒体教学材料，接下来实施。最后阶段要确定教学和学习是否合格，即进行教学评价，包括确定判断质量的标准、收集有关信息，以及使用标准来决定质量。

具体就是在教学设计成果的评价阶段，依据前面确定的教学目标，运用形成性评价和总结性评价等方法，分析学习者对预期学习目标的完成情况，对教学方案和教学材料的修改和完善提出建议，并以此为基础对教学设计各个环节的工作进行相应的修改。评价是教学设计的一个重要组成部分。

教学设计的四个阶段之间是相互联系、相互作用、密不可分的。

除以上五种教学设计模式外，当下还有一种比较流行的 ADDIE 模型，在第一章数学教学设计的概念中详细介绍过。它是一套有系统的发展教学的方法，主要包含要学什么（学习目标的制定）、如何去学（学习策略的运用），以及如何判断学习者已达到学习成效（学习评价的实施）。它主要有五个阶段：分析（分析学习者特征和学习任务）、设计（确定学习目标，选择教学途径）、开发（准备教学或训练材料）、执行（讲授或分配教学材料）和评估（确信达到预定目标）。在这五个阶段中，分析与设计属前提，开发与执行是核心，评估为保证，三者相互联系，密不可分。ADDIE 模型的优势是：为确定培训需求、设计和开发培训项目，实施和评估培训提供了一种系统化流程，其基础是对工作及人员所做的科学分析；其目标是提高培训效率，确保学员获得工作所需的知识和技能，满足组织发展需求；其最大的特点是系统性和针对性，将以上五个步骤综合起来考虑，避免了培训的片面性，针对培训需求来设计和开发培训项目，避免了培训的盲目性；其质量的保障是对各个环节进行及时、有效的评估。虽然这跟我们普通学校教学有一定的区别，但有些地方也是值得学习的。

需要强调说明的是，我们人为地把教学设计过程分成诸多要素，是为了更加深入地了解和分析，并发展和掌握整个教学设计过程的技术。因此，在实际设计工作中，要从教学系统的整体功能出发，保证学习者、目标、策略和评价四要素的一致性，使各要素之间相辅相成，产生整体效应。另外，还要清醒地认识到所设计的教学系统是开放的，教学过程是个动态过程，涉及的如环境、学习者、教师、信息和媒体等各个要素也都处于变化之中，因此教学设计工作具有灵活性的特点。我们应在学习借鉴别人模式的同时，要充分掌握教学设计过程的要素，根据不同的情况要求，决定设计从何着手、重点解决哪些环节的问题，创造性地开发自己的模式，因地制宜地开展教学设计工作。

关于教学设计模式，在北京师范大学何克抗教师的《从信息时代的教育与培训看教学设计理论的新发展》[61-63]中有详细介绍和对比分析，有兴趣的读者可以自行查阅。

三、五种数学教学设计模式的案例分析

下面先给出一个交互式教学案例"单调性与最大（最小）值"（选自 12999 教育资源网），然后分别以不同教学设计模式分析案例，最后按照不同教学设计模式设计本课题，并作对比分析，可作为同课异构的教学研讨。

案例 2-2-1

单调性与最大（最小）值

【教材分析】最值问题是生产、科学研究和日常生活中常遇到的一类特殊的数学问题，是高中数学的一个重点，它涉及高中数学知识的各个方面，解决这类问题往往需要综合运用各

种技能，灵活选择合理的解题途径。本节课利用单调性求函数的最值，目的是让学生知道学习函数的单调性是为了更好地研究函数。利用单调性不仅可以确定函数的值域和最值，更重要的是在实际应用中求解利润和费用的最大与最小，用料和用时的最少，流量和销量的最大，选取的方法最多或最少等问题。

【教学目标】

（1）理解并掌握函数最大（最小）值的概念及其几何意义，并能利用函数图像及函数单调性求函数的最大（最小）值。

（2）在求函数最大（最小）值的过程中，提高分析问题、创造性地解决问题的能力，渗透数形结合的数学思想。

【教学重难点】

教学重点：理解函数最大（最小）值。

教学难点：利用函数的单调性求函数最大（最小）值。

【教学设计】

一、导入新课

（1）生活中，有很多函数变化的模型，如某段时间的股市变化（图 2-6）和某市一天 24 小时内的气温变化（图 2-7）等，分别说出股票综合指数和气温随时间变化的特点，如相应图像在什么时候递增或递减，有没有最大（最小）值等。

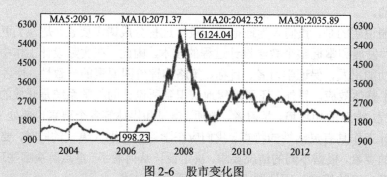

图 2-6　股市变化图

图 2-7　24 小时内的气温变化图

（2）前面我们学习了函数的单调性，知道了在函数定义域的某个区间上函数值的变化与自变量增大之间的关系。从函数图像的角度很容易直观地知道函数图像的最高（最低）点，如何从解析式（函数值）的角度认识函数的最大（最小）值呢？

【设计意图】根据生活中的实际例子认识函数图像的变化特征，复习函数的单调性，引出函数的最大（最小）值，并使学生分别从函数图像和解析式的角度刻画函数的最大（最小）

值，激发学生探究函数最大（最小）值的概念及其几何意义的兴趣。

二、探索新知

（一）作图

画出下列函数的图像，指出其最高点或最低点，并说明它能体现函数的什么特征（图 2-8～2-10）？

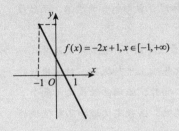
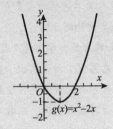
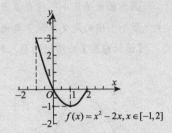

图 2-8　$f(x) = -2x+1, x \in [-1,+\infty)$　　图 2-9　$g(x) = x^2 - 2x$　　图 2-10　$f(x) = x^2 - 2x, x \in [-1,2]$

（二）最高点和最低点

观察上述三个函数的图像，如何用数学符号解释：相应函数的图像有最高点或最低点？

函数图像最高点的纵坐标是所有函数值中的最大值，即函数的最大值。

函数图像最低点的纵坐标是所有函数值中的最小值，即函数的最小值。

函数图像可能只有最高点（函数有最大值），不存在最低点（函数无最小值）；函数图像也可能只有最低点（函数有最小值），不存在最高点（函数无最大值）；也可能都有或都没有。

【设计意图】通过画函数的图像，特别是区间内函数的图像，先具体感知函数图像的最高点和最低点的情况，然后思考用数学符号来解释或表达函数图像的最高点和最低点，形成思维冲突，最后师生一起交流解决。

（三）归纳新知

1. 函数最大值的定义

设函数 $y = f(x)$ 的定义域为 I，如果存在实数 M 满足：

（1）对于任意的 $x \in I$，都有 $f(x) \leqslant M$；

（2）存在 $x_0 \in I$，使得 $f(x_0) = M$。

那么称 M 是函数 $y = f(x)$ 的最大值，记为 $y_{\max} = f(x_0)$。

2. 函数最小值的定义

设函数 $y = f(x)$ 的定义域为 I，如果存在实数 M 满足：

（1）对于任意的 $x \in I$，都有 $f(x) \geqslant M$；

（2）存在 $x_0 \in I$，使得 $f(x_0) = M$。

那么称 M 是函数 $y = f(x)$ 的最小值，记为 $y_{\min} = f(x_0)$。

【设计意图】在画和观察函数图像、用数学符号解释或表达函数图像的最高点与最低点的基础上，归纳出函数最大值的定义及其数学符号的表达，继续引导学生思考、类比，自己归纳出函数最小值的定义及其数学符号的表达。

三、反思提升

（一）函数最大（小）值的定义及其几何意义

（二）函数最大（最小）值与函数定义域及值域的关系

（1）函数的定义域为开区间或闭区间对函数最大（最小）值的影响。

（2）函数不一定有最大（最小）值。

（3）函数的最大（最小）值是唯一的，但其对应的自变量的值不一定是唯一的。

（三）数学方法与思想

函数最大（最小）值与函数图像及其单调性的关系充分体现了数形结合的思想，函数最大（最小）值的定义体现了类比和分类讨论的方法。

【设计意图】 经历问题引入和新知探究后，学生对函数的最大（最小）值的定义及其几何意义有了初步认识，在此基础上进行探究，对运用到的数学思想方法进行反思、提升，强调函数最大（最小）值与函数图像、函数单调性、函数定义域和函数值域的内在关系。

四、反馈例练

（一）基础例练

例 1 "菊花"烟花是最壮观的烟花之一，制造时一般期望它在达到最高点时爆裂。如果烟花距地面高度 h m 与时间 t s 之间的关系为 $h(t)=-4.9t^2+14.7t+18$，那么烟花冲出后什么时候是它爆裂的最佳时刻？这时距地面的

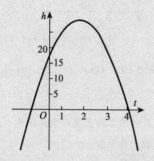

图 2-11　　$h(t)=-4.9t^2+14.7t+18$

高度是多少（精确到 1m）？

解 作出函数 $h(t)=-4.9t^2+14.7t+18$ 的图像，如图 2-11 所示。

显然，函数图像的顶点就是烟花上升的最高点，顶点的横坐标就是烟花爆裂的最佳时刻，纵坐标就是这时距地面的高度。

由二次函数的知识，对于函数 $h(t)=-4.9t^2+14.7t+18$，有：当 $t=1.5$ 时，函数取最大值 $h\approx29$。

于是，烟花冲出后 1.5 s 是它爆裂的最佳时刻，这时距地面的高度约为 29 m。

例 2 求函数 $y=\dfrac{2}{x-1}$ 在区间 $[2,6]$ 上的最大值和最小值。

分析 由函数 $y=\dfrac{2}{x-1}$，$x\in[2,6]$ 的图像可知，函数 $y=\dfrac{2}{x-1}$ 在区间 $[2,6]$ 上单调递减。所以，函数 $y=\dfrac{2}{x-1}$ 在区间 $[2,6]$ 的两个端点上分别取得最大值和最小值。

解 设 x_1,x_2 是区间 $[2,6]$ 上的任意两个实数，且 $x_1<x_2$，则

$$f(x_1)-f(x_2)=\frac{2}{x_1-1}-\frac{2}{x_2-1}=\frac{2[(x_2-1)-(x_1-1)]}{(x_1-1)(x_2-1)}=\frac{2(x_2-x_1)}{(x_1-1)(x_2-1)}$$

由 $2\le x_1<x_2\le6$，得 $x_2-x_1>0$，$(x_1-1)(x_2-1)>0$，$f(x_1)-f(x_2)>0$，即 $f(x_1)>f(x_2)$。所以，函数 $y=\dfrac{2}{x-1}$ 是区间 $[2,6]$ 上的减函数。

因此，函数 $y=\dfrac{2}{x-1}$ 在区间 $[2,6]$ 的两个端点上分别取得最大值和最小值。即当 $x=2$ 时取得最大值，最大值是 2；当 $x=6$ 时取得最小值，最小值是 0.4。

（二）巩固例练

例 1 求下列函数的最值。

（1）$y = x^2 - 3x + 1$，$x \in [t, t+1]$，$t \in \mathbf{R}$；

（2）$y = x^2 - 2ax + 5$，$x \in [-2, 3]$，$a \in \mathbf{R}$。

例2 已知函数 $f(x) = x + \dfrac{1}{x}$，$x > 0$。

（1）证明：当 $0 < x < 1$ 时，函数 $f(x)$ 是减函数；当 $x \geq 1$ 时，函数 $f(x)$ 是增函数。

（2）求函数 $f(x) = x + \dfrac{1}{x}$，$x > 0$ 的最小值。

分析 （1）利用定义法证明函数的单调性；（2）应用函数的单调性得函数的最小值。

证明 （1）任取 $x_1, x_2 \in (0, +\infty)$ 且 $x_1 < x_2$，则

$$f(x_1) - f(x_2) = \left(x_1 + \frac{1}{x_1}\right) - \left(x_2 + \frac{1}{x_2}\right) = (x_1 - x_2) + \frac{x_2 - x_1}{x_1 x_2} = \frac{(x_1 - x_2)(x_1 x_2 - 1)}{x_1 x_2}$$

因为 $x_1, x_2 \in (0, +\infty)$ 且 $x_1 < x_2$，所以 $x_1 - x_2 < 0$，$x_1 x_2 > 0$。

当 $0 < x_1 < x_2 < 1$ 时，$x_1 x_2 - 1 < 0$，故 $f(x_1) - f(x_2) > 0$，即 $f(x_1) > f(x_2)$。即当 $0 < x < 1$ 时，函数 $f(x)$ 是减函数。

当 $1 \leq x_1 < x_2$ 时，$x_1 x_2 - 1 > 0$，故 $f(x_1) - f(x_2) < 0$，即 $f(x_1) < f(x_2)$。即当即 $x \geq 1$ 时，函数 $f(x)$ 是增函数。

（2）由（1）得，当 $x = 1$ 时，函数 $f(x) = x + \dfrac{1}{x}$，$x > 0$ 取最小值。又 $f(1) = 2$，故函数 $f(x) = x + \dfrac{1}{x}$，$x > 0$ 的最小值是 2。

点评 本题主要考查函数的单调性和最值。定义法证明函数的单调性的步骤——作差、判号、结论，三个步骤缺一不可。

利用函数的单调性求函数最值的步骤：先判断函数的单调性，然后利用其单调性求最值；当然，对于简单函数，也可以先画出函数图像，然后依据函数最值的几何意义，借助图像写出最值。

【设计意图】先安排教材上的两个例题，师生一起例练，让学生思考练习，教师适当点拨讲评，然后安排两个巩固例练，以二次函数的背景，简单的含参数的二次函数动区间和动轴的最大最小值问题，以及再一次巩固"双钩"函数的单调性证明，利用单调性求函数的最大最小值。

五、课后作业

（1）教科书 32 页第 5 题；39 页 A 组第 5 题，B 组第 1、2 题。

（2）校本教辅资料相应练习。

【教学设计感悟】

本节课看似简单，但为了达到本节课的教学目标，突出重点，突破难点，在探索概念阶段，让学生经历从直观到抽象、从特殊到一般、从感性到理性的认知过程，完成对函数最大（最小）值定义的认识，使得学生对概念的认识不断深入。在应用概念阶段，通过对证明过程的分析，帮助学生掌握用函数图像和函数单调性求函数最值的方法和步骤，并进行适当巩固与拓展。这样的教学设计基于新课程理念，学生在深刻体验的基础上，有独立地思考和师生的思维碰撞，从而归纳新知新法。这种教学不是传统教学中教师一味地演绎、传授知识，学生被动接受性学习，而是体现数学知识与方法学习的归纳思想，学生更多的是体验性学习。

　　湖北师范大学 2019 级研究生按照不同教学设计模式对上述案例进行分析，也给出各自的教学设计，下面列出其中一部分，并与原案例做对比分析。

（一）按照迪克-凯利系统教学设计模式分析案例、设计案例

　　从迪克-凯利的系统教学设计模式看上述函数最大（小）值教学设计，分析该教学设计的优缺点。

1. 确定教学目标

　　（1）在确定教学目标之前，设计者从教材分析开始，考虑到学生学习的需要，对教学内容（函数最值）在生产实际应用中的重要性进行了介绍。学习需求分析和教学内容分析在原教案中作为教材分析一起出现，它详细解释了最值问题在日常生活和高考中的作用，并由此给出了该课程的具体学习内容和学习需求。

　　（2）该设计中没有对教学对象进行分析。在确定教学目标之前，设计者仅做了教材分析，没有分析学生现有的知识水平和心理年龄特征等学情。实际教学对象应为学完了函数单调性并能够判断函数单调性的高一年级学生。

　　（3）学习目标撰写在教案中作为教学目标出现，教学目标的编写反映了知识与技能、过程与方法、情感态度与价值观，体现了学生学习需要及教学内容，但表述相对模糊，不够完整。

2. 选用教学方法

　　（1）教学策略设计在教案中作为教学设计流程出现，分为导入新课、探究新知、反思提升和反馈例练四部分，表述完整，逻辑通顺，每部分后面还写明设计意图，整体设计完成度较高，可行性较强。具体呈现在：导入阶段，根据生活中的实际例子认识函数图像的变化特征，使学生分别从函数图像和解析式的角度刻画函数的最大（最小）值，激发了学生探究函数最大（最小）值的概念及其几何意义的兴趣；在探索概念阶段，让学生经历从直观到抽象、从特殊到一般、从感性到理性的认知过程，完成对函数最大（最小）值定义的认知，使得学生对概念的掌握不断深入，做到了基于新课程理念，学生在深刻体验的基础上，有独立地思考和师生的思维碰撞，然后归纳新知；在反思提升阶段，设计者对相关知识进行了深挖细究，明确数形结合思想在研究函数单调性中的作用；在反馈例练应用概念阶段，通过对证明过程的分析，帮助学生掌握用函数图像和函数单调性求函数最值的方法和步骤，并进行适当巩固拓展。教学设计体现了数学知识与方法学习的归纳思想，充分发挥了学生在学习中的主体性，学生在此过程中更多的是体验性学习。

　　（2）教学媒体选择部分未明确说明。根据本次课的教学内容大致可选用黑板板书和多媒体展示共同完成，黑板板书出相应概念和重难点，提升学生记忆；多媒体展示图像及画图过程方便学生直观感受和理解分析，共同促进学生数形结合的能力提升。

3. 开展教学评价

　　（1）形成性评价部分在教案中未具体表现，由于形成性评价是在教学过程中进行的评价，主要目的是发现学生潜质，改进学生学习，为教师提供反馈，因此该部分主要由课堂当中的师生互动完成，可添加在每个教学步骤之后。

（2）总结性评价作为教学设计感悟在教案中出现,总结了课堂内容和使用的教学方法,评价了学生学习方式对知识吸收的影响并对自己进行了教学反思,表述相对完整。但对本堂课学生应该达到的学习效果没有具体说明,这会影响到下节课教学设计中的学情分析。

湖北师范大学 2019 级研究生郭英杰按照迪克-凯利的系统教学设计模式设计了该课题,以案例 2-2-2 给出。

案例 2-2-2 迪克-凯利的系统教学设计模式

函数的最大（小）值

一、教学内容分析

函数的最大（小）值是函数的一个重要性质,是生产、科学研究和日常生活中经常遇到的一类特殊的数学问题,是高中数学的一个重点。它涉及高中数学知识的各个方面,解决这类问题往往需要综合运用各种技能,灵活选择合理的解题途径。本节课在刚学过函数单调性的基础上利用单调性求函数的最值,目的是让学生知道学习函数的单调性是为了更好地研究函数。利用单调性不仅可以确定函数的值域和最值,更重要的是在实际应用中求解利润和费用的最大与最小,用料和用时的最少,流量和销量的最大,选取的方法最多或最少等问题。通过对本课的学习,学生不仅巩固了刚刚学过的函数单调性,并且锻炼了利用函数思想解决实际问题的能力;同时,在问题解决的过程中学生还可以进一步体会数学在生活实际中的应用,体会到函数问题处处存在于我们周围。

二、学情分析

学生在初中已经经历了函数学习的第一阶段,学习了函数的描述性变量及概念,掌握了正比例函数、反比例函数、一次函数和二次函数的图像和性质。鉴于学生对二次函数已经有了一个初步的了解,本节课从学生接触过的二次函数的图像入手,这样能使学生容易找出最高点（最低）点,但这只是感性上的认识。为了让学生能用数学语言描述函数最值的概念,先从具体的函数 $y = x^2$ 入手,然后推广到一般的函数 $y = ax^2 + bx + c \ (a \neq 0)$,让学生有一个从具体到抽象的认识过程。对于函数最值概念的认识,学生的理解还不是很透彻,通过对概念的辨析,让学生真正理解最值概念的内涵,同时让学生体会到数形结合的魅力。

三、教学目标

（一）知识与技能

（1）理解并掌握函数最大（最小）值的概念及其几何意义。

（2）掌握函数最值与函数单调性的关系。

（二）过程与方法

（1）利用函数图像及函数在给定区间的单调性求函数的最大（最小）值。

（2）运用几何直观培养学生以形识数的能力。

（三）情感态度与价值观

（1）使学生在学习中获得数形结合的思想方法。

（2）利用函数单调性求函数最大（最小）值,提高分析问题、创造性地解决问题的能力。

四、教学重难点

教学重点:理解函数最大（最小）值。

教学难点:利用函数的单调性求函数最大（最小）值。

五、教学策略选择与设计

在教学方法方面，采用启发式、探讨式和体验式的教学方法，引导学生自主探究，合作交流。教师引导学生探究，问题引领环环相扣，激发学生兴趣，引导学生思考并归纳函数最大（最小）值定义，自己解决问题。

六、教学准备

板书结合多媒体教学。

七、教学过程

（一）导入新课

与案例 2-2-1 同，略去。

（二）探索新知

（1）请同学们画出函数 $y = x^2$ 和 $y = -x^2 - 2x, x \in [-2,1]$ 的图像，指出图像的最高（最低）点，并说明它能反映函数的什么特征？

（2）观察画出的两个函数的图像，思考如何用数学语言描述相应函数的图像有最高（最低）点？

函数图像最高点的纵坐标是所有函数值中的最大值，即函数的最大值。

函数图像最低点的纵坐标是所有函数值中的最小值，即函数的最小值。

函数图像可能只有最高点（函数有最大值），不存在最低点（函数无最小值）；函数图像也可能只有最低点（函数有最小值），不存在最高点（函数无最大值）；也可能都有或都没有。

【设计意图】

通过画函数的图像，特别是区间内函数的图像，先具体感知函数图像的最高（最低）点的情况，然后思考用数学符号来解释或表达函数图像的最高（最低）点，形成思维冲突，最后师生一起交流解决。

（3）归纳新知。

与案例 2-2-1 同，略去。

（三）反馈例练

与案例 2-2-1 同，略去。

（四）反思提升

与案例 2-2-1 同，略去。

（五）课后作业

与案例 2-2-1 同，略去。

案例对比分析：对比案例 2-2-1 和案例 2-2-2，在教学目标确定阶段中，后者增加了学情分析，按三个维度来确定教学目标，使得教学目标更加细化、明确；后者还增加了教学策略的选择与设计。教学过程中，探索新知部分，前者有三个特殊函数分别代表：有最大值无最小值、有最小值无最大值、既有最大值也有最小值；后者删掉了原案例中的一次函数，直接导致实例引入不完整，不是一个好的选择；后者将反思提升调整到反馈例练之后，更符合学生思维和认知习惯，但仍然是抽象的描述，这样反思提升的目的难以真正实现。建议将反思提升放在反馈例练之后，反思提升部分可以分为两块：将原案例中反思提升部分（一）（二）调整为反馈例练的第一部分，且不以归纳结论的形式展示，而是通过提问或辨析题等形式达到辨析、巩固概念的目的，（三）数形结合思想可以放到课堂小结中，作为本节课中重要数学思想方法提出，达到真正从具体教学内容上升到思想方法，也是课堂小结部分的精华，而上述两个案例中都缺乏课堂小结。

（二）按照梅瑞尔五星教学模式分析案例、设计案例

梅瑞尔五星教学模式的核心主张是：在"聚焦解决问题"的教学宗旨下，教学应该由不断重复的四阶段循环圈——"激活原有知识""展示论证新知""尝试应用练习""融会贯通掌握"，辅以"指引方向""动机激发""协同合作""多向互动"四个教学环境因素的配合。案例 2-2-1 从一星到五星循序渐进，步步深入，可以称得上一个优秀的教学设计，接下来从五星教学模式的角度对该教学设计进行具体的评析。先给出五星评价教学设计的优点。

> 生活中，有很多的函数变化的模型，如某段时间的股市变化图和某市一天 24 小时内的气温变化图等，分别说出股票综合指数和气温随时间变化的特点，如相应图像在什么时候递增或递减，有没有最大（最小）值等。

分析一：能够利用生活中的实际例子来提出此课题中所要呈现的问题。此为 1 星。

> 前面我们学习了函数的单调性，知道了在函数定义域的某个区间上函数值的变化与自变量增大之间的关系。从函数图像的角度很容易直观地知道函数图像的最高（最低）点，如何从解析式（函数值）的角度认识函数的最大（最小）值呢？

分析二：此处回顾了函数单调性及定义域的知识，能够激发学生已有的知识，回忆原有的经验，从单调性和图像来感受何为最大（最小）值，从而帮助学生对新课的学习，与激活原有知识相契合。此为 2 星。

> 探索新知，归纳新知。

分析三：通过一个一次函数和两个二次函数的图像，具体感知函数的最高（最低）点，精心提供指导，并在此基础上展示论证新知，循序渐进进行总结，给出函数最大（最小）值的定义，并用数学符号进行表示，这符合五星教学模式"展示论证新知"的主张。此为 3 星。

> 反思提升，反馈例练。

分析四：在应用练习部分能够紧扣目标操练，逐步到放手操练及变式问题操练都做得非常好，能够带领学生逐步递进地理解问题，在理解问题的基础上解决问题，从而能够融会贯通，掌握问题。通过例题的练习，可以更好地让学生对新掌握的知识有所练习运用，这就是五星教学模式的"尝试应用练习"部分。此为 4 星。

> 利用函数的单调性求函数最值的步骤：先判断函数的单调性，然后利用其单调性求最值；当然，对于简单的函数，也可以画出其函数图像，依据函数最值的几何意义，借助图像写出最值。

分析五：能够回归最初提出的问题，并对该问题总结性地提出对应的解决方法，回归整体任务。此为 5 星。

再集中评价不足。对于开篇提出需要解决的问题这一点上，所提出的待解决问题不够明晰。复习原有知识中如果用具体的例子引出已经学过的知识点，再在该例子的基础上探索新知，会比较连贯，能更加充分地利用已有经验。教学设计从头至尾主要是教师提出问题学生进行思考，然后教师总结，缺乏同学之间的协同合作，这一点与五星教学模式中提倡的"协同合作""多向互动"这两个教学环境因素不符，值得我们深思，在教学设计的设计过程中应该加入学生之间的交流合作，避免师生一问一答式的教学模式。

湖北师范大学 2019 级研究生郑成玮按照梅瑞尔五星教学模式设计了该课程，以案例 2-2-3 给出。

案例 2-2-3 梅瑞尔五星教学模式

函数的最大（小）值

一、教学目标

（一）知识与能力

理解并掌握函数最大（小）值的概念及其几何意义；能够求出最大（小）值。

（二）过程与方法

通过例题及练习，提高对函数图像的分析能力，掌握解决相关问题的方法。

（三）情感态度与价值观

求最值时体会到数形结合的重要性，进一步渗透数形结合的思想。

二、教学重难点

重点：建构函数最值的概念过程，利用函数的单调性和函数的图像求函数的最值。

难点：函数最值概念的形成。

三、教学过程

（一）导入新课

（一星：面向完整任务，提出待解决问题；二星：激活旧知）

（1）作出函数 $f(x)=x, f(x)=x^2$ 的图像，如图 2-12 和图 2-13 所示。并回答下列问题。

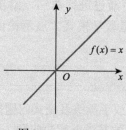

图 2-12 $f(x)=x$

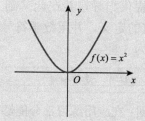

图 2-13 $f(x)=x^2$

① $f(x)=x$ 的图像有最低点吗？

② $f(x)=x^2$ 的图像有最低点吗？

③ 两个函数的单调区间分别是什么？

④ 有最大（最小）值吗？

由图可得，$f(x)=x^2$ 有最低点，这时 $x=0$，$f(0)=0$，对于任意的 x 都有 $f(x)\geqslant f(0)$，这个最低点的函数值就是函数的最小值。$f(x)=x$ 无最低点，无最小值。

（2）生活中，有很多的函数变化模型，如某段时间的股市变化图 2-6 和某市一天 24 小时内的气温变化图 2-7 等，分别说出股票综合指数和气温随时间变化的特点，如相应图像在什么时候递增（递减），有没有最大（最小）值等。

这节课探究的是是否存在最大（最小）值，若存在求出最大（最小）值的问题。

【设计意图】

以较常见的函数为入手点，让学生自己动手作出函数，从中具体地感受函数的变化。复习函数的单调性，回忆原有经验，引出函数的最大（最小）值，用生活中的实际例子认识函数图像的变化特征，分别从函数图像和解析式的角度刻画函数的最大（最小）值，激发学生探究函数最大（最小）值的概念及其几何意义的兴趣。此外，明确此课待解决的问题，让学生对这节课的学习任务有一个认识。

（二）探索新知

（三星：展示论证新知）

由刚刚画出的函数图像可以得到以下结论。

（1）函数图像最高点的纵坐标是所有函数值中的最大值，即函数的最大值。

（2）函数图像最低点的纵坐标是所有函数值中的最小值，即函数的最小值。

（3）函数图像可能只有最高点（函数有最大值），不存在最低点（函数无最小值）；函数图像也可能只有最低点（函数有最小值），不存在最高点（函数无最大值）；也可能都有或都没有。

1. 函数最大值的定义

一般地，设函数 $y=f(x)$ 的定义域为 I，如果存在实数 M 满足：

（1）对于任意的 $x\in I$，都有 $f(x)\leqslant M$；

（2）存在 $x_0\in I$，使得 $f(x_0)=M$。

那么称 M 为函数 $y=f(x)$ 的最大值，记为 $y_{\max}=f(x_0)$。

2. 函数最小值的定义

一般地，设函数 $y=f(x)$ 的定义域为 I，如果存在实数 M 满足：

（1）对于任意的 $x\in I$，都有 $f(x)\geqslant M$；

（2）存在 $x_0\in I$，使得 $f(x_0)=M$。

那么称 M 为函数 $y=f(x)$ 的最小值，记为 $y_{\min}=f(x_0)$.

【设计意图】

在原有知识的基础上，给出新知识的概念及定义，并给出相应的论证，让学生在自己所完成的函数上明确最大（最小）值的概念，并且在给出函数最大值的基础上，引导学生自己类比思考出函数最小值的定义，锻炼学生独立思考、类比推理的能力。

（三）例题与练习

（四星：应用新知）

1. 例题

例1　求函数 $y=\dfrac{2}{x-1}$ 在区间 $[2,6]$ 上的最大值和最小值。

分析 由函数 $y=\dfrac{2}{x-1}$，$x\in[2,6]$ 的图像可知，函数 $y=\dfrac{2}{x-1}$ 在区间 $[2,6]$ 上单调递减。所以，函数 $y=\dfrac{2}{x-1}$ 在区间 $[2,6]$ 的两个端点上分别取得最大值和最小值。

解 设 x_1,x_2 是区间 $[2,6]$ 上的任意两个实数，且 $x_1<x_2$，则

$$f(x_1)-f(x_2)=\frac{2}{x_1-1}-\frac{2}{x_2-1}=\frac{2[(x_2-1)-(x_1-1)]}{(x_1-1)(x_2-1)}=\frac{2(x_2-x_1)}{(x_1-1)(x_2-1)}$$

由 $2\leqslant x_1<x_2\leqslant 6$，得 $x_2-x_1>0$，$(x_1-1)(x_2-1)>0$，$f(x_1)-f(x_2)>0$，即 $f(x_1)>f(x_2)$。所以，函数 $y=\dfrac{2}{x-1}$ 是区间 $[2,6]$ 上的减函数。

因此，函数 $y=\dfrac{2}{x-1}$ 在区间 $[2,6]$ 的两个端点上分别取得最大值和最小值。即当 $x=2$ 时取得最大值，最大值是 2；当 $x=6$ 时取得最小值，最小值是 0.4。

例2 "菊花"烟花是最壮观的烟花之一，制造时一般是期望在它到达最高点（大约在距地面高度 $25\sim30$ m 处）时爆裂。如果在距地面高度 18 m 的地方点火，并且烟花冲出的速度是 14.7 m/s。

（1）写出烟花距地面的高度与时间之间的关系式。

（2）烟花冲出后什么时候是它爆裂的最佳时刻？这时距地面的高度是多少？（精确到 1 m）

分析 根据物理知识，高度的公式为 $h=-\dfrac{1}{2}gt^2+v_0t+h_0$ $(g=9.8)$，抛物线的顶点坐标为 $\left(\dfrac{v_0}{g},\dfrac{2gh_0+v_0^2}{2g}\right)$。

2. 练习

（1）已知函数 $y=-x^2+4x-2,x\in[0,5]$.

① 写出函数的单调区间；

② 若 $x\in[0,3]$，求函数的最大值和最小值。

解析 $y=-x^2+4x-2=-(x-2)^2+2,x\in[0,5]$。

① 此函数的单调区间为 $[0,2),[2,5]$。

② 此函数在区间 $[0,2)$ 上是增函数，在区间 $[2,5]$ 上是减函数。结合函数的图像知：当 $x=2$ 时，函数取得最大值，最大值为 2；又当 $x=3$ 时，$y=1$；当 $x=0$ 时，$y=-2$，所以函数的最小值为 -2。

（2）函数 $y=ax+1$ 在区间 $[1,3]$ 上的最大值为 4，则 $a=$ _____.

解析 若 $a<0$，则函数 $y=ax+1$ 在区间 $[1,3]$ 上是减函数，故在区间左端点处取得最大值，即 $a+1=4$，得 $a=3$，不满足 $a<0$；

若 $a>0$，则函数 $y=ax+1$ 在区间 $[1,3]$ 上是增函数，故在区间右端点处取得最大值，即 $3a+1=4$，得 $a=1$，满足 $a>0$，所以 $a=1$。

【设计意图】

安排教材上的两个例题，师生一起例练，可以先让学生思考练习，教师适当点拨讲评，然后安排三个练习。这样可以先紧扣目标操练，再逐渐放手操练，练习的第二题带参函数当做变式操练，让学生能灵活应用新知识。

（四）总结

（五星：融会贯通）

（1）辨析题。

① 可以将函数最大值定义中的"任意"替换成"无数"；

② 任何函数都有最大值；

③ 若一个函数有最大值，则其最大值唯一；

④ 若一个函数有最大值，则取到该最大值的自变量是唯一的。

（2）利用函数的单调性求函数最值的步骤：先判断函数的单调性，然后利用其单调性求最值；当然，对于简单的函数，也可以画出其函数图像，依据函数最值的几何意义，借助图像写出最值。

【设计意图】

辨析题能够让学生更加深入地理解最大（最小）值，能够灵活创造应用。对利用函数的单调性求函数最值的步骤进行总结概括，帮助学生建立解题的体系，从而汇合达成一星，即"聚焦解决问题"。

（五）作业布置

必做题：教材32页第5题，39页A组第5题，B组1、2题。

四、教学设计感悟

本节课所阐述的似乎是求简单的最大（最小）值问题，但是对于未曾接触过类似知识的学生而言，就是很难很陌生的知识点。为了达到教学目标和理清教学重难点，教学模式的设计采用了梅瑞尔五星教学模式，该教学模式先向学习者呈现问题，然后针对各项具体任务展开教学，接着展示如何将学到的具体知识运用到解决问题或完成整体任务中去。该教学过程的设计不同于普通教学模式的地方在于，在教学开始时就先提出问题，让学生从一开始就明确问题，从而在学习过程中以该问题为核心，循序渐进地进行学习。

案例对比分析：对比案例2-2-1和案例2-2-3，后者按三个维度来确定教学目标，使得教学目标更加细化、明确。教学过程中，前者在导入新课部分实现一星，在探索新知的第一节实现二星；后者在导入新课部分，增加了两个特殊函数，希望达到激活原有知识的目的，而将前者探索新知识中三个特殊函数删掉了，这将会导致论证新知识中由具体到抽象概括结论不完整，直接影响三星论证新知识，不是一个明智的选择。四星应用新知识部分，调整了例1和例2的顺序，由数学直接应用到实际问题的应用，更合乎学生学习认知。但在课堂巩固练习部分，后者修改了例题，修改后的两题减小了原来例1的难度，而原例2的综合性训练目的完全没有。所以综合来看，后者四星设计还有较大差距。后者将反思提升调整到反馈例练之后的总结，并以辨析题形式达到辨析、巩固概念的目的，归纳总结了利用函数的单调性求函数最值的步骤，较前者将反思提升置于反馈例练之前更合理，但总结中缺乏提炼数形结合思想。

最后，给出由湖北师范大学2019级研究生彭方芳按照肯普模式就上述课题给出的教学设计。

案例 2-2-4 肯普模式

函数的最大（最小）值

一、教材分析

本节课的内容是高中《数学》必修1第一章集合与函数概念中第三节函数的性质下的第

一节内容，本节课是第二课时。函数的最值是函数性质的重要特征，它的求法有很多种，与函数的值域也息息相关，在以后的学习中会经常用到这个性质，在后面导数中还会进一步讨论函数最值的更多求法。本节课的知识点是非常重要的。

二、学情分析

学生在前面已经学习了函数的概念，了解函数的单调性，本节课在已知单调性的情况下，进行函数最值的初步探索。课程内容中需要学生较熟练地掌握初等函数的图像，这也是函数单调性的一个应用，对于学生来说图像是比较难的地方。高一的学生已具有一定的知识经验，具备抽象思维和演绎推理能力，已初步形成对数学问题的合作探究能力，但是学生的层次参差不齐，个体差异比较明显。

三、教学目标分析

（一）知识与技能

根据初等函数的单调性，能画出对应函数的图像；理解函数最大（小）值的含义，能根据函数图像判断区间上函数的最值；对于一般函数能用图像法求最值。

（二）过程与方法

引导学生通过观察、归纳，自主建构函数最值的概念；能运用函数单调性解决简单的最值问题；使学生领会数形结合的数学思想方法，培养学生发现问题、分析问题和解决问题的能力。

（三）情感态度与价值观

使学生体验数学的科学价值，培养学生善于观察、勇于探索的良好习惯和严谨的科学态度。

四、教学重难点

教学重点：理解函数最大（最小）值。

教学难点：利用函数的单调性求函数的最大（最小）值。

五、教学过程设计

（一）导入新课

与案例 2-2-1 同，略去。

（二）探索新知

与案例 2-2-1 同，略去。

（反思提升部分去掉了）

（三）归纳新知

与案例 2-2-1 同，略去。

（四）例题讲解

将案例 2-2-1 中反馈例练基础例练换为例题讲解。

（五）课堂巩固例练

巩固练习作为课题巩固例练，内容不变，略去。

（六）课后作业

与案例 2-2-1 同，略去。

（七）教学反馈与反思

与案例 2-2-1 同，略去。

　　案例对比分析：案例 2-2-4 按照肯普模式从教学目标、学习者特征、教学资源和教学评价四个要素考虑，较好地完成了教材分析和学情分析，为教学目标的确定提供了依据，而且从三维目标提出了细化、明确的要求，相比案例 2-2-1 分析更到位。教学过程部分，仅仅删除了案例 2-2-1 中反思提升部分，其余完全一样，较好地保留了原设计中教学资源部分，虽然原案例中反思提升部分的设计有欠缺，但可以完善，直接去掉这部分，对解决"检查和评定预期的教学效果"有一定的影响。

第三节　数学教学设计评价

　　教学设计以最终落实到教学中体现价值，教学设计评价是教学活动的有机组成部分。教学评价是指以教学目标为依据，制定科学的标准，运用一切有效的技术手段，对教学活动的过程及其结果进行测定、衡量，并给以价值判断。教学评价是教学设计中一个极其重要的部分。数学教学设计评价一直都受到教师们的关注[64-74]。

　　数学教学设计评价应以数学教学目标的设计、数学教学内容的处理、数学教学方法的设计、数学教学媒体的运用，以及数学教学设计方案为基本依据，运用科学的方法对数学教学活动的过程和结果进行价值判断。数学教学设计评价可以诊断数学教学设计中存在的问题及其原因，为设计者提供修改、优化数学教学设计的有效依据和策略建议，有利于进一步完善数学教学设计，同时提高设计者的设计水平和研究水平。为此，我们要坚持合理的评价原则，运用科学的评价方法和明确的评价内容，客观地对数学教学设计进行评价。

一、数学教学设计评价的原则

　　在探讨数学教学设计评价之前，我们先来了解数学教学评价。日常教学活动评价，要以教学目标的达成为依据。教学评价要关注学生数学知识技能的掌握，还要关注学生的学习态度、方法和习惯，更要关注学生数学学科核心素养水平的达成。教师要基于对学生的评价，反思教学过程，总结经验，发现问题，提出改进思路。因此，数学教学活动的评价目标，既包括对学生学习的评价，也包括对教师教学的评价；既考查学生学习的成效，诊断学生学习过程中的优势与不足，也考查教师教学的成效，诊断教师教学过程中的优势与不足；既改进学生的学习行为，也改进教师的教学行为。

　　基于对数学教学评价的分析，可以更好地对数学教学设计进行多角度、全方位的科学客观的评价，同时要坚持以下四个评价原则。

（一）完整性与规范性原则

　　数学教学设计的完整性是指，数学教学设计不仅包含规范的教学设计方案，还应有媒体素材清单及多媒体资源。尤其是后者，原因可以从王竹立的新知识观中获得：从知识表达与呈现角度来看，当前知识从一维（文本）、二维（图形图像），向三维（视频动画）、四维（虚拟现实、增强现实、混合现实等）递进，对知识的传递和接受非常有利。人类的学习将变得比以前更加轻松、容易，单位时间内获取的信息与知识总量大大增多，学习效率大大提高。设计者可以借助多媒体多渠道，方便、快捷地获取并整合知识，使得学习者获取、消化、吸收知识的过程大大简化。

数学教学设计的规范性是指完整的教学设计过程，各教学环节前后逻辑关系严密、清楚，构成一个整体的解决方案，而不是各个教学环节简单的递进。

1. 教学目标阐述

确定的教学目标要体现新课程标准的理念，不仅反映知识技能、数学思考、问题解决和情感态度四个维度的目标，还要体现不同学习者之间的差异；目标的阐述清晰、具体、不空洞，不仅符合学科的特点和学生的实际，而且便于教学中进行形成性评价。

2. 学生特征分析

从学生认知特征、起点水平和情感态度准备情况，以及信息技术技能等方面详细、明确地列出学生的特征。

3. 教学策略选择与活动设计

多种教学策略综合运用，一法为主，多法配合，优化组合；教学策略既要发挥教师的主导作用，又要体现学生的主体地位，能够成功实现教学目标；活动设计与策略一致，符合学生的特征，教学活动做到形式和内容统一，既能激发学生兴趣又能有效完成教学目标；恰当使用信息技术；活动要求表述清楚。

4. 教学资源与工具设计

综合多种媒体的优势，有效运用信息技术；发挥资源的作用，促进教和学。

5. 教学过程设计

教学思路清晰（有主线、内容系统、逻辑性强），结构合理；注重新旧知识之间的联系，重视新知识的运用；教学时间分配合理，重点突出，突破难点；有层次性，能够体现学生的发展过程。

6. 学习评价与反馈设计

有明确的评价内容和标准；有合理的习题练习，练习的内容、次数比较合理，有层次性，既要落实四基要求，又注重学生应用知识解决问题能力的提高；注重形成性评价，提供评价工具；针对不同的评价结果提供及时的反馈，而且以正向反馈为主；根据不同的评价信息，明确提出矫正教学行为的方法。

7. 总结与帮助

对学生学习过程中可能会产生的问题和困难有估计，并提出可行的帮助和支持；有完整的课后小结；总结有助于学生深入理解学习的主题。

（二）创新性与可实施性原则

数学教学设计的创新性是指，追求既能发挥教师主导作用，又能体现学生主体地位；教法上有创新，能激发学生的兴趣；有利于促进学生思维能力的培养；体现新理念、新方法和新技术的有效应用。

数学教学设计的可实施性是指，评价教学设计成果的优劣，还应从时间、环境、师生条件等方面来考虑其是否具有较强的可操作性。

1. 时间因素

时间因素是指教学时所需时间的多少，包括教师的教学时间和学生的学习时间等。教师的教学时间应含学生完成教师所布置作业的时间及占用学生的课外时间等。

2. 环境因素

对教学环境和技术的要求不高，可复制性较强。

3. 教师因素

要求方案简单，可实施，体现教师的教学风格、特点及预备技能。

4. 学生因素

针对学生的情况，对学生的预备知识、技能及学习方法等方面的要求比较合理。

（三）客观性与媒体资源的支持性原则

对数学教学设计的评价必须以客观存在的事实为基础，以科学、可靠的评价技术工具为保障，对数学教学设计做出客观公正的评价。

我国教育技术界曾对音像教材提出了编制原则，这些原则不仅适用于传统的教学材料的评价，同时也是现在多媒体教学资源评价应遵循的基本原则。

（1）教育性，即能用来向学生传递规定的教学内容，为预期的教学目标服务。

（2）科学性，即正确地反映学科的基础知识和先进水平。

（3）技术性，即传递的教学信息达到一定的技术质量。

（4）艺术性，即具有较强的表现力和感染力。

（5）经济性，即以较小的代价获得较大的效益。

（四）评价结果的可呈现性与可利用性原则

评价结果的呈现与利用应有利于增强学生学习数学的自信心，提高学生学习数学的兴趣，使学生养成良好的学习习惯，促进学生的全面发展；应更多地关注学生的进步，关注学生已经掌握了什么，得到了哪些提高，具备了什么能力，还有什么潜能，在哪些方面还存在不足等。

教师要尽量避免终结性评价的"标签效应"——简单地依据评价结果对学生进行区分。评价的结果应该反映学生的个性特征及学习中的优势与不足，为改进教学的行为和方式、改进学习的行为和方法提供参考。

　　教师要充分利用信息技术，收集、整理、分析有关反映学生学习过程和结果的数据，从而了解自己教学的成绩和问题，反思教学过程中影响学生能力发展和素养提高的原因，寻求改进教学的对策。

　　除考查全班学生在数学学科核心素养上的整体发展水平外，教师更需要根据学生个体的发展水平和特征进行个性化的反馈，特别是要以适当的方式将学生的一些积极变化及时反馈给学生。个性化的评价反馈不仅要系统、全面、客观地反映学生在数学学科核心素养发展上的成长过程和水平特征，更要为每个学生提供长期、具体、可行的指导和改进建议。

二、数学教学设计评价的方式方法

　　数学教学设计评价主体应多元化，评价形式应多样化，评价方式方法应科学化。

　　评价主体多元化是指，除教师是评价者外，同学、家长甚至学生本人都可以作为评价者，这是为了从不同角度获取学生发展过程中的信息，特别是日常生活中关键能力、思维品质和学习态度的信息，最终给出公正客观的评价。合理利用这样的评价，可以有针对性地、有效地指导学生进一步发展。在多元评价的过程中，要重视教师与学生之间、教师与家长之间、学生与学生之间的沟通交流，努力营造良好的学习氛围。

　　评价形式多样化是指，除传统的书面测验外，还可以采用课堂观察、口头测验、开放式活动中的表现，以及课内外作业等评价形式。这是因为一个人形成的思维品质和关键能力通常会表现在许多方面，需要通过多种形式的评价才能全面反映学生数学学科核心素养的达成状况。

　　数学教学设计评价按照不同的标准有不同的评价方式方法，根据评价需求选择最合理的评价方式方法。下面分别介绍三种不同标准划分的评价方式方法。

（一）按照评价内容划分

　　结合数学教学设计的内容，按照评价内容划分，数学教学设计评价可分为对数学教学目标设计的评价、对数学教学内容处理的评价、对数学教学方法设计的评价、对数学教学媒体运用的评价、对数学教学设计方案的评价，也有对上述所有内容进行的加权评价。

　　按照评价内容评价也是数学教学设计评价中最常见的一种，我们将在下一节详细介绍。

（二）按照评价功能划分

　　按照评价功能划分，将数学教学设计评价划分为诊断性评价、形成性评价和总结性评价。现介绍三类评价具体含义及区别。

1. 诊断性评价

　　诊断性评价是指，为查明学习准备和不利因素，合理安置学生，考虑区别对待，采取补救措施，重点评价素质和过程，采用特殊编制的测验、学籍档案和观察记录分析，测试必要的预备性知识、技能的特定样本，与学生行为有关的生理、心理、环境的样本，一般在课程或学期、学年开始或教学过程中需要时进行，测试分数作为常模参照、目标参照。

2. 形成性评价

形成性评价是指，为确定学习效果，改进学习过程，调整教学方案，采用形成性测验、作业、日常观察测试课题和单元目标样本，一般在每节课或单元教学结束后或经常进行评价，测试分数作为目标参照。

3. 总结性评价

总结性评价是指，为评定学业成绩，证明学生已达到的水平，预言在后继教学过程中成功的可能性，重点评价结果，采用考试测试课程总教学目标样本，一般课程或一段教学过程结束后进行评价，每学期一两次，测试分数作为常模参照。

三类评价对比情况如表 2-1 所示。

表 2-1　诊断性评价、形成性评价、总结性评价对照表

种类	诊断性评价	形成性评价	总结性评价
作用	查明学习准备和不利因素	确定学习效果	评定学业成绩
主要目的	合理安置学生，考虑区别对待，采取补救措施	改进学习过程，调整教学方案	证明学生已达到的水平，预言在后继教学过程中成功的可能性
评价重点	素质、过程	过程	结果
手段	特殊编制的测验、学籍档案和观察记录分析	形成性测验、作业、日常观察	考试
测试内容	必要的预备性知识、技能的特定样本，与学生行为有关的生理、心理、环境的样本	课题和单元目标样本	课程总教学目标样本
试题难度	较低	依据教学任务而定	中等
分数解释	常模参照、目标参照	目标参照	常模参照
实施时间	课程或学期、学年开始时，教学过程中需要时	每节课或单元教学结束后，经常进行	课程或一段教学过程结束后，一般每学期一两次

（三）按照评价评析方法划分

按照评价评析方法划分，数学教学设计评价可分为定性评价和定量评价。

1. 定性评价

定性评价是对评价材料做"质"的分析，运用分析和综合、比较和分类、归纳和演绎等逻辑分析方法，对评价所获取的数据资料进行思维加工。分析的结果是一种描述性材料，数量化水平较低甚至没有数量化。

2. 定量评价

定量评价是对评价材料做"量"的分析，运用统计分析和多元分析等数学方法，从复杂纷乱的评价数据中总结出规律性的结论。由于教学涉及人的因素、变量及其关系是比较复杂的，为了揭示数据的特征和规律性，定量评价的方向和范围必须由定性评价来规定。

可以说，定性评价与定量评价是密不可分的，二者互为基础、互相补充，切不可片面强调一方面而偏废另一方。

在日常数学教学设计评价中，可以采用按照评价内容、以形成性评价的方式进行评价。在本质上，形成性评价是与教学过程融为一体的。在教学过程中，教师既要获取学生的整体学习情况，也要关注个别学生的学习进展，在评价反思的同时调整教学活动，提高教学质量。基于数学学科核心素养的教学，在形成性评价的过程中，不仅要关注学生对知识技能掌握的程度，还要更多地关注学生的思维过程，判断学生是否会用数学的眼光观察世界，是否会用数学的思维思考世界，是否会用数学的语言表达世界。例如，在数学建模活动与数学探究活动的教学评价中，应引导每个学生积极参加个体活动和小组活动。教学活动包括，对于给出的问题情境，经历发现数学关联、提出数学问题、构建数学模型、完善数学模型、得到数学结论、说明结论意义的全过程；也包括根据现实情境，反复修改模型或结论，最终提交研究报告或论文。无论是研究报告还是论文，都要阐明提出问题的依据、解决问题的思路、得到结论的意义，遵循学术规范，坚守诚信底线。教师可以召开小型报告会，除教师和学生外，还可以邀请家长、有关方面的专家，对研究报告或论文做出评价。

三、数学教学设计评价的内容

数学教学设计是解决数学教学问题的过程，因此评价数学教学设计需要明确在解决数学教学问题的过程中那些关键性的工作，它们构成了数学教学设计评价的主要内容。

（一）数学教学目标设计的评价

数学教学目标设计的评价主要考虑目标的科学性和可行性。目标的科学性包括完整性、规范性、重要性，目标领域及层次水平的清晰性，以及目标的难易复杂度和兼顾性。目标的可行性可依据所制订的目标体系推导出一套与目标因素有关的指标，通过教学实验来考察教学目标的达成度。

（二）数学教学内容处理的评价

数学教学内容处理的评价分为前期评价和后期评价。

前期评价是指在数学教学实施之前对数学教学设计的评价，可以从所选内容对课程目标实现的必要性，与学生学习需要的符合度，与前后数学知识的逻辑关系，以及内容体系的完整性、条理性和层次性等方面评价。

后期评价是指通过数学教学实践来检验内容设置的合理性，从授课中检验内容是否精选、是否引起学生的兴趣、是否有利于学生掌握、是否突出重点、是否突破难点、是否便于教师组织和安排教学、是否有利于提高学生在各目标领域的达标程度等。

（三）数学教学方法设计的评价

数学教学方法设计的评价主要在数学教学实施过程中体现，可以通过教学目标的实现，学生对知识的理解和记忆、数学思维能力、学习能力、创新精神和实践能力的锻炼和培养，学生学习的兴趣和注意力，以及课堂气氛、师生感受等方面来评价。

（四）数学教学媒体运用的评价

数学教学媒体运用的评价可以从功能、表现性、教学内容展现、便利性和效益性等方面进行评价。

（五）数学教学设计方案的评价

数学教学设计方案是数学教学设计的最终成果，可以是课堂教学方案（即通常所说的教案），也可以是新的教学材料，还可以是培训计划或课程标准等。对数学教学设计方案的评价包括形成性评价和总结性评价。

实 践 篇

　　本篇结合案例介绍七类基本课型的数学教学设计，讲课、说课和评课。案例选择力争做到中小学各学段全覆盖、多渠道、多类型。本篇包含两章：第三章介绍数学七类课型的教学设计及案例分析，先介绍各类课型的设计流程，然后给出此类课型的教学设计案例，并从设计教学层面上进行案例分析；第四章介绍落实教学设计的实践环节中的讲课、说课和评课，分别从"是什么？""怎么做？""案例及分析"三个层面加以阐述。

第三章　数学七类课型的教学设计及案例分析

第一节　数学基本课型介绍

课堂教学的课型泛指课的类型或模型，是课堂教学最具有操作性的教学结构和程序。其中，课堂教学的课型是指课的类型，是在对各种课进行分类的基础上产生的。例如，在教学中，有的课主要是传授新知识，有的课主要是复习巩固应用知识，有的课要进行实验操作，培养学生的动手能力等。课型就是把各种课按照某种标准划分为不同类型，每一种类型就是一种课型。而认为课堂教学的课型是指课的模型，则是对各类型的课在教材、教法方面的共同特征抽象概括的基础上形成的。现代教学理论认为，教学过程结构是课型分类的主要依据之一，特定的课型必然有特定的教学过程结构。因为课堂教学最具有操作性的教学结构和程序，对课型进行研究，有助于教师更好地掌握各种类型课的教学目的、教学结构和教学方法等方面的规律，提高教学设计、实施和评价的能力。

课型的分类，因基点的选择不同而不同，目前分类繁多，分别介绍如下。

以教学任务作为课型的分类基点，课型可划分为新授课、练习课、复习课、讲评课、实验课等，统称单一课。

以课的教学组织形式和教学方法作为分类基点，课型可划分为讲授课、讨论课、自学辅导课、练习课、实践或实习课、参观或见习课等。

以教学内容的不同性质作为课的分类基点，课型可划分为自然科学课、人文科学课、思维科学课、艺术科学课等。每一类课型又可再分为若干个亚型。例如，自然科学课型中新授课，按内容的不同又分为以"事实学习"为中心内容的课型、以"概念学习"为中心内容的课型、以"规律学习"为中心内容的课型、以"联系学习"为中心内容的课型、以"方法（技能）学习"为中心内容的课型。

朱卓君依据学生学情,结合课程标准的要求和教材内容的特点,将课型划分为基于"问题"的课型、基于"项目"的课型、基于"资源平台"的课型[75]。

为了适应新课改的要求，陈庆霞等创新了几种新的课型[76]：解疑存疑型、自悟互教型、讨论合作型。这几类课型的教学操作中有些好的做法值得借鉴，下面做简要介绍。

（一）解疑存疑型

此种课型的原则是让学生自读课文，带着问题走向课堂，再读课文自我感悟，交流讨论，接受指导，解决疑难。解疑存疑型课堂可设置训练、解疑和存疑三个教学板块。

1. 训练

学生提问水平的高低是直接影响这类课质量高低的因素之一,而高水平的提问能力要靠训练。学生的问题一般可分为零碎型、广杂型、简单型和价值型等。对于比较简单的问题，要训练学生自己通过读书或查询解决；对于零碎、广杂的问题，要帮助学生进行梳理，教给学生梳理的方法，逐步形成提问能力；对于梳理后有价值的提问，可以让学生及时地进行批注，或者以书面作业的形式留存下来。

2. 解疑

解决疑难问题，是开启学生创新潜能的最佳时机。教师要尽可能地放手，再放手，相信学生的集体智慧。一般操作步骤是：将自行解决的问题和留存的主要问题在课堂上交流、讨论；教师当堂巡视，梳理疑难问题，师生共同解决；让学生把自我解决的问题或帮助别人解决的问题大声地朗读、展示出来。

3. 存疑

对与本课关系不大，解决起来费时，但确有意义的问题，可以留下来让学生课后思考，查询解决。对只有解决问题的过程，没有解决问题的结果的现象要予以保护与支持。

（二）自悟互教型

课堂要从"知识本位"走向"能力本位"。自悟互教的课堂结构建立在"能力本位"的理论基础上。这种导创课型强调让学生参与从目标制定到解决问题的全过程，在自悟互教上体现出以下特点。

1. 自悟

自悟就是学生根据自己提出的目标用自己喜欢的方法自学。实践活动包括勾画批注、自问自答、使用工具书、画知识树和练习朗读等。要注意克服理科化的倾向，因为悟的学习过程常常表现出内化性、模糊性、隐蔽性（不宜用语言表达出来）和多样性（不宜只有一种答案）。

2. 互教

好为人师是人的天性，充分利用儿童的这种天性就会开辟一个教与学的新天地。可采用"小教师"的形式，鼓励全班学生轮流当小教师，一般可以让学生自己怎么学就怎么教。课前可由教师协助小教师备好课，帮助小教师抓住重点讲清楚、讲明白。课后可组织自评、互评、师评。评价不要纠缠学生的"非"，要鼓励、保护学生的积极性，并为后面的小教师提供教学参考。

（三）讨论合作型

讨论合作学习将学习过程置于多向交流中，其间有认同、碰撞、吸纳、排斥……创新的火花常常闪烁其间。讨论合作学习的一般步骤是定标—引导—自结。定标，论题（目标）主要由教师梳理知识点后的问题决定，以便集中力量打歼灭战。引导，讨论中突出语言文字训练，营造民主氛围，鼓励学生坚持己见，同时引导学生达成必要的共识；指导学生使用讨论语言，有理有据、自信、有分寸，拓宽思路，将讨论引向深入。自结，指导学生将结果概括要点，进行小结。

关于数学课型，研究者们从不同的层面和角度进行了探讨[77-84]。我们基于数学课程特点，采取以教学内容的不同性质作为数学课型的分类基点，将数学课型分为下面七类基本课型：概念课、命题课、问题课、活动课、解题课、复习课、测试评讲课。接下来分节介绍各种课型的特征及设计流程，并结合案例给出分析。

第二节　数学概念课的教学设计及案例分析

什么是概念？概念（idea；notion；concept）是人类在认识过程中，从感性认识上升到理性认识，把所感知的事物的共同本质特点抽象出来，加以概括，是自我认知意识的一种表达，形成概念式思维惯性。概念是人类所认知的思维体系中最基本的构筑单位，是同类事物的本质特征的反映。概念既是存在于人脑知识结构的一种知识内容，又是主体所进行的一种认知加工过程。而数学中的概念大多数是以定义的形式来揭示一类事物在空间形式和数量关系上的本质属性，它有自身特定的形式化语言及符号，而且具有很强的系统性。因此，教师在教学中帮助学生正确地掌握各种数学概念，是使他们学好数学的重要环节。

数学概念是人脑对现实对象的数量关系和空间形式的本质特征的一种反映形式，即一种数学的思维形式。在数学中，作为一般的思维形式的判断与推理，以定理、法则、公式的方式表现出来，而数学概念则是构成它们的基础。正确理解并灵活运用数学概念，是掌握数学基础知识和运算技能、发展逻辑论证和空间想象能力的前提。数学概念是数学知识的细胞，也是思维的单元。只有建立了正确的概念，才能牢固地掌握基础知识，同时在深入理解数学概念的过程中使抽象思维得到发展。我国现行的《中学数学教学大纲》对数学概念的教学提出了明确的要求：要使学生学好基础知识和掌握基本技能，首先要使学生正确理解数学概念；应当以实际事例和学生已有的知识出发引入新的概念；对于容易混淆的概念，要引导学生用对比方法认识它们的区别和联系；要使学生在正确理解概念的基础上进行判断、推理，从而理解数学的原理和方法；通过练习，掌握好知识和技能，并能灵活应用。由此可见，正确理解和掌握数学概念是掌握"知识与技能"的关键，更是实践"过程与方法"的载体。

数学概念是导出全部数学定理、法则的逻辑基础，数学概念是相互联系、由简到繁地形成学科体系。数学概念不仅是建立理论系统的中心环节，同时也是解决问题的前提。因此，概念教学是数学基础知识和基本技能教学的核心，它是以"事实学习"为中心内容的课型。作为概念教学的设计者，我们要思考并通过概念教学力求让学生明白以下几点。

（1）该概念讨论的对象是什么？有何背景？其来龙去脉如何？学习这个概念有什么意义？它们与过去学过的概念有什么联系？

（2）概念中有哪些补充规定或限制条件？这些规定和限制条件的确切含义是什么？

（3）概念的名称、进行表述时的术语有什么特点？与日常生活用语比较，与其他概念和术语比较，有没有容易混淆的地方？应当如何强调这些区别？

（4）该概念有没有重要的等价说法？为什么等价？应用时应如何处理这个等价转换？

（5）根据概念中的条件和规定，可以归纳出哪些基本性质？这些性质又分别由概念中的哪些因素（或条件）所决定？它们在应用中起什么作用？能否派生出一些数学思想方法？

由于数学概念是抽象的，在教学时要研究引入概念的途径和方法，一定要坚持从学生的认识水平出发，通过一定数量日常生活或生产实际的感性材料来引入，力求做到从感知到理解。还要注意在引用实例时一定要抓住概念的本质特征，着力揭示概念的本质属性。人类的认知活动是一个特殊的心理过程，智力不同的学生完成这个过程往往有明显的差异。在教学时要从面向全体学生出发，从不同的角度，设计不同的方式，使学生对概念进行辩证的分析，进而认识概念的本质属性。例如，选择一些简单的巩固练习来辨认、识别，帮助学生掌握概念的外延和内涵；通过变式或变式图形，深化对概念的理解；通过新旧概念的对比，分析概念的矛盾运动；抓住概念之间的联系与区别来形成正确的概念。有些存在种属关系的概念，常分散在各单元出现，当教学进行到一定阶段时，应适时归类整理，形成系统和网络，以求巩固、深化、发展和运用。

一、数学概念课的设计

为设计好数学概念的教学，我们需要充分考虑以下几个问题，为数学概念教学设计提供有效的准备。

（一）全面了解教材的体系，把握好概念教学的层次

数学是一门系统性很强的学科。事实上，学生获得知识，如果没有圆满的结构把它连在一起，那是一种多半会被遗忘的知识。一连串不连贯的论据在记忆中仅有短促得可怜的寿命。因此，一个概念的建立要依据哪些旧知识，这个概念在教材中是怎样建立起来的，又是怎样进一步发展的，教师要胸有成竹。概念与概念之间，各部分教材之间，数学各分支之间有怎样的内在联系，前后又怎样顾及，教师都要心中有数。

首先，教师必须对整个教材的所有基本概念进行分析，明确概念的体系，找出同类概念之间的区别和不同类概念之间的联系。例如，在立体几何的多面体与旋转体这一章中，多面体是一个上位概念，柱体、锥体、台体是下位概念，它们似乎独立，但又有内在联系；台的上、下底面全等时成为柱，其中一个底面为点时成为锥。利用这些内在联系，可把这几种几何体的性质，有关计算公式都归结为一体，从而方便学生学习记忆。

其次，因为每一个概念都是从我们周围的现实世界的具体事物中抽象出来的，所以必须弄清它的来龙去脉，地位和作用，把握它在每个教学阶段中讲解的深度和广度。例如，在复数教学中，绝对值的概念扩展成复数的模 $|a+bi|=\sqrt{a^2+b^2}$，$a,b\in\mathbf{R}$，这样平面内两点间的距离可用两复数差的模来表示，于是 $|z-z_0|=R$ 表示圆，$|z-z_1|+|z-z_2|=2a$，$2a>|z_2-z_1|$ 表示椭圆等，还可以利用复数的三角形式简练地证明三角恒等式，利用复数证明平面几何问题。学生认知水平和思维模式是分阶段性的，在处理教学内容时必须遵循这一规律，教师可以在不改变某一概念内涵的前提下，允许学生有不同层次的理解，要做到这点，教师必须对初等数学的基本结构及教材的编写脉络有一个全盘的了解，做到既有全局观点，又有局部考虑。例如，初中段的函数概念为：在某个变化过程中有两个变量 x,y，

如果对于 x 在某个范围内的每个确定的值 y 都有唯一确定的值与它对应，那么就说 y 是 x 的函数，x 称为自变量。其要点是"变化过程""变量""每个 x ""唯一的 y 值""对应"，"对应"是原始概念，整个定义是形成性的，不提定义域和值域。而高中段函数的概念比初中增加了"对应法则 f "和附属概念，定义域及值域，教材又解释"函数实际上是集合 A 到集合 B 的映射"。在教学中教师应该从描述性语言到映射语言建立桥梁。又如，抛物线的概念，在初中段是从二次函数的图像中引出的，没有对抛物线的概念加以定义，只给学生一个直观印象，而在高中段用满足一定条件的动点轨迹加以定义。在教学过程中，教师应结合学生的认知水平，提出对概念理解的要求，并不失时机地使其认知水平深化。例如，引入"弧度制"的开始，学生只能认识到这是一种新的度量方法，但在继续学习过程中，教师一定要使学生认识到，这种度量制使得"角的集合"与"实数集体"之间建立了一一对应的关系，使得三角函数也可以看成以实数为自变量的函数。这种看问题的深化不是通过解题能反映的，而是要教师用语言去引导的，这也是培养学生思维品质的重要环节。

最后，在钻研教材中，教师还必须对每一个概念讲授时需具备哪些旧概念、旧知识，做到心中有数。例如，讲授反三角函数时，不仅需要有函数、反函数的概念，而且还要有定义域、值域等概念；特别是对三角函数的定义域、值域、单调性都要十分清楚，而且要求学生切实掌握，否则会影响讲授效果。

（二）注重概念的引入，使学生克服心理抑制

从平常的教学实际来看，对概念课的教学产生干扰的一个不可忽视的因素是心理抑制。教师方面，会因为概念单调枯燥而教得死板乏味；而学生方面，又因为不了解概念产生的背景及作用，缺乏接受新概念的心理准备而产生了对新概念的心理抑制。要解决师生对概念课的心理抑制问题，可加强概念的引入，帮助学生弄清概念产生的背景及作用。

（三）加强对表示概念的数学符号的理解

数学概念本身就较为抽象，加上符号表示，使概念更抽象化，因此教学中必须使学生真正理解符号的含义。例如，函数中的记号 $f(x)$ ，许多学生错误地认为 f 与 (x) 是相乘的关系，于是把 $f(x+y)=f(x)+f(y)$ 认为是乘法的分配律；同样也有少数学生会将 $\sin(-\alpha)$ 中的记号 $\sin$ 与 $(-\alpha)$ 认为是相乘而错误地理解 $\sin(-\alpha)=-\sin\alpha$ 中右边的负号是提出来的。因此，教师应一开始就帮助学生正确地理解这些符号的意义，尽量避免产生类似错误。

数学概念的教学设计过程一般分引入、形成、巩固和运用四个阶段。

1. 引入

引入数学概念是理解和运用数学概念的前提。数学概念形成的学习方式，主要是通过提供一定数量的实例来引入数学概念，从这些实例中概括出它们的共同属性。

形成准确概念的先决条件是使学生获得十分丰富和符合实际的感性材料，通过对感性材料的抽象、概括来揭示概念所反映的本质属性。因此，在教学中，要密切联系数学概念在现实世界中的实际模型，通过对实物、模型的观察，对图形的大小关系、位置关系、数

量关系的比较分析，在具有充分感性认识的基础上引入概念。

下面给出函数概念教学设计引入阶段的例子。

> 出于防洪灌溉的需要，需要知道某水库的实际储水量，你能设计一个简单易行的测量储水量的方案吗？具体应该做哪些工作？
>
> 学生容易知道，直接测量水库的储水量是困难的，但是测量水库在某一点的水深却是很容易的。那么，能不能通过测量水深来间接地测量储水量呢？
>
> 通过对以上问题（及类似问题）讨论，让学生理解建立函数关系的目标（即用较容易刻画的变量来刻画另一个变量），产生建立函数概念的意识。
>
> 揭示函数概念的内涵显然并不是任意两个互不相干的变量都可以实现用其中一个来表示另一个的目的。这样就有了问题：当两个变量具有什么样的联系时，才能实现用一个变量来刻画另一个变量？

这样，在此问题的引导下，寻找函数概念本质属性的活动就可以展开了，学生就可以利用其原有的认知结构来进行建构函数概念的活动，从而掌握学习和思考的主动权。

例如，在教学"数轴"这个概念时，如果照教材宣读"把一条规定了方向、原点和单位长度的直线叫数轴"，这样直接引入对初学者来讲往往很空泛，理解不深。其实，人们早就知道怎样用"直线"上的"点"表示各种数量，如秤杆上的"点"表示物体的重量，温度计上的"点"表示温度，标尺上的"点"表示长度等。秤杆、温度计、标尺都具有三要素：度量的起点、度量的单位和明确增减方向。这些模型都启发人们用直线上的"点"表示数，从而引入"数轴"概念，学生容易接受。又如，平面直角坐标系的引入，我们可以问学生：你坐在教室里的什么位置？要回答这个问题，学生必然会说，我在第几组第几排，事实上，这个第几组第几排正是点坐标最初的原型。再如，解析几何中"椭圆"等概念的引入，可充分借助于教具或电教手段，把曲线产生的过程加以演示，使学生形成真实感，加深对概念的领悟。

2. 形成

在人们的思维中，对某一类事物的本质属性有了完整的反映，才能说形成了这一类事物的概念，而只有运用抽象思维概括出本质属性，才能从整体上、从内部规律上把握概念所反映的对象。概念形成的教学必须做到以下几点。

（1）讲清概念的定义。充分揭示概念定义的本质特征，使学生确切理解所讲概念。例如，椭圆定义是：到两定点的距离的和等于定长的点的轨迹。讲清组成定义的关键因素和语句"两个定点""和为定长""动点的轨迹"这三点，基本上可以描述椭圆定义的发生过程，还可画出图形帮助理解和记忆。同时，在利用图形引入概念时，要注意图形的变式，以舍弃无关特征，突出对象的关键属性，使获得的概念更准确，易于迁移。而且，应使学生明确表示概念的符号的含义，数学中的概念常用符号表示，这是数学的特点，也是数学的优点。但在实际教学中要防止两种脱节：一是概念与实际对象脱节；二是概念与符号脱节。

（2）掌握内涵。概念的定义并不反映概念的全部本质属性，因此概念的形成，还必须掌握概念的内涵。概念的内涵是由其定义推衍得到的，例如，由平行四边形的定义可以推衍得：两对边相等，两对角分别相等，对角线互相平分。有的还必须借助其他概念和知识的积累来完善，例如，正方形的内涵是：正方形有内切圆和外接圆，在周长一定的四边形中正方形所围的面积最大等。因此，认识概念的过程是逐步深化的过程，只有对事物本身的本质属性达到比较完整的认识时，才能形成概念。

（3）完成分类。掌握概念不仅要掌握概念的内涵，而且要掌握概念的外延，这是概念的质和量的表现，两者是不可分割的。完成分类也是形成概念的必要条件和具体标志之一。

（4）掌握有关概念之间的逻辑联系。每一个概念都处在和其他一些概念的一定关系、一定联系中，教师要引导学生正确地认识有关数学概念之间的逻辑联系，认识它们外延之间的关系，通过比较加深对概念的理解，促使知识系统化、条理化。

在数学概念的形成阶段，我们可以借助"形义"结合使抽象的概念直观化、模型化、具体化，使新旧概念之间的关系明朗化、系统化。"形义"结合指的是：在数学概念教学中充分利用图形与实例，通过揭示概念"形"与"义"之间的联系，使学生加深对概念的理解和掌握。"形义"结合，构"形"是关键。教师要有意识地联系学生生活去认识发掘数学概念的直观形象或实例，并赋予其具体意义。"形"是为"义"服务的，构形的目的是要揭示"义"。因此，在教学中应特别重视数学概念几何意义的揭示，数学概念的几何意义对概念做出了直观的解释，它使概念更直观、更易于理解。在中学教材中有许多概念与"形"有关，如集合的子集、并集、交集和补集等概念，复数及复数的模的概念，某些特殊函数的概念，以及函数的单调性和奇偶性的概念，熟悉以上概念的图形对理解与记忆概念的性质很有帮助。

3. 巩固

由于概念具有高度的抽象性，不易达到牢固掌握，而且数学概念数目不少，不易记忆，巩固概念的教学十分重要。

巩固概念是概念教学的重要环节。心理学告诉我们，概念一旦获得如不及时巩固就会遗忘，所以巩固概念具有十分重要的意义。巩固数学概念常用的途径和方法有以下几种。

（1）及时反馈，巩固概念。我们不能企图一次课就解决一个概念，也不能为了讲清一个概念而大量向学生做知识介绍。我们必须让学生在正确理解概念的前提下进行运用，在运用过程中得到巩固，通过练习及时纠正偏差。例如，为使学生理解和明确"集合"的"三性"，可提问"大数的集合""老年人的集合""胖子的集合"对吗？又如，设 $M = \{$正四棱柱$\}$，$N = \{$长方体$\}$，$P = \{$直四棱柱$\}$，$Q = \{$正方体$\}$，确定这些集合的包含关系。在教学实践中发现学生对$\{$长方体$\}$与$\{$正四棱柱$\}$两个集合的关系经常出错，原因是学生虽然知道了棱柱概念的内涵却不知它的外延。要想知道学生对概念是否掌握并不一定要等到测验，只要教师留心从学生的眼神、从学生回答问题、从练习中的错误等处得到的信息，从而采取补救措施，便可使问题消灭在萌芽之中，避免问题成堆。

（2）承前启后，巩固概念。由于学生理解和掌握概念有一个反复加深的过程，在讲授新概念时，尽可能与旧知识联系起来，这样不但加强了对新概念的理解，而且也巩固了旧知识，承前启后，温故而知新。后次复习前次概念，进行知识的"返回""再现"，新概念必然涉及一系列旧概念，通过复习、回顾原有概念，为新概念的引入铺平道路，做到承前启后，进一步巩固原有概念。例如，学习了"极限"概念之后，利用它可以把扇形的面积看成分割成很小的无数个三角形面积的和，球冠的面积可看成无数个内接圆台的侧面积之和，这样既巩固复习了这些旧概念，也加深了对"极限"概念的理解。

（3）归类比较，巩固概念。现代认知心理学研究表明，学生的知识、概念如果不经整理杂乱地放在脑子里是很难被提取的，所以在每一教学单元结束后，注意引导学生进行知识内容的小结和总结，概念是其中的主要内容，包括概念之间的区别与联系，使学生的知识系统化、条理化。在总结时要特别重视同类概念的区别与联系，从不同角度出发，制作较合理的概念系统归类表。例如，学完了立体几何第一章后，可引导学生对线线、线面、面面的有关概念进行归类，也可抓住两个中心"角"与"距离"进行归类。角可分为：线线角——异面直线所成的角；线面角——斜线与平面所成的角；面面角——二面角的平面角。它们的共同点是都需要转化为三角形的内角计算，区别是转化手段不同。距离可分为：两点间的距离、点到直线的距离、两平行线间的距离、异面直线间的距离、点到平面的距离、直线到平面的距离、两平行平面间的距离，它们的共同点是相应两点间的线段长，不同点是相应两点的位置取法不同。这样不但可使学生的知识、概念网络化，而且也可培养学生的综合能力。另外，还要注意概念的比较。针对概念中容易出错的地方、易混淆和难理解的概念，教师可有目的地设计一些问题，运用分析比较的方法，指出它们的相同点和不同点，供学生鉴别，以加深印象。例如，"排列"与"组合""随机现象"与"随机事件"等都是有区别的。

（4）指导编码，巩固概念。在教学中，我们不能因为数学概念本身的抽象性而向学生过分强调抽象规定，教师应不失时机地运用相对直观、通俗易懂的语言向学生表象概念的抽象规定，让学生能自觉地学会利用表象来协助抽象思维，从而帮助学生摆脱机械学习，减少错误。例如，在学习绝对值时学生往往会犯 $|a|=a$ 这样的错误，我们可让学生记一句顺口溜"脱掉安全帽，戴上保险杠"表示"当 $a \geqslant 0$ 时，$|a|=a$；当 $a<0$ 时，$|a|=-a$"。又如，用"奇变偶不变，符号看象限"十个字来概括五十四个三角诱导式的变化规律。教学实践表明，通过恰当的语义编码，可把抽象的数学概念教活，达到事半功倍之效。搞好数学概念的教学，使学生透彻、牢固地掌握数学概念是提高数学教学质量的关键所在，作为一个数学教师，首先应该认识到数学概念教学同加强数学基础知识教学，培养学生运用数学知识解决实际问题的能力，以及发展学生逻辑思维和空间想象能力的关系，在思想上重视它，这样使在教学时才会目的明确，方法正确，既不会造成为概念而教学，也不会在数学教学时顾此失彼。

（5）解题反思，巩固概念。解题是使学生熟练掌握概念和数学方法、发展数学思维的重要手段。解题反思对于数学概念教学而言，既可以检验学生对数学概念掌握的情况，又可以反思概念的不同展现形式，多途径多角度巩固概念。

4. 运用

数学概念的运用是指学生在理解概念的基础上，运用它去解决同类事物的过程。数学概念的运用有两个层次：一种是知觉水平上的运用，是指学生在获得同类事物的概念后，当遇到这种事物的特例时，就能立即把它看成这类事物中具体例子，将它归入一定的知觉类型；另一种是思维水平上的运用，是指学生学习的新概念被纳入水平较高的原有概念中，新概念的运用必须对原有概念重新组织和加工，以满足解当时问题的需要。数学概念运用的设计应注意精心设计例题和习题。

（1）数学概念的简单运用。编制一组问题对所概括的数学概念加以运用，这组问题应该是递进的，有一定的变化，难度不宜过高。

（2）数学概念的灵活运用。有时灵活运用概念来解决问题，常常可以把问题化难为易。例如，利用椭圆、双曲线和抛物线的定义解有关焦点半径、焦点弦的问题，往往比较简单，教师可以选择有关问题作为例题和习题，培养学生灵活运用数学概念解决问题的能力。

数学概念的运用应充分体现学生在教学中的主体地位，广泛发动学生寻找新旧概念的联系与区别，鼓舞学生自行设计能说明概念的例子，使学生对概念的本质属性有更为深刻的理解。

二、数学概念课设计案例及其分析

下面是概念课《正比例函数》的案例，由编著者指导的在职研究生广东省台山市冲蒌中学的梁欢教师提供。在他做毕业设计时，编著者结合他平时实际教学和实践，引导他分课型做微课整合导学案的教学模式探讨，并指导他分数学概念类、应用类、运算类和命题类四种数学课型，实施了为期一学期的教学实验。实验结果表明，该教学模式对学困生和中等生的成绩提高效果显著，对优等生没有显著影响，得出实验班与参照班在数学学习兴趣和课堂参与均存在显著差异。

案例 3-2-1

正比例函数

广东省台山市冲蒌中学　梁欢

数学概念是描述客观事物本质属性的工具，是数学运算的基石，是逻辑推理的依据。因此，数学概念课是数学的核心课型，要引起我们足够的重视。由于对数学概念的理解需要学生经历知识内化的过程，课堂上应注重学生的"学"。

一、教学目标

（一）知识与技能

理解正比例函数的概念及其一般形式，会判断哪些函数是正比例函数；会画正比例函数的图像；能结合图像归纳正比例函数的性质；会求正比例函数的解析式。

（二）过程与方法

通过具体实例让学生经历正比例函数概念形成的过程，通过图像性质的研究让学生体会数形结合的思想。

（三）情感、态度与价值观

通过作图培养学生认真、细致的学习习惯。

二、教学重难点

重点：正比例函数的概念和性质。

难点：结合图像推导正比例函数的性质，性质的应用。

三、教学过程

（一）复习旧知识

1. 函数的定义

如果在一个变化过程中有两个变量_____和_____，并且对于 x 的每一个确定的值，y 都有唯一确定的值与其对应，那么我们就说 x 是_____量，y 是 x 的_____。

2. 画函数图像的三个步骤

（1）_____；（2）_____；（3）_____。

【设计意图】复习旧知识，使学生能更容易地通过旧知识来学习新知识。

（二）新知识的探讨

1. 问题引入

1996 年，鸟类专家在芬兰给一只海鸥套上标志环并测得它的飞行速度是 200 km/d。

问题：这只海鸥的行程 y（单位：km）与飞行的时间 x（单位：d）之间有什么关系？

【设计意图】课本设计了三个问题，本意是想让学生通过解答在头脑中建立数学模型。笔者认为这是非常正确的，但问题过多导致引入的时间较长，没办法让学生快速地进入正比例函数概念的学习。故笔者削减了其中的两个问题，既能满足设计者的要求，又能让学生快速进入主题。

2. 函数的表示

下列问题中的变量对应规律可用怎样的函数表示？

（1）铁的密度为 7.8 g/cm³，铁块的质量 m（单位：g）随它的体积 V（单位：cm³）大小变化而变化。

（2）冷冻一个 0 ℃物体，使它每分下降 2 ℃，物体的温度 T（单位：℃）随冷冻时间 t（单位：min）的变化而变化。

3. 观察函数，得出新概念

（1）$y=200x$ （2）$m=7.8v$ （3）$T=-2t$

这些函数有什么共同点？

共同点：上面的三个函数都是_____与_____的乘积的形式。

归纳得出新概念：形如_____（k 为常数，$k \neq 0$）的函数称为_____，其中 k 称为_____。注意：这里强调 k 为常数且 $k \neq 0$。

【设计意图】通过削减一些练习题使学生更集中观察上面函数的共同特点，通过小组讨论的形式来得出新概念。这既增强了学生自主探索的能力，同时也让学生养成了与他人合作的集体精神。

4. 练习巩固

（1）下列函数中哪些是正比例函数？

① $y=-2x$ ② $y=\pi x$ ③ $y=\dfrac{3}{x}$ ④ $y=\dfrac{x}{3}$ ⑤ $y=2x+1$ ⑥ $y=x^2$

（2）已知一个正比例函数的比例系数是 -5，则它的解析式是_____。

（3）若 $y=(m-2)x^{m^2-3}$ 是正比例函数，则 $m=$ _____。

【设计意图】学完新概念后立刻运用，加深对概念的理解。同时，教师可以及时对目标进行评价。

（三）正比例函数性质探索

1. 作用

在不同直角坐标系中，画出下列正比例函数的图像：

（1）$y = 2x$

x	…	–2	–1	0	1	2	…
y	…						…

（2）$y = -2x$

x	…	–2	–1	0	1	2	…
y	…						…

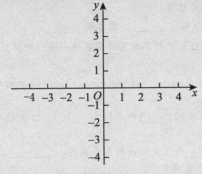
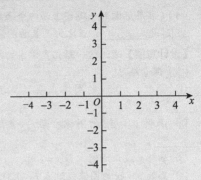

2. 观察图像得出规律

比较上面两个图像，填写你发现的规律。

相同点：两个图像都是经过_____。

【设计意图】学生通过自己动手，在操作和他人讨论中得出规律。这样学生的印象更加深刻，对知识点的理解更加到位。

3. 练习

（1）利用这一相同点怎样画正比例函数的图像最简便？为什么？

（2）根据上面的方法快速画出下列函数图像：

① $y = \frac{1}{2}x$；$y = 2x$；

② $y = -\frac{1}{2}x$；$y = -2x$.

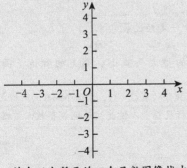
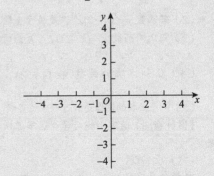

结合以上所画的四个函数图像找出它们的不同点。

【设计意图】通过上面规律的探究，让学生体会两点画正比例函数图像的依据，并总结规律。

① 函数 $y = 2x$，$y = \frac{1}{2}x$ 的图像经过_____象限，从左到右_____，即 y 随 x 的增大而_____；

② 函数 $y = -2x$，$y = -\frac{1}{2}x$ 的图像经过_____象限，从左到右_____，即 y 随 x 的增大而_____。

（3）总结：正比例函数的解析式为_____。

	$k>0$	$k<0$
图像		
图像所在象限		
增减性		
相同点		

（4）（拓展选做题）观察上面四个函数的图像后填空。

当$|k|$越_____，正比例函数的图像倾斜程度越_____，图像越_____。

【设计意图】通过这一题拓宽学生的知识面，让学生对函数图像有更进一步的理解。

（5）课堂练习。

① 函数$y=0.5x$的图像在第___象限，经过点$(0,$ ___)和点$(1,$ ___)，y随x的增大而_____。

② 函数$y=-5x$的图像在第___象限，经过点$(0,$ ___)和点$(1,$ ___)，y随x的增大而_____。

③ y与x成正比例，当$x=1$时，$y=-3$，则y关于x的函数关系式为_____。

④ 函数$y=kx$的图像经过点$P(-1,3)$，则k的值为（ ）。

A. 3　　　　　B. –3　　　　　C. $\dfrac{1}{3}$　　　　　D. $-\dfrac{1}{3}$

⑤ 已知正比例函数$y=(k+2)x$，且y随x的增大而减小，则k的取值范围是（ ）。

A. $k>2$　　　B. $k>-2$　　　C. $k<2$　　　D. $k<-2$

（四）课堂小结

（1）形如_____（k为常数，$k\neq0$）的函数，称为_____，其中k称为_____。

注意：这里强调k为常数，$k\neq0$。

（2）总结：正比例函数的解析式是什么？有哪些性质？

（五）课堂小测

（1）$y=\dfrac{3}{x}$，$y=\dfrac{x}{4}$，$y=3x+9$，$y=2x^2$，$l=2\pi r$中，正比例函数是_____。

（2）若函数$y=(n-3)x^{n^2-8}$是关于x的正比例函数，则n_____。

（3）正比例函数$y=(k^2+1)x$（k为常数，$k\neq0$）一定经过第（ ）象限。

A. 一、三　　　B. 二、四　　　C. 一、四　　　D. 二、三

（4）已知正比例函数$y=(k-2)x$，且y随x的增大而减小，则k的取值范围是_____。

（5）一个函数的图像是经过原点的直线，并且这条直线经过点$(1,-2)$，求这个函数的解析式。

【设计意图】通过小测对学生这节课所学的情况进行反馈，以便能快速地调整教学策略和进度。

（六）板书设计

将整个黑板分为左、中、右三大块。

14.2.1　正比例函数		
正比例函数的概念 （下方包括概念中 要注意的内容）	两个直角坐标系，每个 画两组正比例函数图像 （下方画表格，对两组函数 图像性质进行对比）	讲评练习

（七）作业

113页练习。

下面按照数学概念课的设计理念和方法，分析上述案例。

优点：教学过程中设计了教学意图，虽然写得比较简约，但是充分站在学生的角度上来分析、思考问题。这份教学案例，对旧知识的复习，有利于学生从旧知识去理解新知识。概念的引入能够密切联系数学概念在现实世界中的实际模型。对于"形成"这一步骤完成得较好，能够让学生在彼此之间的讨论和练习中发现其概念的定义，从而掌握内涵。在正比例函数性质探索的过程中，学生动手作图分析得出结论，找出同类概念之间的区别和不同类概念之间的联系，从而方便学习记忆，培养了学生的动手能力、分析问题能力，以及团队合作精神。在"巩固"中，对于巩固练习、概念再现、小结及反思都做得很丰富，很有逻辑性。对于概念的"运用"，题目多种多样，有利于学生更全面地掌握。课堂小结简单总结了正比例函数的概念及性质，再一次巩固了本节课正比例函数的概念，反复不断地巩固可使学生的理解更加透彻。

缺点：在情感态度与价值观，通过"形义"结合——分析图像，由图得出正比例函数的特征，再抽象出概念，培养学生透过现象看本质的抽象思维能力和运用数形结合思想。新概念的引入虽然与现实世界相关，但是如果能接近学生的实际生活就更好了，这样会使学生注意到该概念的实用性，从而对其感兴趣。在"巩固"中，如果能够增加一些易错点和易混淆点的提示，就更好了。

下面的案例《函数的概念》是编著者在指导湖北师范大学卓越中学数学教师实验班学生刘依娜参加学校讲课比赛做的教学设计，最后参加讲课比赛获得理科组第二名。

案例 3-2-2

函数的概念（第一课时）

一、教材分析

本节《函数的概念》是人教 A 版高中《数学》必修一《函数及其表示》的第一课。从内涵来看，函数是从一个非空集合到另一个非空集合的对应；从知识的角度来说，函数是学生在学习了一次函数和二次函数的基础上的进一步拓展，它上承初中知识，下载高中八大函数基本性质，是派生函数知识的强大"固着点"，它与不等式和数列等知识有密切的联系；从数学思想的角度来看，函数思想是高中最重要的数学思想之一，而函数的概念是函数思想的基础，它既是对前面知识的巩固和发展，更是学好后继知识的基础和工具。

二、学情分析

在本课教学前，学生已经学习了函数的相关知识，有一定的基础，为本节课重新定义函数，提供了知识保证。从实例中抽象归纳出函数的概念时，要求学生从自己的探索过程中得出，对学生的抽象和归纳能力要求比较高，能很好地锻炼学生的抽象思维能力，加深其对函数概念的理解。

三、教学目标

（一）知识与技能

通过实例让学生了解函数是非空数集到非空数集的一个对应；了解构成函数的三要素、函数概念的本质，抽象的函数符号 $f(x)$ 的意义；会求一些简单函数的定义域。

（二）过程与方法

让学生经历函数概念的形成过程，函数的辨析过程，函数定义域的求解过程，以及求函数值的过程；渗透归纳推理，发展学生的抽象思维能力。

（三）情感态度与价值观

体会函数是描述变量之间依赖关系的重要数学模型，在此基础上学会用集合语言来刻画函数，体会对应关系在函数概念中的作用；体验函数思想；感受数学的抽象性和简洁美。

四、教学重难点

教学重点：函数概念的形成，用集合与对应的语言来刻画函数。

教学难点：理解函数概念的本质；符号"$y = f(x)$"的含义；理解函数三要素；发展学生的抽象思维能力。

五、教学策略

（一）教学手段

在本节教学中，将采用教师为主导，学生为主体，发展为中心的新课程理念，通过设计学生合作探究，突破难点；通过展示文字材料引导学生分析材料的共同点和不同点，借助多媒体演示手段，通过"预习导学、问题引领、练习内化、目标检测、分层配餐"五步教学，促进学生主动学习、独立思考，实现个性发展。

（二）教学方法及其理论依据

为了调动学生学习的积极性，充分体现课堂教学的主体性，采用启发、实践、引导教学法，以学生为主体，教师为主导，引导学生运用观察、分析、概括的方法学习这部分内容，在整个教学过程当中，贯穿以学生为主体的原则，充分鼓励和表扬学生。

六、教学准备

信息技术支持：PowerPoint 幻灯片课件。

七、教学流程

教学流程如图 3-1 所示。

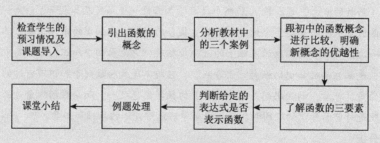

图 3-1　教学流程

八、教学过程设计

环节	师生活动	设计意图
复习引入	温故知新：初中（传统）函数的定义是什么？初中学过哪些函数？ 　　设在一个变化过程中有两个变量 x 和 y，如果对于 x 的每一个值，y 都有唯一的值与它对应，那么就说 x 是自变量，y 是 x 的函数，与自变量 x 的值对应的 y 值称为函数值。这种用变量叙述的函数定义我们称为函数的传统定义。 　　初中已经学过正比例函数、反比例函数、一次函数和二次函数等。 　　初中已学习过函数的概念，它从运动变化的观点描述了变量之间的依赖关系。本节将进一步学习函数及其构成要素。	巩固旧知识，为本节课迁移伏笔。

环节	师生活动	设计意图
问题引领	阅读课本引例，体会函数是描述客观事物变化规律的数学模型的思想。 （一）炮弹的射高与时间的变化关系问题 　　提出问题：你能得出炮弹飞行 5 s、10 s、20 s 时距地面多高吗？其中，时间 t 的变化范围是什么？炮弹距离地面高度 h 的变化范围是什么？ 　　炮弹飞行时间 t 的变化范围是数集 $A=\{t\|0\leqslant t\leqslant 26\}$，炮弹距地面的高度 h 的变化范围是数集 $B=\{h\|0\leqslant h\leqslant 845\}$。 　　从问题的实际意义可知，对于数集 A 中的任意一个时间 t，按照对应关系，在数集 B 中都有唯一确定的高度 h 与之对应，满足函数定义，应为函数。发现解析式可以用来刻画函数。 （二）南极臭氧空洞面积与时间的变化关系问题 　　提出问题：观察分析图中曲线，时间 t 的变化范围是多少？臭氧层空洞面积 S 的变化范围是多少？尝试用集合与对应的语言描述变量之间的依赖关系。 　　根据课本图中曲线可知，时间 t 的变化范围是数集 $A=\{t\|1979\leqslant t\leqslant 2001\}$，臭氧层空洞面积 S 的变化范围是数集 $B=\{S\|0\leqslant S\leqslant 26\}$。 　　引导学生看图，从图中得知，对于数集 A 中的每一个时刻 t 对应 t 时刻曲线在该点的纵坐标。即在数集 B 中都有唯一确定的臭氧层空洞面积 S 与之对应，满足函数定义，也应为函数。发现图像也可以用来刻画函数。 　　对于数集 A 中的任意一个时间 t，按照图中曲线，在数集 B 中都有唯一确定的臭氧层空洞面积 S 与之对应。 （三）"八五"计划以来我国城镇居民的恩格尔系数与时间的变化关系问题 　　提出问题：恩格尔系数与时间之间的关系是否和前两个实例中的两个变量之间的关系相似？如何用集合与对应的语言来描述这个关系？请仿照（一）、（二）描述课本表中恩格尔系数和时间（年）的关系。 　　根据课本表中的数据可知，时间 t 的变化范围是数集 $A=\{1991,1992,1993,1994,1995,1996,1997,1998,1999,2000,2001\}$，恩格尔系数 y 的变化范围是数集 $B=\{53.8,52.9,50.1,49.9,48.6,46.4,44.5,41.9,39.2,37.9\}$。 　　学生探讨交流发现，对于表格中的任意一个时间 t 都有唯一确定的恩格尔系数与之对应，即在数集 A 中的任意一个时间 t 在数集 B 中都有唯一确定的恩格尔系数与之对应，满足函数定义，应为函数，发现表格也可以用来刻画函数。 　　对于数集 A 中的任意一个时间 t，根据课本表中数据，在数集 B 中都有唯一确定的恩格尔系数 y 与之对应。	从案例中找出函数可以用解析式来刻画，培养学生发现问题，分析问题灵活应变的能力。
归纳概念	（1）以上三个实例有什么不同点和共同点？ 　　活动：让学生分小组讨论交流，请小组代表汇报讨论结果。 　　不同点：实例（一）是用解析式刻画变量之间的对应关系，实例（二）是用图像刻画变量之间的对应关系，实例（三）是用表格刻画变量之间的对应关系。 　　共同点：①都有两个非空数集 A，B；②两个数集之间都有一种确定的对应关系；③对于数集 A 中的每一个 x，按照某种对应关系 f，在数集 B 中都有唯一确定的 y 值与之对应，记为 $f:A\rightarrow B$。 　　引导学生思考：在三个实例中，大家用集合与对应的语言分别描述了两个变量之间的依赖关系，其中一个变量都是另一个变量的函数。 （2）你能否用集合与对应的语言来刻画函数，抽象概括出函数的概念呢？ 　　函数的概念：设 A，B 是非空数集，如果按照某种确定的对应关系 f，使对于集合 A 中任意一个数 x，在集合 B 中都有唯一确定的数 $f(x)$ 与之对应，那么就称 $f:A\rightarrow B$ 为从集合 A 到集合 B 的一个函数，记为：$y=f(x),x\in A$，其中，x 称为自变量，x 的取值范围 A 称为函数的定义域，与 x 的值相对应的 y 值称为函数值，函数值的集合 $\{f(x)\|x\in A\}$ 称为函数的值域。注意：值域是集合 B 的子集。	通过集合与对应的语言来刻画初中已学函数，引导学生概括出函数的概念。

环节	师生活动	设计意图
定义剖析	引导学生深刻体会定义的要点 1 所满足的条件。 （1）函数首先是两个数集之间建立的对应。函数的本质是两个非空数集之间一种确定的对应关系。 （2）对于 x 的每一个值，按照某种确定的对应关系 f，都有唯一的 y 值与之对应，这种对应为数与数之间的一一对应或多一对应。 （3）认真理解 $y=f(x)$ 的含义。$f(x)$ 是函数符号，f 表示对应关系，$f(x)$ 表示 x 对应的函数值，$y=f(x)$ 是一个整体，绝对不能理解为 f 与 x 的乘积。在不同的函数中 f 的具体含义不同，由以上三个实例可看出对应关系可以是解析式、图像或表格等。函数除可用符号 $f(x)$ 表示外，还可用 $g(x),F(x)$ 等表示。 （4）函数的三要素是定义域、值域和对应法则。 对应法则 f、定义域 A、值域 $\{f(x)|x\in A\}$，只有当这三要素完全相同时，两个函数才能称为同一函数。	进一步剖析定义，使学生加深理解函数的本质及构成函数的基本要素。
例题讲解	**例** 下列函数中哪个与函数 $y=x$ 相等？ （1）$y=\left(\sqrt{x}\right)^2$　（2）$y=\sqrt[3]{x^3}$　（3）$y=\sqrt{x^2}$　（4）$y=\dfrac{x^2}{x}$ **解**　（1）$y=\left(\sqrt{x}\right)^2=x,x\geq 0$ 与 $y=x,x\in\mathbf{R}$ 定义域不同，两函数不相等。 （2）$y=\sqrt[3]{x^3}=x,x\in\mathbf{R}$ 与 $y=x,x\in\mathbf{R}$ 定义域相同，对应关系相同，两函数相等。 （3）$y=\sqrt{x^2}=|x|=\begin{cases}x,&x\geq 0,\\-x,&x<0\end{cases}$ 与 $y=x,x\in\mathbf{R}$ 定义域相同，对应关系不同，两函数不相等。 （4）$y=\dfrac{x^2}{x}=x,x\in\{x|x\neq 0\}$ 与 $y=x,x\in\mathbf{R}$ 定义域不同，两函数不相等。	使学生更深刻地理解函数的概念，培养学生的数学应用意识。
小结反思	通过这节课的学习，你有哪些收获？ （1）探讨了用集合与对应的语言描述函数的概念，并学习了函数符号 $y=f(x)$。 （2）突出了函数概念的本质：两个非空数集间的一种确定的对应关系。其对应关系可通过解析式、图像或表格来刻画。 （3）明确了函数的三个构成要素：定义域、对应关系和值域。	培养学生反思的习惯，鼓励学生质疑、概括。

九、板书设计

1.2.1　函数的概念

函数的概念：

设 A,B 是非空数集，如果按照某种确定的对应关系 f，对于集合 A 中任意一个数 X，在集合 B 中都有唯一确定的数 $f(x)$ 与之对应，那么就称 $f:A\rightarrow B$ 为从集合 A 到集合 B 的一个函数，记为 $y=f(x),x\in A$。

函数的三要素
定义域
值域
对应关系

下面的案例是第三届全国师范院校师范生教学技能竞赛 1 号选手的教学设计。

案例 3-2-3

函数的概念与图像

一、教材分析

本节课选自普通高中课程标准实验教科书（江苏教育出版社）《数学》必修 1：函数的概念与图像。函数是数学中重要的数学模型，为生活生产的研究提供了重要的理论依据。初中阶段学生已经学习了函数的概念和一些简单的函数模型。在高中阶段，学习了集合之后，将从集合的角度重新认识函数的概念，并且为后继学习基本初等函数奠定基础。因此，本节内容的教学具有承上启下的作用。

二、学情分析

我们从知识基础、能力基础和心理特征三方面分析学情，并用图3-2表示三者的关系。

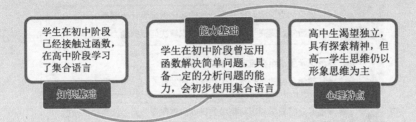

图3-2　学情分析图

三、教学目标

（一）知识与技能

（1）了解函数的概念。

（2）能够利用函数的概念判断对应是否为函数。

（3）初步掌握利用集合语言阐述问题。

（4）能根据函数的概念求解简单的函数问题，如函数的定义域和值域等。

（二）过程与方法

（1）经历观察、分析、归纳、概括等教学过程，实现对新知识的再创造过程。

（2）体会集合语言在数学中的基本应用。

（3）初步体会由特殊到一般的数学方法。

（三）情感态度与价值观

（1）小组合作学习，增强团队意识，培养克服困难的勇气。

（2）培养创新精神，树立学好数学的自信心。

（3）感受函数与生活的联系，发现数学的应用价值。

四、教学重难点

根据教材、学情和教学目标分析，确定本节课的教学重难点如下。

教学重点：函数的概念

教学难点：从集合的角度学习函数的概念，函数概念的简单应用

五、教学方法

多媒体辅助教学。

六、教学手段

利用启发引导和讲练结合的教学方法，突出教师的"引"和学生的"探"，借助多媒体课件，使学生经历知识的发生发展过程，构建知识，形成技能。

七、教学流程

我们从导入新课、探究新知、学以致用、课堂小结和布置作业五个教学环节给出如图3-3所示的教学流程。

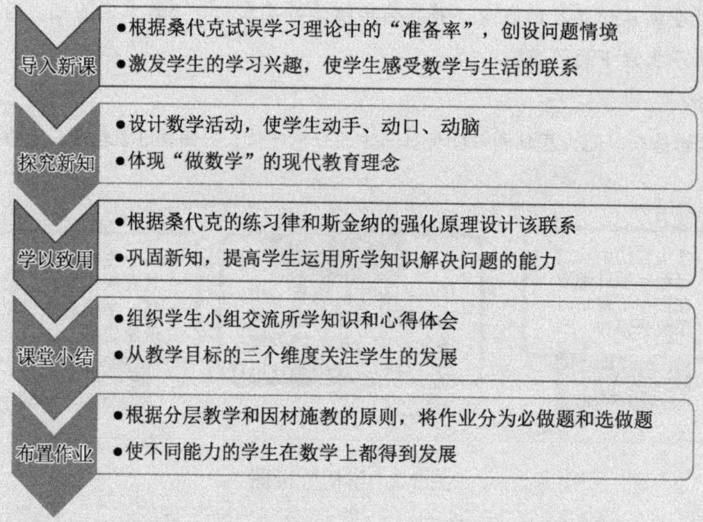
导入新课
●根据桑代克试误学习理论中的“准备率”，创设问题情境
●激发学生的学习兴趣，使学生感受数学与生活的联系
探究新知
●设计数学活动，使学生动手、动口、动脑
●体现“做数学”的现代教育理念
学以致用
●根据桑代克的练习律和斯金纳的强化原理设计该联系
●巩固新知，提高学生运用所学知识解决问题的能力
课堂小结
●组织学生小组交流所学知识和心得体会
●从教学目标的三个维度关注学生的发展
布置作业
●根据分层教学和因材施教的原则，将作业分为必做题和选做题
●使不同能力的学生在数学上都得到发展

图 3-3　教学流程

八、教学过程设计

<table>
<tr><th>教学环节</th><th>教师活动</th><th>学生活动</th><th>设计意图</th></tr>
<tr><td>导入新课</td><td>【问题情境】
（1）组织学生回忆初中学过的函数类型。
（2）进一步帮助学生回忆：在初中，我们把函数看成刻画和描述两个变量之间依赖关系的数学模型。</td><td>回想初中学习过的函数类型。</td><td>温故知新；通过回忆调动学生的积极性。</td></tr>
<tr><td>探究新知</td><td>【观察】教师给出一些现实生活中可能遇到的问题。
例 1　我国 1949～1999 年人口数据资料表。
<table>
<tr><td>年份</td><td>1949</td><td>1954</td><td>1959</td><td>1964</td><td>1969</td><td>1974</td><td>1979</td><td>1984</td><td>1989</td><td>1994</td><td>1999</td></tr>
<tr><td>人口数/百万</td><td>542</td><td>603</td><td>672</td><td>705</td><td>807</td><td>909</td><td>975</td><td>1035</td><td>1107</td><td>1177</td><td>1246</td></tr>
</table>
（引导学生根据表说出我国人口的变化情况）
例 2　一个物体从静止开始下落，下落距离 y(m)与下落时间 x(s)之间近似满足关系式 $y=49x^2$，若这个物体下落 2 s，你能求出它的下落距离吗?
例 3　下图为某市一天 24 h 内的气温变化图。
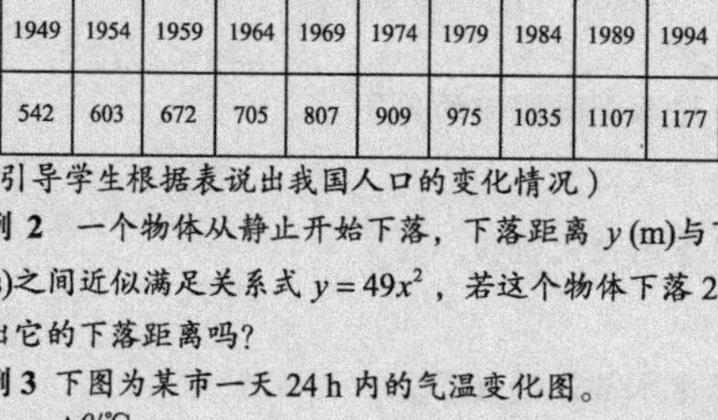
θ/℃
8
6
4
2
O
−2
2 4 6 8 10 12 14 16 18 20 22 24
t/h
引导学生根据图，说出上午 6 h 的气温和全天最高气温等相关信息。
分析（1）组织学生小组总结三个例子的共同特点。
（2）引导学生利用集合的语言阐述上述三个问题的共同特点。
（3）鼓励学生大胆利用集合语言归纳函数的概念。
（4）总结分析函数的概念。</td><td>（1）观察例题。
（2）回答问题。
（3）计算例 2。
（4）看图回答问题。

（1）小组合作讨论三个例子的特点。
（2）代表发言。
（3）利用集合语言描述。
（4）聆听教师的讲授。</td><td>（1）从具体的例子入手，便于学生接受。
（2）由特殊到一般，符合学生认知规律，有助于突破难点。
（3）小组合作学习有利用实现情感目标。
（4）使学生充分经历观察、分析、归纳和概括等教学过程。</td></tr>
</table>

教学环节	教师活动	学生活动	设计意图
学以致用	**例**　判断下列对应是否为函数： （1）$x \to \dfrac{2}{x}, x \neq 0, x \in \mathbf{R}$； （2）$x \to y, y^2 = x, x \in \mathbf{N}, y \in \mathbf{R}$。 **解**　（1）对于任意一个非零实数 x，$\dfrac{2}{x}$ 被 x 唯一确定，所以当 $x \neq 0$ 时，$x \to \dfrac{2}{x}$ 是函数，这个函数也可以表示为 $f(x) = \dfrac{2}{x}, x \neq 0$。 （2）考虑输入值为 4，即当 $x = 4$ 时输出值 y 由 $y^2 = 4$ 给出，得 $y = 2$ 或 $y = -2$。这里一个输入值与两个输出值对应，不是单值对应，所以 $x \to y, y^2 = x$ 不是函数。 　练习题：求下列函数的定义域。 （1）$f(x) = \sqrt{x-1}$；　（2）$g(x) = \dfrac{1}{x+1}$。 **解**　（1）因为只有当 $x-1 \geq 0$，即 $x \geq 1$ 时，$\sqrt{x-1}$ 才有意义，所以这个函数的定义域为 $\{x \mid x \geq 1, x \in \mathbf{R}\}$。 （2）因为只有当 $x+1 \neq 0$，即 $x \neq -1$ 时，$\dfrac{1}{x+1}$ 才有意义，所以这个函数的定义域为 $\{x \mid x \neq -1, x \in \mathbf{R}\}$。	学生独立完成例题。 学生独立完成练习题。	例题主要考察对函数定义的理解。 练习题主要考察函数的相关运算，以提高学生的运算能力。
课堂小结	（1）组织学生小组交流所学知识和心得体会。 ① 今天，我学会了……知识。 ② 今天，我体会了……方法。 ③ 今天，我感受了…… （2）从知识和方法两方面梳理重点。	畅所欲言。	从教学目标的三个维度关注学生的发展。
布置作业	必做题： （1）预习下节内容。 （2）试比较下列两个函数的定义域和值域： 　$f(x) = (x-1)^2 + 1, x \in \{0,1,2,3\}$，　　　$f(x) = (x-1)^2 + 1$ 选做题： （1）课下搜集有关函数的数学史。 （2）思考集合语言的作用。	记录作业。	培养学生课前预习的习惯；渗透数学文化。

九、板书设计

```
              函数的概念与图像

  一、定义          回忆的函数类型

                    例题

  二、分析          练习题
```

　　下面的案例《二次根式的加减》由编著者指导的在职研究生广东省台山市冲蒌中学的梁欢教师提供。

案例 3-2-4

二次根式的加减

台山市冲蒌中学　梁欢

一、教学目标

（一）知识与技能

会判断同类二次根式的方法，掌握二次根式加减的具体步骤，会进行二次根式的加减。

（二）过程与方法

学生通过类比整式加减运算归纳二次根式加减运算的具体步骤，培养观察、类比、归纳的能力。

（三）情感态度与价值观

学生通过观察、类比、归纳了解二次根式加减运算的具体步骤，发展抽象概括能力和类比思想，培养独立思考的学习习惯。

二、教学重难点

教学重点：同类二次根式的判断、加减运算法则及解题步骤。

教学难点：同类二次根式的概念，掌握二次根式加减运算法则及解题步骤。

三、课前准备

（一）资源包

教材、微课视频（二次根式的加减）、导学案。

（二）学生课前准备

（1）阅读教材。

（2）观看微课视频《二次根式的加减》。

（3）完成课前导学内容。

四、教学过程

（一）创设情境，引入课题

为了响应习近平主席建立生态文明的号召，我校将在校园东北角一块长 7.5 m、宽 5 m 的地上用栅栏围成如图 3-4 所示的两个相邻正方形植物园。请问能围成吗？

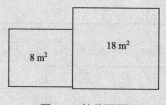

图 3-4　植物园图

【设计意图】问题的提出让学生感受到学习二次根式加减运算的必要性和意义。解决此问题的过程中出现 $\sqrt{8}+\sqrt{18}$，这是学生未知的求和形式，由此激发学生的学习兴趣和探索新知的欲望。

（二）巧设问题，初探新知

上面问题的解决需要计算 $\sqrt{8}+\sqrt{18}$，这是本节课的主要内容。学生在讨论的过程中可能会出现 $\sqrt{8}+\sqrt{18}=\sqrt{26}$ 这样的结果。如果没有出现，教师可以设问 $\sqrt{8}+\sqrt{18}=\sqrt{26}$ 对吗？这个问题进一步激发学生的求知欲，让学生再次讨论运算是否正确，如果不正确，能不能举出反例。学生如果举不出，教师可以举出 $\sqrt{9}+\sqrt{16}=\sqrt{25}$ 这一反例。这说明 $\sqrt{8}+\sqrt{18}$ 不能将根号内的数直接相加，那么该如何运算？

（三）知识回顾，初探新知（课前导学）

1. 知识回顾

（1）什么叫同类项？如何合并同类项？

（2）计算：

①$a + 2a = $ _____；　　　　　②$2a^2 - 3a^2 + 5a^2 = $ _____；

③$x + 2x + 3x = $ _____；　　　④$2a^2 - 3a^2 + 5a^3 = $ _____。

【设计意图】通过上面题目的计算，复习合并同类项的法则。目的是为学生类比合并同类项的方法探究二次根式加减运算方法奠定基础。

2. 探索新知

问题1　你能找到下列式子都有什么共同的特点吗？

①$\sqrt{2} + 2\sqrt{2} = $ _____；　　　②$2\sqrt{3} - 3\sqrt{3} + 5\sqrt{3} = $ _____；

③$\sqrt{5} + 2\sqrt{5} - 5\sqrt{5} = $ _____；　④$\sqrt{3} + 2\sqrt{3} + 3\sqrt{5} = $ _____，

【设计意图】学生通过观察上面4题，初步得（1）、（2）、（3）根号内的数字相同，（4）根号内的数字有相同也有不同。教师总结：我们把被开方数相同的这些二次根式称为同类二次根式，使学生对同类二次根式有初步的了解。

追问1　若将$\sqrt{2}$看成a，则（1）可以化为什么式子？你能类比同类项对其进行计算吗？

【设计意图】通过前面的复习，让学生通过类比合并同类项的方法来合并同类二次根式。

追问2　通过前面的计算我们知道，$2\sqrt{3} + \sqrt{5}$的两个被开方数不同，它们不是同类二次根式，不能合并，所以不能相加。那么$\sqrt{2} + \sqrt{8}$可以合并吗？请同学们相互讨论，并说明你的理由。

【设计意图】同学们通过讨论，可以得出两种结果。一种是不可以，因为它们的被开方数不同；另一种是可以，因为$\sqrt{8}$不是最简二次根式，可化简为$2\sqrt{2}$，此时$2\sqrt{2}$和$\sqrt{2}$的被开方数相同，它们是同类二次根式，故可以相加。通过两种结果的比较，让学生明白，判断同类二次根式要求它们的被开方数相同，这是有前提条件的，这个前提条件是它们要是最简二次根式。

追问3　你能归纳怎样的二次根式才是同类二次根式吗？

【设计意图】学生通过小组讨论、合作交流、归纳判断同类二次根式的方法，通过这一过程培养学生抽象概括的能力，同时为后面二次根式加减解题步骤的提炼打下基础。

归纳总结：判断二次根式是否为同类二次根式有两个步骤，一是先将二次根式化为最简二次根式，二是看它们的被开方数是否相同。

3. 配套练习

（1）下列根式中，与$\sqrt{3}$是同类二次根式的是（　　　）。

A. $\sqrt{24}$　　　　B. $\sqrt{12}$　　　　C. $\sqrt{\dfrac{3}{2}}$　　　　D. $\sqrt{18}$

（2）如果最简二次根式$\sqrt{3a-2}$和$\sqrt{a+4}$是同类二次根式，则$a = $ _____。

（四）提炼方法，巩固新知

师：我们已经知道怎样的二次根式称为同类二次根式。类比于同类项，可以将同类二次根式进行合并。那么我们如何利用已学知识来解决二次根式的加减问题呢？请大家跟着教师一起来解决下面的例题。

1. 例题探讨，提炼方法

例　求$(\sqrt{48} + \sqrt{20}) + (\sqrt{12} - \sqrt{5})$。

问题 2　对于上式，你认为首先要将式子如何转化才能进行加减呢？

【设计意图】引导学生观察能否将式子化为同类二次根式，从而与刚学同类二次根式的内容相衔接，实现知识的迁移。

追问 1　我们观察上面的式子，要化为同类二次根式还应进行哪些步骤？

【设计意图】引导学生得出二次根式加减的第一步骤。

追问 2　二次根式的加减完成第一步骤后，接下来应怎样做？

【设计意图】引导学生得出二次根式加减的第二、三步骤。

教师结合解题思路引导学生总结二次根式的加减运算的步骤是：一化简、二分类、三合并，并将解题过程在黑板上展示。

$$\textbf{解}\qquad 原式 = (4\sqrt{3} + 2\sqrt{5}) + (2\sqrt{3} - \sqrt{5}) \qquad （一化简）$$

$$= (4\sqrt{3} + 2\sqrt{3}) + (2\sqrt{5} - \sqrt{5}) \qquad （二分类）$$

$$= 6\sqrt{3} + \sqrt{5} \qquad （三合并）$$

【设计意图】通过对例题的讲解，使学生进一步巩固二次根式加减法运算的步骤。同时通过示范作用，进一步规范学生的解题格式。

2. 练习巩固

（1）$\sqrt{50} + \sqrt{32}$；

（2）$\sqrt{8} + \sqrt{12} - \sqrt{18}$；

（3）$\sqrt{27} - 2\sqrt{3} - \sqrt{45}$；

（4）$\sqrt{27} - \dfrac{\sqrt{72}}{2} + \sqrt{18}$。

（五）回顾情境，深化新知

解　因为 $\sqrt{18} = 3\sqrt{2} \approx 4.24 < 5$，$\sqrt{8} + \sqrt{18} = 2\sqrt{2} + 3\sqrt{2} = 5\sqrt{2} \approx 7.07 < 7.5$，所以可以围成这样的植物园。

【设计意图】通过解决课前提出的问题，回应本节教学内容。通过问题的解决进一步提高学生利用数学知识解决实际问题的能力。

第三节　数学命题课的教学设计及案例分析

在数学中，我们把在一定范围内可以用语言、符号或式子表达的、可以判断真假的陈述句称为命题。正确的命题称为真命题，错误的命题称为假命题。数学中的公理、公式、性质、法则和定理都是真命题。数学命题通常由题设和结论两部分组成：题设是已知事项，结论是由已知事项推出的事项。数学命题的四种形式分别为原命题、逆命题、否命题和逆否命题。四种命题的关系是：原命题与其逆否命题等价，同一个原命题的逆命题与否命题等价。四类命题真假性关系如表 3-1 所示。

表 3-1　命题真伪关系

原命题	逆命题	否命题	逆否命题
真	真	真	真
真	假	假	真

续表

原命题	逆命题	否命题	逆否命题
假	真	真	假
假	假	假	假

数学命题是进行正确推理的依据，也是论证方法的依据，所以数学命题的教学是获得新知识的必由之路，也是提高数学素养的基础，教学设计应有利于学生透彻理解命题并灵活应用命题。因此，数学命题课是又一重要基本课型。通过命题教学，使学生学会判断命题的真伪，学会推理论证的方法，从而促进学生对数学思想方法的理解和运用，培养数学语言能力、逻辑思维能力、空间想象能力和运算能力，培养数学思维的特有品质。

在进行命题教学时，首先要重视指导学生区分命题的条件和结论；其次要引导学生探索由条件到结论转化的证明思路。数学原命题的证明常常会用证明其等价命题来代替，因此，还要注意引导学生在证明过程中如何进行命题的转换，一定要展示完整的思维过程，并要注意命题转换时的等价性。特别是通过一个阶段的教学后，要及时归纳和小结证明的手段和方法，使学生掌握演绎法的原理和步骤，逐步掌握综合法、分析法、反证法和数学归纳法等证明方法。

一、数学命题课的设计

数学命题的设计一般分为命题的提出与明确、命题的证明与推导，以及命题的应用与系统化三个步骤。

（一）命题的提出与明确

在设计时，要分清已知条件、结论及其应用范围。每个命题都是在且仅在条件完全具备之后才能使用；反之，在不具备这些条件时使用就会出错。同样，应用范围变化了，命题则有可能不成立。对基本问题，要详细讲解，认真作图，教学语言要准确，论证要严格，书写要规范，便于学生模仿。在引导探索时，要允许学生有一个适应和准备的过程，对练习及作业中出现的共同性问题应及时在课堂上集体纠正。还有一些公式的条件是隐含的，如二次函数的极值公式就隐含着顶点横坐标包括在自变量的取值范围之中。另外，公式的外形与特点、命题中的关键词等，都是我们在设计时需要考虑的方面。

（二）命题的证明与推导

命题的教学设计的重点是让学生理解命题的思路与方法，对那些思路、方法和技巧上具有典型意义的要加以总结，从而使学生学会数学思想方法，提高思维能力和分析、解决问题的能力；要着重介绍命题证明的思路，想想条件与结论有无必然联系和依赖性，通常宜采用"分析与综合相结合"的方法，即假定结论成立，看其应具备什么充分条件或从已知条件出发，看其能推出什么结果，即前后结合进行分析；此外，还要考虑是否添加辅助元素（线、角、元等），把要证的问题进行分解、组合或其他转换。

（三）命题的应用和系统化

命题的教学目的之一在于应用，通过应用可以培养学生运用所学知识解决问题的能力。将命题系统化的过程也是知识系统化方法之一。

在命题教学中，不宜把思维过程嚼得过碎，更不能采用灌输式教学方法。例如，不要总是由教师给学生进行化难为易的讲解，也不要步步提示或做铺垫，应积极引导学生养成知难而进，经历化难为易的思维过程的训练，进行学习的有效迁移，使学生养成独立思考、勤奋、目标明确、坚持不懈等良好的个性品质，既能尝试和体会成功的喜悦，又能提高进一步学习的兴趣。对学有余力的学生要适时适度地做他们做专题研究的训练，揭示知识之间的内在联系，让他们获得超出原有知识框架的认知水平，这有助于他们思维的发展和创新，把命题研究和所学知识重新组织，建构新的认知结构。

数学命题的教学设计的重点是结论的发现过程与推导的思考过程，在此过程中可以更好地培养学生的创新精神和思维能力。

例如，"三角形内角和定理"的教学设计，可通过下面若干个实验操作来引导学生发现和认识。

实验1：自己画一个三角形，用量角器量出它的度数。

实验2：先将纸片三角形一角折向其对边使顶点落在对边上，折线与对边平行，然后把另外两角相向对折，使其顶点与已折角的顶点相嵌和，得到结果，观察并猜想三角形内角的和。

实验3：将纸片三角形的顶点剪下，观察是否可以拼成一个平角。

实验4：用橡皮筋构成三角形 ABC，其中 B, C 为定点，A 为动点，放松橡皮筋后，点 A 自动收缩到 BC 上，让学生观察点 A 变动后形成的一系列三角形的内角怎样变化的。

启发学生在观察的基础上得出下面的结论。

（1）三角形各内角的大小在变化过程中是相互联系和相互制约的。

（2）三角形的最大内角不会大于等于 $180°$。

（3）当点 A 离 BC 越来越近的时候，角 A 越来越接近 $180°$，而其他两角越接近 $0°$。

（4）当点 A 离 BC 越来越远时，角 A 越来越小，逐渐趋近于 $0°$，而 AB 与 AC 逐渐趋向于平行，角 B 与角 C 逐渐接近互补的两同旁内角。

以上"三角形内角和定理"的教学设计通过几个不同水平的实验，展示了"三角形内角和定理"提出、验证的过程。实验4不仅显示了三角形变化时其内角的变化规律，而且还蕴涵了极限思想。

二、数学命题课教学应注意的问题

顾明远先生提出数学命题的教学目的是：使学生掌握数学的基本规律，理解数学的基本结构，提高解决问题的能力、发展数学思维。对重要命题的教学应使学生达到以下要求：深刻理解数学命题；了解相关命题之间的内在联系，对某些命题能进行适当的推广，掌握命题的系统；能灵活运用定理解决问题。并给出数学定理与公式的教学应注意以下六个问题。

（1）培养学生的求证思想，使其充分体会证明的必要性。

（2）恰当引出定理，教师应有目的地提供一些研究素材，创设供引入发现定理的情境。例如，先进行实习作业，然后观察实习结果，导出命题；先组织学生进行演算和推理，然后归纳出命题；作出直观图形，分析图形的结构，从而导出命题；通过回忆概念的定义，用简单的推理导入命题；通过回忆命题关系，由一个命题得出其他三个或更多个命题；通过对命题的推广或限定，或者改变某些定理的条件或结论，引入新命题。

（3）使学生切实分清定理、公式的条件和结论，并能借助数学符号表达出来。在初始阶段要特别注意简化式命题和有多个结论的命题。

（4）使学生掌握定理、公式的证明方法，以便了解其来龙去脉并提高能力。

（5）努力使学生建立起有关定理、公式的联系，逐步教会学生把已学过的定理、公式系统化。

（6）使学生能灵活运用定理、公式，为此要恰当安排各类习题并阐释实际问题。

三、数学命题课设计案例及其分析

2013 年，湖北师范大学 2009 届校友雷娜在"二元一次方程组"的教学中，给出几个方程组，让学生进行观察、比较、分析、归纳，通过生生交流，使学生产生认知冲突，互相质疑，互相释疑，逐步完善学生的认知过程，加深对二元一次方程组概念的理解。她在教学过程中，使用了探究式教学法和讨论式教学法，激发了学生自主探究的欲望，开放了课堂，挖掘了自主探究的潜能，更能在学生合作交流中，适时点拨，引导探究的方向，训练了学生自主学习的能力。这样的课堂，师生的教学理念得以更新，学生的主体责任感得到增强，合作意识、交往能力得到了提高，学生的自我价值也得到了体现。

下面的案例《垂直于弦的直径》是雷娜作为黄石市代表参加 2010 年湖北省青年数学教师优质课比赛并获得一等奖的教学设计。雷娜是我校兼职硕士生导师，湖北省优秀数学教师，教育部国培计划项目授课专家，全国数学竞赛优秀教练员，先后获得黄石港区名师、黄石港区工匠、黄石市东楚工匠、黄石市五一劳动奖章、黄石市高效教学先进个人等多项荣誉。2013 年，27 岁的雷娜作为黄石市唯一选手代表湖北省参加第八届全国初中青年数学教师优秀课观摩与评比活动获一等奖，也是全国最年轻的一等奖获得者；2019 年获湖北省第六届中小学青年教师教学竞赛一等奖。

案例 3-3-1

垂直于弦的直径（第一课时）

教学目标	知识技能	（1）探索圆的轴对称性，进而得到垂直于弦的直径所具有的性质。 （2）能够利用垂直于弦的直径的性质解决相关实际问题。
	数学思考	在探索问题的过程中培养学生的动手操作能力，让学生积极投入对圆的轴对称性的探究中，体验到垂径定理是圆的轴对称性质的重要体现。
	解决问题	进一步体会和理解研究几何图形的各种方法；培养学生独立探索、相互合作交流的精神。
	情感态度	使学生领会数学的严谨性和探索精神，培养学生实事求是的科学态度和积极参与的主动精神，培养学生民族自豪感。

重点	经历垂径定理的探究过程、归纳概括和证明垂径定理。		
难点	利用垂径定理解决实际问题。		
教学方法	引导探究、讲练结合的教学方法。		
教学手段	圆规、圆形纸片、三角板、几何画板课件。		
教学流程安排	**活动流程图**		**活动内容和目的**
	活动一：欣赏视频，引入课题		从实例入手，引入课题。
	活动二：动手实验		通过对折圆纸片，探索圆的轴对称性。
	活动三：观察、猜想、证明		探索并归纳概括垂径定理及其推论。
	活动四：讲解例题，反馈练习		利用垂径定理及其推论解题，及时巩固所学知识；拓展创新，培养学生思维的灵活性以及创新意识。
	活动五：小结，布置作业		回顾梳理知识，巩固、提高、发展。

	问题与情景	师生行为	设计意图
教学过程	**【活动一】**欣赏视频，引入课题。 若知道赵州桥主拱桥的跨度和拱高，能否求出赵州桥的主拱桥的半径？	（1）教师播放赵州桥的视频。 （2）教师配乐介绍赵州桥的光荣历史。	（1）培养学生民族自豪感。 （2）激发学生的学习兴趣。
	【活动二】 （一）学生动手操作 问：大家把事先准备好的一个圆，沿着圆的任意一条直径对折，重复做几次，你发现了什么？由此你能得到什么结论？ （二）探索得出圆的对称性 圆是轴对称图形，任何一条直径所在直线都是它的对称轴。 （三）圆有几条对称轴？	学生动手操作，教师观察操作结果，在学生归纳的过程中注意学生语言的准确性和简洁性。 让学生得出结论：①圆是轴对称图形；②圆的对称轴是直径所在的直线；③圆有无数条对称轴。	活动二的设计是在探索问题的过程中培养学生的动手操作能力，使学生感受圆的轴对称性。
	【活动三】 （一）实验 将圆形纸片折出一条弦，再对折，打开得到垂径定理的基本图形，观察它。 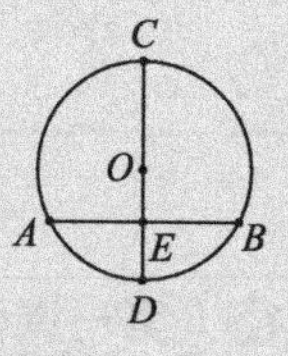 如图所示，AB 是 ⊙O 的一条弦，作直径 CD 使 $CD \perp AB$ 垂足为 E。 （二）猜想、证明 （1）这个图形是轴对称图形吗？如果是，它的对称轴是什么？ （2）你能发现图中有哪些相等的线段和弧？ （三）归纳概括 引导学生归纳垂径定理：垂直于弦的直径平分弦，并且平分弦所对的两条弧。	（1）让学生跟着老师一起按要求折圆形纸片。 （2）通过课件演示，在学生分析、观察的基础上，猜想并证明这个图形是轴对称图形，从而得出 $EA=EB$、$\overset{\frown}{AC}=\overset{\frown}{BC}$、$\overset{\frown}{AD}=\overset{\frown}{BD}$。 （3）分 3 个层次引导学生归纳垂径定理。 ①把这个结论写成一个数学命题。 ②把这个数学命题中的符号转化成文字。 ③这是一条什么样的直径？满足这个条件的直径具有什么样的性质？	（1）通过实验，让学生直观感知这个图形的轴对称性。 （2）再通过课件支撑，引导学生从不同的两个方面（三角形全等和等腰三角形）证明这个图形是轴对称图形。 （3）分 3 个层次训练学生数学文字语言与符号语言之间的互换能力，培养学生的归纳、概括能力。

	问题与情景	师生行为	设计意图
教学过程	（四）探究定理的本质 （1）把直径 CD 改为直线 CD，有什么结论？ （2）把直径 CD 改为半径 OC，有什么结论？ （3）把直径 CD 改为线段 OE，有什么结论？ （五）进一步探究 已知 CD 是直径，且平分弦 AB，你能得到什么结论？ 学生讨论，并归纳得到：平分弦（不是直径）的直径垂直于弦，并且平分弦所对的两条弧。 （六）组织反思对比	④学生独立判断，个别回答. ⑤教师通过课件引导学生思考不断变换已知条件，从而可以得出相应的结论，并归纳得到垂径定理的推论。 ⑥教师告诉学生，除上述定理和推论外，只要一条直线满足①过圆心②垂直于弦③平分弦④平分弦所对的一条弧⑤平分弦所对的另一条弧。这五个要素中的任何两条，就可以推出其他的三条。	（4）让学生体会到垂径定理的本质是一条直线只要满足过圆心、垂直于弦，就可以得到平分弦、平分弦所对的两条弧。过圆心、垂直于弦这两个条件缺一不可。 （5）变换命题的条件，探索能够得到的结论，加深对垂径定理的认识，并由垂径定理可以推出其他几个结论。 给学生留下课后探索推论的空间，并特别举一例，为后面应用推论解决赵州桥的相关问题做好铺垫。
	【活动四】 例 如图所示，已知⊙O 中，弦 AB 的长为 8 cm，圆心 O 到 AB 的距离为 3 cm，求⊙O 的半径。 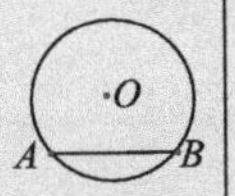 变式 如图所示，已知⊙O 中，弦 AB 的长为 8 cm，OD⊥AB，垂足为 D，交 AB 于 C 点，CD 长为 2 cm，求⊙O 的半径。 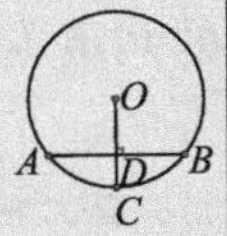 回归引例 赵州桥主桥拱的跨度（弧所对的弦长）为 37.4 m，拱高（弧的中点到弦的距离）为 7.2 m，你能求出赵州桥主桥拱的半径吗？ 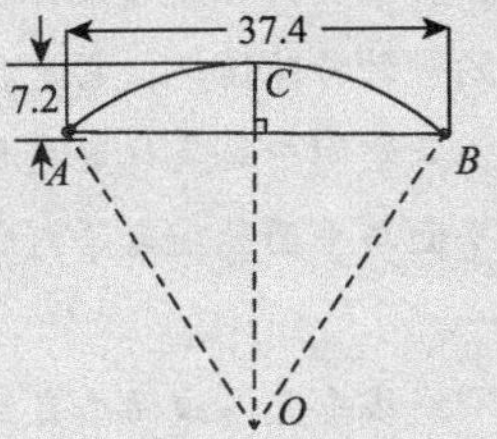	由学生完成例题的求解，熟练运用垂径定理。 变式题请学生演板，教师巡视学生的完成情况。教师引导学生分别应用垂径定理及其推论两种思路来思考问题。	例题进行变式，使问题更具有层次性和探索性。变式题设计是为了让学生更深入地认识垂径定理，并让学生通过半径、半弦、弦心距构造直角三角形，结合垂径定理和勾股定理求半径，培养学生的分析推理能力，并且为引例的解答做好铺垫。 回归引例的设计是让学生在探究过程中，进一步把实际问题转化为数学问题，掌握通过作辅助线构造垂径定理的基本结构图，进而发展学生的思维。
	【活动五】课堂反思与作业反馈。 （1）请你从数学知识、解题方法和数学思想三个方面总结回顾本节课的学习内容，并再一次看图形叙述垂径定理。 （2）教师总结。 （3）布置作业。 必做题：教科书 94 页习题 24.1 第 1 题和第 7 题。 选做题：现有一艘宽 16 m，船舱顶部为方形并高出水面 5.9 m 的船要经过这里，此船能顺利通过这座拱桥吗？	（1）提问个别学生总结这节课的收获。 （2）课后学生独立思考完成。	从数学知识、解题方法和数学思想三个方面总结回顾学习内容，帮助学生学会归纳和反思。 通过自我评价，使学习效果达到最佳。

【板书设计】

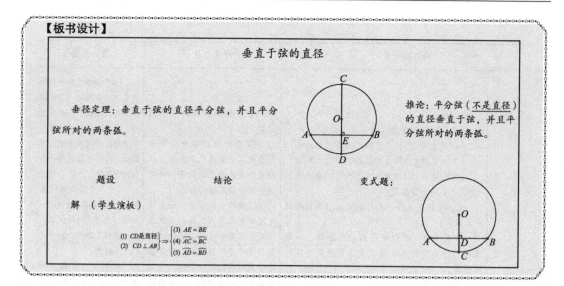

垂直于弦的直径

垂径定理：垂直于弦的直径平分弦，并且平分弦所对的两条弧。

推论：平分弦（不是直径）的直径垂直于弦，并且平分弦所对的两条弧。

题设　　　　　　结论　　　　　　变式题：

解　（学生演板）

(1) CD是直径
(2) $CD \perp AB$
$\Rightarrow$
(3) $AE = BE$
(4) $\overset{\frown}{AC} = \overset{\frown}{BC}$
(5) $\overset{\frown}{AD} = \overset{\frown}{BD}$

下面《直线与平面垂直的判定》的案例，是 2011 年编著者指导湖北师范大学本科生刘炜，参加第二届湖北省普通高校师范专业大学生教学技能竞赛时的自选课题，我们师生从选题、备课、试讲，反复几十次的打磨后形成的教学设计，最终刘炜现场授课，以理科组第一名夺得全省一等奖。

案例 3-3-2

直线与平面垂直的判定（第二课时）

一、教材分析

这一节课的内容是高中《数学》人教版教材，第二册第二章第三节的内容。本节课是在学生学习了直线与平面垂直的定义之后进行的，其主要内容是直线与平面垂直的判定定理及其应用。直线与平面垂直是直线与平面相交中的一种特殊情况，它是空间中直线与直线垂直位置关系的拓展，又是平面与平面垂直的基础，是空间中垂直位置关系之间转化的重心，同时它又是直线和平面所成的角，直线与平面、平面与平面的距离等内容的基础，因此它是空间点、直线、平面间位置关系中的核心概念之一。

本节课学习内容蕴含丰富的数学思想，即"线线垂直与线面垂直互相转化"。直线与平面垂直是研究空间中的线线关系和线面关系的桥梁，为后继面面垂直的学习奠定基础。

二、学情分析

（一）起点能力分析

学生已有的认知基础是熟悉的日常生活中的具体直线与平面垂直的直观形象（学生的客观现实）和直线与平面垂直的定义（学生的数学现实），这为学生学习直线与平面垂直的判定定理打下了基础。学生学习的困难在于如何从折纸实验中探究出直线与平面垂直的判定定理。

（二）学习行为分析

本节课安排在立体几何的初始阶段，是学生空间观念形成的关键时期，课堂上学生在教师的指导下，通过动手操作、观察分析和自主探索等活动，切身感受直线与平面垂直判定定理的形成过程，体会蕴涵在其中的思想方法。继而通过课本例 1 的学习概括直线与平面垂直的几种常用判定方法。最后通过练习与课后小结，使学生进一步加深对直线与平面垂直的判定定理的理解。

三、教学目标

（一）知识与技能

通过观察图片和折纸实验，使学生理解归纳和确认直线与平面垂直的判定定理，并能简单应用判定定理。

（二）过程与方法

通过对判定定理的探究和运用，初步培养学生的几何直观能力和抽象概括能力。

（三）情感态度与价值观

通过对探索过程的引导，努力提高学生学习数学的热情，培养学生主动探究的习惯。

四、教学重难点

教学重点：对直线与平面垂直的判定定理的理解及简单应用。

教学难点：探究、归纳直线与平面垂直的判定定理，体会定理中所包含的转化思想。

五、教学策略

（一）教学手段

为了让学生充分理解和掌握直线与平面垂直的判定定理，突破难点，在教学过程中，采用探究式实践探究引出定理，以一个运用定理的例子，来进行教学。探究中每个学生亲手操作，教师引导证明结论，进而得出定理。这样学生就更容易理解和掌握定理，最后用一个练习巩固知识。

（二）教学方法及其理论依据

为了调动学生学习的积极性，充分体现课堂教学的主体性，采用启发、实践、引导教学法，以学生为主体，教师为主导，引导学生运用观察、分析、概括的方法学习这部分内容，在整个教学过程当中，贯穿以学生为主体的原则，充分鼓励和表扬学生。

六、教学准备

（1）信息技术支持：PowerPoint 幻灯片课件、几何画板动画课件。

（2）实物支持：三角形纸片多张。

七、教学过程设计

教师活动	学生活动	设计意图
【情景引入】（预计 1 min） 图中直线与平面有怎样的位置关系？（垂直）  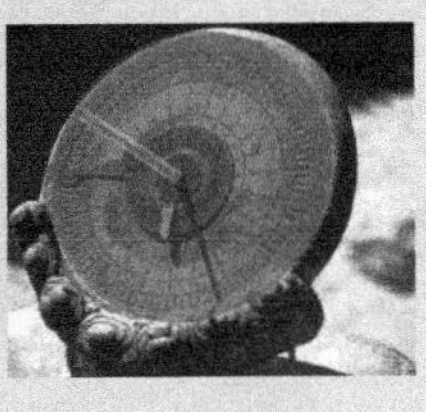 在实际生活中工匠是如何使一条直线与一个平面垂直的呢？ 教师引导学生思考数学问题，直线与平面垂直的判定。由此引出课题。	学生观察图片，思考生活中直线与平面垂直的例子，积极发言。	从实际背景出发，直观感知直线与平面垂直的位置关系，提出问题，引出课题。

教师活动	学生活动	设计意图
【复习巩固】（预计 3 min） （1）直线与平面垂直的定义。 　　如果直线 l 与平面 α 内的任意一条直线都垂直，我们就说直线 l 与平面 α 互相垂直。 （2）辨析。 　　以下命题是否正确，为什么？ 　　如果一条直线垂直于一个平面内的无数条直线，那么这条直线与这个平面垂直。 　　教师提示学生注意无数条与定义中任意一条的区别，引导学生判断命题的正误。总结出判断一条直线与平面不垂直的方法，为后续的定理探究作铺垫。	学生回顾已学知识，辨析命题，得出结果，回答问题。	通过问题辨析，加深概念的理解，掌握概念的本质属性。由命题使学生明确定义中的"任意一条直线"是"所有直线"的意思，定义的实质就是直线与平面内所有直线都垂直。
【定理探究】（预计 10 min） （一）提出问题 　　如何判定一条直线与平面垂直？教师引导学生思考定义法，发现不能一一验证，进而激发学生去寻找简单易操作的方法。 （二）动手实践 　　教师将准备好的三角形纸片发给学生，带领学生一同做实验。 　　如图所示，过 $\triangle ABC$ 的顶点 A 翻折纸片，得到折痕 AD，将翻折后的纸片竖起放置在桌面上，BD、DC 与桌面接触。 　　折痕 AD 与桌面垂直吗？如何翻折才能使折痕 AD 与桌面所在的平面垂直？ 　　在折纸实验中，会出现"垂直"和"不垂直"两种情况，引导学生进行交流，根据直线与平面垂直的定义分析"不垂直"的原因。学生再次折纸，进而探究直线与平面垂直的条件。 　　只要保证折 AD 是 BC 边上的高，即 $AD \perp BC$，翻折后折痕 AD 就与桌面垂直。最后利用多媒体演示翻折过程，并用定义证明此时直线与平面垂直，同时增强几何直观性。 （三）归纳总结 　　根据上面的试验，由折痕 $AD \perp BC$，翻折之后垂直关系不变，即 $AD \perp CD$，$AD \perp CD$ 发生变化吗？由此你能得到什么结论？ 　　教师引导学生回忆出"两条相交直线确定一个平面"，以及直观过程中获得的感知，将"与平面内所有直线垂直"逐步归结到"与平面内两条相交直线垂直"，进而归纳出直线与平面垂直的判定定理。 　　直线与平面垂直的判定定理：一条直线与一个平面内的两条相交直线都垂直，则该直线与此平面垂直。 　　教师可以灵活利用问题：如果一条直线与两条平行线垂直，那么这条直线垂直于这两条平行线所确定的面吗？强调"相交"。 　　最后给出判定定理的符号语言。	学生独立思考教师提出的问题。 　　学生利用教具亲自动手进行实验，首先按照教师所画的折痕折叠，观察折痕是否与桌面垂直；在教师引导下再次进行折纸，经过小组讨论交流，找到与桌面垂直的折痕，并用定义法证明为何直线与平面垂直或不垂直。 　　学生观察教具，回顾实验过程，在教师的引导下用自己的语言总结结论，归纳判定方法，依据教师的补充纠正、完善判定定理的内容。	通过提出问题，寻找具有可操作性的判定方法，激发学生自主探索的欲望及对知识的渴求。 　　通过实验，引导学生独立发现直线与平面垂直的条件，培养学生的动手操作能力和几何直观能力；并着重引导学生用严密的数学推理证明直观感知，培养良好的数学习惯。 　　引导学生根据直观感知及已有知识经验，进行合情推理，获得判定定理。

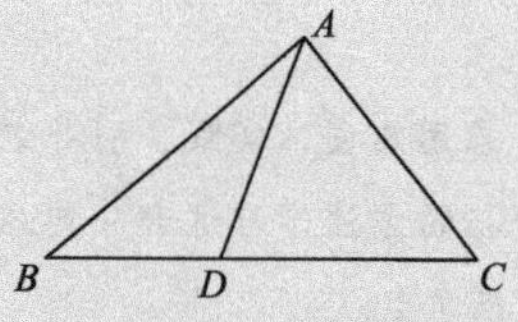

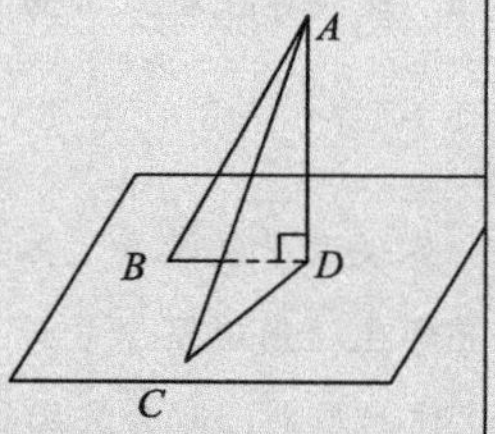

教师活动	学生活动	设计意图
【练习拔高】（预计 3 min） 例　如图所示，已知 $a \parallel b$，$a \perp \alpha$，求证：$b \perp \alpha$。 教师引导学生分析思路，提示辅助线的添法。同时指出：本例结果可以作为直线与平面垂直的又一个判定定理。这样判定一条直线与已知平面垂直，可以用这条直线垂直于平面内两条相交直线来证明，也可以用这条直线的平行直线垂直于平面来证明。	学生根据教师提示在练习本上完成证明步骤，对照课本 73 页例 1，完善自己的解题步骤。	进一步感受如何运用直线与平面垂直的判定定理证明线面垂直，体会转化思想在证题中的作用，发展学生的几何直观能力和推理论证能力。
【应用拓展】（预计 1 min） 在生活的各个方面都有应用到直线与平面垂直的判定定理的例子，如图所示。 介绍我国古人智慧的结晶——日晷，引导学生运用本节课所学的知识思考古代工匠如何做可以保证晷针垂直与晷面。 最后回到课前天安门广场的旗杆树立问题，让同学们课下探讨。	学生体验生活中运用到的判定定理的例子，拓展思考古代工匠如何使晷针垂直与晷面，体会历史文化中蕴含的数学思想。	将数学应用的实际，提高数学学习的实用性，培养学生运用数学知识解决生活中问题的能力，同时体会我国古代灿烂文明中蕴含的数学思想。
【小结反思】（预计 1 min） （1）直线与平面垂直的判定定理。 （2）判定定理中体现了什么数学思想？（转化的数学思想） 教师针对学生发言给予补充，归纳出判断直线与平面垂直的方法。	学生回顾本节课的主要内容，回答提问，互相补充。	培养学生反思的习惯，鼓励学生对问题多质疑、多概括。

八、板书设计

§2.3.1　直线与平面垂直的判定

判定定理：一条直线与一个平面内的两条相交直线都垂直，则该直线与此平面垂直。

$$\left. \begin{array}{l} l \perp a \\ l \perp b \\ a \subset \alpha \\ b \subset \alpha \\ a \cap b = A \end{array} \right\} \Rightarrow l \perp \alpha$$

九、教学反思

本节课所要达到的预期效果是让学生掌握并会简单运用直线与平面垂直的判定定理。

首先，在探究活动中，让学生带着问题进行探究，可以调动学生学习的积极性，让学生亲自动手发现问题，教师再引导解决问题，在证明探究结论的正确与否时采用中学教学中常用的几何画板软件展示动画，给予学生准确的直观感受，充分利用多媒体教学的优势；其次，在巩固练习中选用另一个判定直线与平面垂直的方法命题作为题目，拓展学生知识；最后，将定理运用到生活实践中去，反映数学的应用性，也培养了学生运用数学知识解决实际问题的能力，让学生更爱数学更喜欢学数学。

教学过程中应多关注学生的表情及回答的反应等，以便及时地好地反馈更多学生对课堂内容的掌握程度。

下面的案例是由福建省宁德市第一中学叶洪康教师设计。

案例 3-3-3

全等三角形的判定

福建省宁德第一中学　叶洪康

一、教学目标

（一）知识目标

掌握"边边边"条件的内容，并能初步应用"边边边"条件判定两个三角形全等。

（二）能力目标

使学生经历探索三角形全等条件的过程，体会如何探索研究问题，并初步体会分类思想，提高学生分析问题和解决问题的能力。

（三）思想目标

通过画图、比较、验证，培养学生注重观察、善于思考、不断总结的良好思维习惯。

二、教学重难点

教学重点：利用"边边边"证明两个三角形全等。

教学难点：探究三角形全等的条件。

三、教学过程

（一）复习提问

（1）什么叫全等三角形？

（2）全等三角形有什么性质？

（3）若△ABC≌△DEF，点 A 与点 D，点 B 与点 E 是对应点，试写出其中相等的线段和角。

（二）新课讲解

问题 1　如图 3-5 所示，在△ABC 和△DEF 中，$AB = DE$，$BC = EF$，$AC = DF$，$\angle A = \angle D$，$\angle B = \angle E$，$\angle C = \angle F$，△ABC 和△DEF 全等吗？

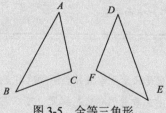

图 3-5　全等三角形

问题 2　△ABC 和△DEF 全等是不是一定要满足 $AB = DE$，$BC = EF$，$AC = DF$，$\angle A = \angle D$，$\angle B = \angle E$，$\angle C = \angle F$ 这六个条件呢？若满足这六个条件中的一个、两个或三个条件，这两个三角形全等吗？

一个条件可分为：一组边相等和一组角相等。

两个条件可分为：两个边相等、两个角相等、一组边一组角相等。

（1）只给一个条件（一组对应边相等或一组对应角相等）。

① 只给一条边，如图3-6所示。

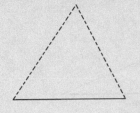 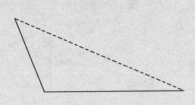 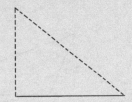

图3-6　只给一条边

② 只给一个角，如图3-7所示。

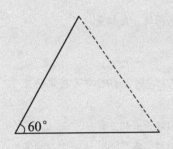 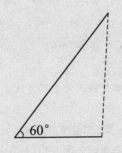 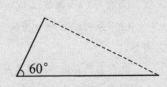

图3-7　只给一个角

（2）给出两个条件。

① 一边一内角，如图3-8所示。

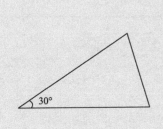 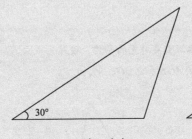 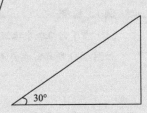

图3-8　一边一内角

② 两内角，如图3-9所示。

③ 两边，如图3-10所示。

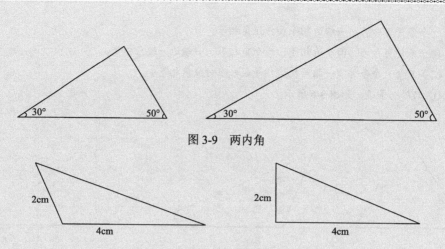

图 3-9　两内角

图 3-10　两边

问题 3　两个三角形若满足这六个条件中的三个条件能保证它们全等吗? 满足三个条件有几种情形呢?

(3) 给出三个条件。

三个条件可分为三条边相等、三个角相等、两角一边相等、两边一角相等。

例　画 $\triangle ABC$, 使 $AB=2$, $AC=3$, $BC=4$。

画法　(1) 画线段 $BC=4$。

(2) 分别以 A 和 B 为圆心,以 2 和 3 为半径作弧,交于点 C,则 $\triangle ABC$ 即为所求的三角形。

把你画的三角形与同桌所画的三角形剪下来进行比较,它们能否互相重合?

归纳　有三边对应相等的两个三角形全等,可以简写成"边边边"或"SSS"。用数学语言表述: 在 $\triangle ABC$ 和 $\triangle DEF$ 中,

$$\begin{cases} AB=DE \\ BC=EF \\ CA=FD \end{cases}$$

故 $\triangle ABC \cong \triangle DEF$(SSS)。

(三) 题例训练

例 1　填空。

(1) 在下列推理中填写需要补充的条件,使结论成立。

如图 3-11 所示,在 $\triangle AOB$ 和 $\triangle DOC$ 中,

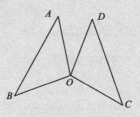

图 3-11　例 1 图(1)

$$\begin{cases} AO=DO & （已知） \\ \underline{\quad}=\underline{\quad} & （已知） \\ BO=CO） & （已知） \end{cases}$$

所以△AOB≌△DOC（SSS）。

（2）如图3-12所示，$AB=CD$，$AC=BD$，△ABC和△DCB是否全等？试说明理由。

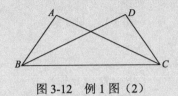

图3-12　例1图（2）

解　△ABC≌△DCB，理由如下。

在△ABC和△DCB中，

$$\begin{cases} AB=DC \\ AC=DB \\ \underline{\quad}=\underline{\quad} \end{cases}$$

所以△ABC≌（　　　）。

例2　如图3-13所示，△ABC是一个刚架，$AB=AC$，AD是连接A与BC中点D的支架。求证：△ABD≌△ACD。

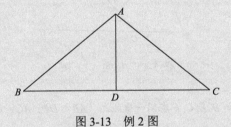

图3-13　例2图

证明　因为D是BC中点，$BD=CD$。

在△ABD和△ACD中，

$$\begin{cases} AB=AC & （已知） \\ AD=AD & （公共边） \\ BD=CD & （已证） \end{cases}$$

所以△ABD≌△ACD（SSS）。

证明的书写步骤如下。

（1）准备条件：证全等时，把要用的条件要先证好。

（2）三角形全等书写步骤。

① 写出在哪两个三角形中。

② 摆出三个条件用大括号括起来。

③ 写出全等结论。

例3　如图3-14所示，在四边形ABCD中，$AB=CD$，$AD=BC$，求证：$\angle A=\angle C$。

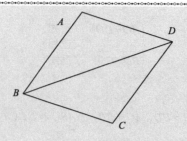

图 3-14　例 3 图

证明　在△ABD 和△CDB 中，

$$\begin{cases} AB=CD & （已知）\\ AD=BC & （已知）\\ BD=DB & （公共边） \end{cases}$$

所以△ABD≌△CDB（SSS），从而∠A = ∠C（全等三角形的对应角相等）。

练习

（1）如图 3-15 所示，D, F 是线段 BC 上的两点，AB = EC, AF = ED，要使△ABF≌△ECD，还需要条件（　　　）。

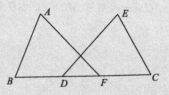

图 3-15　练习（1）图

（2）如图 3-16，已知 B, E, C, F 在同一直线上，AB = DE, AC = DF 且 BE = CF，求证：△ABC≌△DEF。

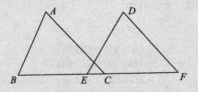

图 3-16　练习（2）图

（四）小结

（1）本节所讲主要内容为利用"边边边"证明两个三角形全等。

（2）证明三角形全等的书写步骤。

（3）证明三角形全等应注意的问题。

（五）作业

（1）教材第 103 页习题 13、2 第（1）、（2）、（9）三题。

（2）思考题：如图3-17所示，已知$AC = AD$，$BC = BD$，求证：$\angle C = \angle D$。

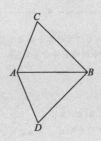

图3-17　作业（2）图

　　下面的案例《直线与平面平行的判定》是编著者指导在职研究生广东省新会一中黄小彤教师讲授的一堂公开课的教学设计。

案例 3-3-4

直线与平面平行的判定

广东省新会一中　黄小彤

课题	直线与平面平行的判定		
教学目标	知识和技能目标：掌握直线与平面平行的判定定理；会用该定理判定直线与平面平行。 过程与方法目标：引导学生观察实物，分析图形，合作探讨，"发现"直线与平面平行的判定定理。 情感态度与价值观目标：通过对判定定理的归纳与应用，倡导学生合作交流探究，培养学生空间想象能力。		
重点难点	教学重点：直线与平面平行的判定定理的归纳与运用。 教学难点：直线与平面平行的判定定理的运用。		
教学模式	引导发现，探究式学习。		
教学辅助手段	多媒体辅助教学。		
	教学过程		
知识回顾	回顾空间直线与平面的位置关系。		
	空间直线与平面的位置关系	图形表示	符号表示
	直线在平面内		$a \subset \alpha$
	直线与平面相交		$a \cap \alpha = A$
	直线与平面平行		$a /\!/ \alpha$

教学过程

新课讲授

（一）创设情景

生活中，关门时门的一边所在直线与门框所在平面具有怎样的位置关系？

（鼓励学生交流，去发现更多生活中的线面平行关系。）

（二）提出问题

如何判定直线与平面平行呢？

（三）归纳猜想

如图所示，若 $a \parallel b, a \not\subset \alpha, b \subset \alpha$，则 $a \parallel \alpha$。

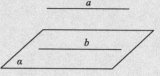

证明　（反证法）假设直线 a 不平行平面 α，又 $a \not\subset \alpha$，则设 $a \cap \alpha = A$。过点 A 在平面 α 作直线 c，使得 $b \parallel c$，则 $a \cap c = A$。因为 $a \parallel b$　$b \parallel c$，所以 $a \parallel c$，这与 $a \cap c = A$ 矛盾，所以假设不成立，即证。

（四）形成定理

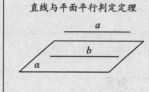

直线与平面平行判定定理

平面外一条直线与此平面内的一条直线平行，则该直线与此平面平行。

$$\left.\begin{array}{l} a \parallel b \\ a \not\subset \alpha \\ b \subset \alpha \end{array}\right\} \Rightarrow a \parallel \alpha$$

（五）迁移运用

练习　（1）判断下列命题是否正确。

① 若 $a \parallel \alpha, a \parallel b$，则 $b \parallel \alpha$。

② 若一条直线与一个平面内无数条直线平行，则该直线与这个平面平行。

（2）如图所示，长方体的六个面都是矩形。

① 直线 AB 与平面 A_1C_1 的位置关系是_____。

② 与直线 AD 平行的平面有_____。

③ 与平面 A_1D 平行的直线有_____。

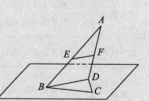

例　如图所示，空间四边形 $ABCD$ 中，E,F 分别是 AB,AD 的中点，判断直线 EF 与平面 BCD 的位置关系并证明。

练习　（1）（教材 P56 练习 2）如图所示，正方体 $ABCD - A_1B_1C_1D_1$ 中，E 为 DD_1 的中点。求证：$BD_1 \parallel$ 平面 ACE。

（2）如图所示，四棱锥 $P\text{-}ABCD$ 的底面 $ABCD$ 是平行四边形，M,N 分别是 AB,PC 的中点。求证：$MN \parallel$ 平面 PAD。

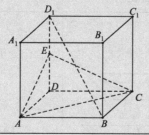

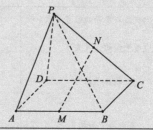

课堂小结

（1）证明线面平行的方法：①定义；②判定定理。

（2）线面平行判定定理："线线平行，则线面平行"。

（3）使用直线与平面平行判定定理的关键是寻找平行线，如①三角形中位线与底边平行；②平行四边形对边平行。

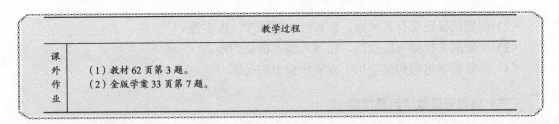

教学过程	
课外作业	（1）教材62页第3题。 （2）金版学案33页第7题。

第四节　数学问题课的教学设计及案例分析

爱因斯坦说："提出一个问题比解决一个问题更重要"。数学家哈尔莫斯说："问题是数学的心脏。"课堂提问是数学教学中经常采用的教学手段和教学技巧，更是教育艺术。

为什么数学教师偏爱提出数学问题？究其原因是"疑问"可以激发学生的好奇心，引发学生的学习兴趣。有意识地将"疑问"设在新知识中，引起矛盾冲突，可以使学生学习心理始终处于最佳状态，并能在学习活动中逐步形成一种强烈而又稳定的问题意识，始终保持一种怀疑和探究的心理。学生学习的过程就是一个从发现问题到解决问题的过程，从这个意义上来说，使学生有疑问才算是成功的教学。于是，在教学中，教师巧妙设计问题，引发学生思考，并在思考中提出新的问题，这样一步一步剖析问题，直至最终解决问题。

本节我们不探讨数学教学中的课堂提问，而是就数学问题课的教学进行探讨。

一、数学问题课的设计

数学问题课教学设计的中心任务就是设计一个或一组问题，把数学教学活动组织成提出问题和解决问题的过程，让学生在解决问题的过程中"做数学"、学数学、增长知识、发展能力。数学问题于数学教学设计的作用不仅仅是创设出一个数学问题境界，使学生进入"愤"和"悱"的状态，更重要的是为学生的思维活动提供一个好的切入口，为学生的学习活动找到一个载体，从而给学生更多的思考、动手和交流的机会。

（一）好的数学问题

什么样的数学问题是好的数学问题？好的数学问题应该具备以下特点。

（1）问题具有较强的探索性，要求人们具有某种程度的独立性、判断性、能动性和创造性。

（2）问题具有现实意义或与学生的实际生活有着直接的联系，有趣味和魅力。

（3）问题具有多种不同的揭发或有多种可能的解答，即开放性。

（4）问题能推广或扩充到各种情形。

（二）教学中的数学问题设计

教学中的数学问题设计要兼顾以下几点。

（1）要选择学生能力的"最近发展区"内的问题，教师在细致地钻研教材、研究学生的思维发展规律和知识水平的基础上，提出既有一定难度又是学生力所能及的问题。

（2）问题的提出要有艺术性、新颖性、趣味性、现实性。

（3）问题的安排要有层次性，由浅入深，由易到难。

（4）能将数学思想和模型用于探索所提出的问题。

（三）如何创设数学问题情境

在数学教学中提出好的数学问题，需要创设数学问题情境，如何创设数学问题情境呢？

（1）以数学故事和数学史实创设问题情境，吸引学生的注意力，激发学生的学习兴趣，如勾股定理可简单介绍勾股定理发现发展史。

（2）以数学知识的产生、发展过程创设问题情境，让学生了解数学知识的实际发展过程，学习数学家探索和发现数学知识的思想和方法，实现对数学知识的再发现过程。这种方法尤其适用于数学定理和数学公式。例如，三角形内角和定理、求锥体体积可以通过实验观察发现结论；平行线的性质定理和判定定理，可以通过平行线的作图或度量同位角来发现；数的运算律可通过计算结果来发现。

（3）以数学知识的现实价值创设问题情境，让学生领会学好数学的社会意义。数学具有广泛的应用性，如果我们在数学教学中能恰当地揭示数学的现实价值，就能在一定程度上激发学生的学习兴趣，有利于学生的学习。例如，教师可用下面的例子来引导学生学习统计和概率的知识。有一则广告称"有 75% 的人使用本公司的产品"，你听了这则广告有什么想法？通过对这个问题的讨论，学生可以知道对 75% 这样的数据，要用统计的观念去分析，要考虑样本是如何选取的，样本的容量多大等。若公司调查了 4 个人，其中有 3 个人用了这个产品，就说"有 75% 的人使用本公司的产品"，这样的数据显然不可信，因此应对这个数据的真实性和可靠性提出质疑。

（4）以数学悬念来创设问题情境。设置悬念是利用一些违背学生已有观念的事例或互相矛盾的推理造成学生的认知冲突，引发学生的思维活动，激发学生的学习兴趣。例如，计算 $\sin(x+y)$ 时，可让学生判断 $\sin 30° + \sin 60° = \sin 90°$ 是否成立，以避免 $\sin(x+y) = \sin x + \sin y$ 的错误猜想，通过这一反例，不仅给学生留下了深刻的印象，也进一步唤起了他们要探索 $\sin(x+y)$ 究竟等于什么的求知欲。

（5）以数学活动和数学实验创设问题情境。让学生通过动脑思考、动手操作，在"做数学"中学到知识，获得成就感，体会到学习数学的无穷乐趣。例如，在义务教育第三学段空间与图形的内容的教学中，可组织学生进行观察、操作、猜想、推理等活动，并交流活动的体验，帮助学生积累数学活动的经验，发展空间观念和有条理地思考。又如，在讲"对顶角"的概念时，可组织学生进行如下活动：用硬纸片制作一个角，把这个角放在白纸上描出角 $\angle AOB$，再把硬纸片绕着点 O 旋转 $180°$，并画 $\angle A_1OB_1$。在探索的过程中，学生不仅能自动地获取知识，而且能不断丰富教学活动的经验，学会探索，学会学习。

（6）以计算机作为创设数学情境的工具，充分发挥现代教育技术的创新教育功能。目前，计算机已进入中学课堂，成为教师教学不可多得的得力助手。在实际教学过程中，我们可以用计算机制作课件，增强数学教学的生动性和趣味性，吸引学生的注意力，激发学生的学习兴趣，使学生能积极参加教学的全过程，提高教学效率和教学质量。例如，进行函数 $y = A\sin(ax + b)$ 的图像教学，可通过一定的编程程序，在计算机屏幕上展现由 $y = \sin x$ 的图像经变化相位、周期和振幅等得到 $y = A\sin(ax + b)$ 图像的动态变化过程，同时可以针对学生的认知误区，通过画面图像的闪烁和不同色彩，清楚地表示相位和周期的顺序所带来的不同。

良好的问题情境可使教学内容触及学生的情绪和意志领域，成为提高教学效率的手段，问题情境可以贯穿整个数学问题课教学始终。

（四）数学问题课的教学设计流程

一堂数学问题课的教学设计流程包括引出问题、提出问题、分析问题、解决问题、问题的反思和变化提出新的问题，进入下一个问题流程的反复循环过程，直至完成本节课的教学任务。

1. 引出问题

在解决数学问题时，常常用问题情境来引导学生产生数学问题解决行为并维持这种行为的条件和背景。引出问题的问题情境可以是一个待解决的问题、一份包含问题的材料，或某种具有特殊意义（引起学生思维冲突等）的教学场景，目的是营造一种气氛，激发学生解决问题的欲望，所以不宜太长太多。

2. 提出问题

提出问题是指，从问题情境中寻找线索，组织问题信息，并作出问题表征。所以提出问题还需要设计相关活动来帮助学生用数学语言来描述问题，理解问题的本质，为分析问题做准备。实际教学中发现，有些学生对问题本身不太明确，盲目尝试分析解决问题，结果事倍功半。

3. 分析问题

分析问题是指，学生在弄清楚要解决什么问题之后，对问题进行透彻地分析，包括已知哪些条件、每个条件有什么用、条件相互之间的逻辑关系是什么、要得到什么结果，以及是从条件推导得到结果（综合法）还是从结果来反推条件（分析法）。我经常将解决数学问题比喻为"架桥"：架起"已知条件"到"未知结论"之间的"桥"，可以一头往另一头走（综合法和分析法二者之一），也可以两头往中间走（同时应用两种方法），通过对问题的分析，找到解决问题的策略。分析问题是关键，也是重点，可以分解问题，将一个大的问题转化为若干个小问题，甚至分解为问题串来逐步解决。因此，教师在这个环节要结合学情，选择恰当的方式帮助学生积极思考，分析问题。

4. 解决问题

在分析问题的基础上，尝试解决问题，包括试误法和经验法等，得到解决问题的策略，进一步制定解决问题的计划和方案。再依据方案，逐步解决问题，直到最终给出问题的正确答案。

5. 问题的反思和变化提出新的问题

问题解决了，并不是立马结束，而是要对这个问题进行反思。反思解决问题的思维过程，总结思维方法，提升数学思维能力。还需要对问题进行延拓、推广，从而提出新问题，可以是变式，可以是延伸，也可以是问题的关联等。

基于上述问题解决的过程，充分考虑学情，设计课堂教学流程。

二、数学问题课设计案例及其分析

下面的案例是编著者同湖北师范大学兼职硕士生导师余锦银（原大冶市第一中学教师，现任黄石市教育研究院研究员）一起给研究生作教学研讨时，余教师提供的他在大冶一中任教时做的关于问题课的一个教学设计。

案例 3-4-1

阅读材料："抽签有先后，对各人公平吗？"

一、创设情景，导入新课

师：抽签在日常生活中是一种常见的现象，当人们遇到诸如"我校 15 个理科班，15 名理科班主任，分班时各位班主任带哪个班？"这一类问题时，往往就用抽签的方法去解决。有理由相信，几乎每一个中学生在他成长的过程中都有过抽签的经历，因而可以说抽签是大家都熟悉的事物。试想，分别代表 15 个理科班的标签已做好，如果你是其中一名班主任，你是抢先摸还是最后摸？

很多学生都脱口而出：抢先摸！

师：如果先摸、后摸实际效果都一样，那你是先摸还是后摸？

生：后摸。

师：为什么？

生：后摸显得更有风度。

师：很好！看来同学们对习以为常的抽签并没有深入本质的理解，其实先摸、后摸效果都一样。美丑是父母给的，但风度和气质是自己修炼的，为了同学们将来更有风度，让我们一起来探究抽签问题吧！

二、合作交流，解读探究

师：请奇数排同学向后，偶数排同学不动，4~6 人一组，通力合作，共同研究下面的探究问题。方法越多越好，问题越深入越好。最后看哪组的合作研究能力最强！

探究问题 1　从 5 张彩票中仅有 1 张中奖彩票，5 个人按照排定的顺序从中各抽一张以决定谁得到其中的奖票，分别求先后抽的 5 个人各自抽到奖票的概率。并分析先后抽对每个人来说是否公平？

（3 min 后）师：哪个组愿意在第一时间将自己的研究成果拿出来分享？

生：我们已经有了研究成果，但我们对题意还有一个争论的问题："后抽的人知不知道先抽的人是否中奖呢？"

教师注意到这一点也是其他组争议的一个模糊点，于是就反问：难道大家认为概率是事后诸葛亮吗？我们进行的当然是抽奖行动开始前的理论研究。

生接着分析:这样,对第 1 个抽票者来说,他从 5 张票中任抽 1 张,得到奖票的概率 $P_1 = \frac{1}{5}$。

为了求得第 2 个抽票者抽到奖票的概率,我们把前 2 人抽票的情况作一整体分析,从 5 张票中先后抽出 2 张,可以看成从 5 个元素中抽出 2 个进行排列,它的种数是 A_5^2,而其中第 2 人抽到奖票的情况有 $C_4^1 A_4^1$ 种,因此,第 2 人抽到奖票的概率 $P_2 = \frac{A_4^1 C_4^1}{A_5^2} = \frac{1}{5}$。通过类似的分析,可知第 3 个抽票者抽到奖票的概率 $P_3 = \frac{C_4^1 A_4^2}{A_5^3} = \frac{1}{5}$。同理,我们求得第 4 个抽票者和第 5 个抽票者抽到奖票的概率也都是 $\frac{1}{5}$。由于概率都是 $\frac{1}{5}$,先后抽对每个人都公平。

师:非常正确! 其他组还有不同的方法吗?

生:可用分步乘法原理来做。第 1 个抽票者抽到奖票的概率 $P_1 = \frac{1}{5}$。第 2 个抽票者抽到奖票的前提是第 1 个抽票者没有中奖,由分步乘法原理可知,第 2 个抽票者中奖的概率 $P_2 = \frac{C_4^1}{C_5^1} \times \frac{C_1^1}{C_4^1} = \frac{1}{5}$。同理可得,第 3 个抽票者中奖票的概率 $P_3 = \frac{C_4^1}{C_5^1} \times \frac{C_3^1}{C_4^1} \times \frac{C_1^1}{C_3^1} = \frac{1}{5}$,第 4 个抽票者中奖票的概率 $P_4 = \frac{C_4^1}{C_5^1} \times \frac{C_3^1}{C_4^1} \times \frac{C_2^1}{C_3^1} \times \frac{C_1^1}{C_2^1} = \frac{1}{5}$,第 5 个抽票者中奖票的概率 $P_5 = \frac{C_4^1}{C_5^1} \times \frac{C_3^1}{C_4^1} \times \frac{C_2^1}{C_3^1} \times \frac{C_1^1}{C_2^1} \times \frac{C_1^1}{C_1^1} = \frac{1}{5}$。

生:还可以用整体分析法。假设 5 个人都抽完了,再做一个整体分析:分母 $n = A_5^5$,5 个人抽 5 张票的全排列;分子 $m = C_1^1 \cdot A_4^4$,第 k 个人抽到奖票有 C_1^1 种抽法,其他 4 个人抽另外 4 张票有 A_4^4 种抽法。故每个人抽到奖票的概率都相等,都是 $P = \frac{C_1^1 \cdot A_4^4}{A_5^5} = \frac{1}{5}$。

师:非常独特的思考! 还有没有其他高见? (稍停顿)暂时没有了? ! 那我的问题又来了。

反思问题 1　这三种方法你喜欢哪一种? 哪个方法是研究这类问题的通法?

探究问题 2(纵向深入)　归纳探究问题 1 的一般结论。

结论 1　如果在 n 张票中有 1 张奖票,n 个人依次从中各抽 1 张,且后抽人不知道先抽人抽出的结果,那么第 i 个抽票者($i = 1, 2, \cdots, n$)抽到奖票的概率 $P_i = \frac{C_1^1 \cdot A_{n-1}^{n-1}}{A_n^n} = \frac{1}{n}$,即每个抽票者抽到奖票的概率都是 $\frac{1}{n}$,也就是说,抽到奖票的概率与抽票先后顺序无关。

探究问题 3(纵向深入)　如果在 5 张票中有 2 张奖票,5 个人依次从中各抽 1 张,我们来研究一下各个抽票者抽到奖票的概率。

生:显然第 1 个抽票者抽到奖票的概率是 $\frac{2}{5}$,下面来求第 2 个抽票者抽到奖票的概率,在前 2 个抽票者抽票的所有 A_5^2 种情况中,第 2 个抽票者抽到奖票的情况有 $C_2^1 A_4^1$ 种,因此,第 2 个抽票者抽到奖票的概率是 $P_2 = \frac{C_2^1 \cdot A_4^1}{A_5^2} = \frac{2}{5}$。同理,可求得以后各个抽票者抽到奖票的概率也都是 $\frac{2}{5}$。

反思问题 2　这个问题能否用上面提到的另外两种方法解决? 回顾本章所学的各种方法,还有没有其他方法适用于本题? 并比较这些方法的难易程度。(学生思考,分组讨论、交流,推选代表发言)

（3 min 后）生：我们认为另外两种方法都可以使用，用分步乘法原理来做较繁，用整体分析法较易，按一定次序取出的 5 张票为一基本事件，则基本事件总数就是 5 个不同元素的全排列 A_5^5，用事件 A 表示在第 k 个人摸到奖票 C_2^1，则其余 4 个人摸剩余 4 张票有 A_4^4 种，因此 $P(A) = \dfrac{C_2^1 A_4^4}{A_5^5} = \dfrac{2}{5}$。

生：我们组的解法与他们不同，视彩票无区别，将彩票全部取出相当于将 5 张彩票放入 5 个"格子"，这样本题的基本事件可看成 5 个格子中任意放入 2 张奖票，其余放 3 张彩票，从而基本事件总数为 C_5^2，事件 A 则要求在第 k 个格子中放 1 张奖票，其余各个格子可任意放彩票，因此事件 A 包含的基本事件数为 C_{5-1}^{4-1}，于是 $P(A) = \dfrac{C_{5-1}^{4-1}}{C_5^2} = \dfrac{2}{5}$。

生：我们的解法比他们更简单。每张彩票都以同样的可能性被第 k 个人取到，而且当某张奖票在第 k 次出现时事件 A 发生。因此，只要以第 k 次取得的效果为基本事件，则基本事件总数为 $m + n$，而事件 A 包含的基本事件数为 m，所以 $P(A) = \dfrac{m}{m+n}$。

师：好极了！各种解法虽然路径不同，但得出的结果却完全一致，可以说是殊途同归。同学们分别以全部取出和部分取出、同色球按有区别和无区别进行分类，构建了恰当且比较简洁的基本事件空间，使我们能很快且准确地求得对应事件的概率。对于等可能事件的概率，要善于把握基本事件及基本事件空间的不同构建，这一点需要我们在学习过程中不断深入体会。

探究问题 4（纵向深入） 归纳探究问题 3 的一般结论。

结论 2 假定在 $n (n \geqslant 2)$ 张票中有 2 张奖票，n 个人依次从中各抽一张，且后抽人不知道先抽人抽出的结果，那么第 i 个抽票者 $(i = 1, 2, \cdots, n)$ 抽到奖票的概率是 $P_i = \dfrac{C_2^1 \cdot A_{n-1}^{i-1}}{A_n^i} = \dfrac{2}{n}$。

这就是说，每人抽到奖票的概率者是 $\dfrac{2}{n}$，与抽票先后顺序无关。

探究问题 5（纵向深入） 归纳结论 2 的一般结论。

结论 3 假定在 n 张票中有 $k (k \leqslant n)$ 张奖票，$m (m \leqslant n)$ 个人依次从中各抽一张，且后抽人不知道先抽人抽出的结果，那么第 i 个抽票者 $(i = 1, 2, \cdots, n)$ 抽到奖票的概率是 $P_i = \dfrac{C_k^1 \cdot A_{n-1}^{i-1}}{C_n^i} = \dfrac{k}{n}$。这就是说，每人抽到奖票的概率都是 $\dfrac{k}{n}$，与抽票先后顺序无关。

探究问题 6（纵向深入） 以上问题都是不放回抽取，若改为放回抽取，每人抽到奖票的概率还会是票数除以总票数吗？

探究问题 7（纵向深入） 若后抽者知道先抽者抽出彩票的中奖结果。抽签分先后，还公平吗？这与上面研究的抽签公平性问题，是否还是同一事件的概率问题？差别在哪里？

三、应用迁移，巩固提高

探究问题 8（横向拓展） 开锁问题：（1）有 5 把钥匙，其中有 1 把可以打开房门，逐把试插，第三次打开房门的概率是多少？（2）有 5 把钥匙，其中有 2 把可以打开房门，逐把试插，第三次打开房门的概率是多少？

生：（1）将问题转化为抽奖模型 "5 张彩票，其中仅 1 张中奖，第 3 次抽到奖的概率是多少？" 故 $P(A) = \dfrac{1}{5}$。（2）将问题转化为抽奖模型："有 5 张彩票，其中仅 2 张中奖，第三次中奖的概率。"故 $P(A)=\dfrac{2}{5}$。

探究问题 9（横向拓展）　抽样问题：一批产品有 8 个正品和 2 个次品，任意不放回地抽取两次，求第二次抽出次品的概率？

生：记事件 A 为"第二次抽出次品"。将问题转化为抽奖模式，即有 10 张彩票，其中有 2 张是奖票，逐个抽取，求第二次抽到奖票的概率。故 $P(A)=\dfrac{2}{10}=\dfrac{1}{5}$。

探究问题 10（横向拓展）　摸彩问题：彩票模式的推广，有 $m+n$ 张彩票，其中 n 张是奖票，逐个抽取，第 k 次取到奖票的概率为 $P(A)=\dfrac{C_n^1 \cdot A_{m+n-1}^{m+n-1}}{A_{m+n}^{m+n}}=\dfrac{n}{m+n}$。

探究问题 11（横向拓展）　摸球问题：一袋中装有大小相同的 m 个黑球和 n 个白球，从中逐一取球，求第 k 次取出的球恰为黑球的概率 $(1 \leqslant k \leqslant m+n)$。

生：我们认为应该将袋中每个球均视为有区别，且将球全部取出，以全部取得球确定的编号顺序为一基本事件，则其基本事件总数相当于 $m+n$ 个球的全排列 $(m+n)!$，而事件 A 表示在第 k 个位置放一个黑球，其余位置则是 $m+n-1$ 个球的全排列，其包含的基本事件数为 $m(m+n-1)!$，因此 $P(A)=\dfrac{m(m+n-1)!}{(m+n)!}=\dfrac{m}{m+n}$。

反思问题 3　以上四类问题与本节课所探究的抽签问题有何联系？能否从中提炼出数学模型？

生：以上四道题的结果也表明，抽取结果与先后顺序无关，这个结论与我们本节课所探究的抽签问题的结论是一致的，均可看成排座位问题。

四、总结反思，拓展延伸

师：请同学们谈谈本节课的收获或学后感。

生：本节课我们用多种方法深入探究了抽签问题，并认识到它是许多问题的概率模型。

生：本节课的问题情景生动有趣，通过大家的共同探究，分享了集体的智慧，加深了对概率全章内容的理解，锻炼了我们自主探究能力和团结协作的精神。

生：学完本节课后，再遇到本质为抽签的这一类问题时，我将会表现得更有"绅士风度"。

案例分析如下。

1. 阅读材料的处理

阅读材料仅仅阅读而已吗？人民教育出版社编写的全日制普通高级中学教科书（必修）中，许多章节后都安排了阅读材料，这是以往教材中所没有的。这些阅读材料短小精悍，集知识性、科学性、趣味性和教育性于一体，阅读材料与教材内容相互联系、相互补充，丰富了教学内容，开阔了学生的视野，深化了数学知识。然而，它们却往往被一些教师忽略掉了，实在可惜。"抽签有先后，对各人公平吗？"这一阅读材料可以引导学生将概率知识应用到相关生活生产实际中去，以拓宽学生的知识面，既弥补了学生概率知识的不足，又让学生接受数学文化的熏陶。在教学中，应把该阅读材料摆在恰当位置上，让它充分发挥应有的作用。教师可以用以下理念和方法来处理阅读材料：①正确认识这一部分内容的作用，不要放弃这部分教材的教学；②以学生的自学为主，教师给予适当的引导；③针对不同的学生提出不同的要求，要鼓励更多的学生积极参与；④根据学生的实际情况和本地的实际情况，对阅读教材进行适当的充实，以丰富学生的学习内容，进而达到使学生更广泛学习的目的；⑤学生阅读材料的选取和扩展，可以与教材中提出的实习作业等相结合，通过实习中收集材料和大量阅读，使阅读和实习有机地结合起来。阅读材料教学，能帮助学生对课文的重难点知识再理解，可调动学生学习的积极性，培养学生的创新能力。

2. 深入数学本质

《普通高中数学新课程标准》指出：在数学教学中，不仅是学习形式化的表达，更要强调对数学本质的认识，否则会将生动活泼的数学思维活动淹没在形式化的海洋里。数学是研究现实世界中数量关系和空间形式的一门科学，数学来源于丰富的物质世界，它本身存在着严密的逻辑关系，只有深刻地揭示了数学知识的本质，理清了数学知识之间的逻辑关系，才能真正地理解数学，更好地利用数学解决问题。因此，教师在教学过程中，应充分注意尊重数学的内在体系结构，挖掘数学知识的内在联系，揭示数学知识的本质。理科生中流行着一句话："物理难，化学烦，数学作业做不完。"可见当前很多学校的数学教学中，数学训练题数量之惊人。而《普通高中数学新课程标准》并不提倡题海战术，做题应该少而精，做一道就有一道的收获。在数学教学中应注重比较、归纳和对题型的深入挖掘，因为不同的题常常有相同的本质，而同一道题也能发散、演变成许多不同的题。抓住了数学问题及其思想方法的本质，就能融会贯通了。本节课从特殊到一般的探索拓广过程，从一个独特的视角，深层次地挖掘了抽签问题的背景特征，有利于透过抽签现象看到概率本质，抓住了抽签模型的实质，加深了学生对概率本质的感悟。数学课堂的精彩源于学生对数学本质的深刻领悟。

3. 提炼数学模型

数学是一门研究模式、模型的学科，等价转化思想就是将陌生问题转化为自己熟悉的基本模型，正如波利亚所说，当我们面临的是一道以前没有接触过的陌生题目时，要设法把它化为曾经解过或比较熟悉的题目，以便充分利用已有的知识、经验或解题模式，顺利地解出原题。概率应用的广泛性及实际问题非数学情境的多样性，往往需要在陌生的情境中去理解、分析给出的问题，因此，求解概率问题的关键是寻找它的模型，只要模型一找到，问题便迎刃而解。而概率模型的提取往往需要经过观察、分析、归纳和判断等复杂的思维过程，学生常常因题设条件理解不准，某个概念认识不清而误入歧途。因此，在概率应用问题中，要重视建模的思维过程，从问题的情境中感悟出模型提取的思维机制，获取模型选取的经验，久而久之，感受多了，经验丰富了，建模也就容易了，解题的正确率就会大大提高。本节课教师引导学生深入研究了抽签问题，发现其他概率模型，如抽样、摸球、摸奖、抓阄和开锁等，与抽签问题一样，均是同一数学模型的多种不同问题情境，均可看成排座位问题。

4. 自主探究学习

《普通高中数学新课程标准》指出：学生是教学活动的主体，教师应成为教学活动的组织者、指导者和参与者。给学生提供自主探索的机会，让学生在观察、操作、讨论、交流、猜测、归纳、分析和整理的过程中，理解数学问题的提出、数学概念的形成、数学结论的得出，以及数学知识的应用。学生在自主探究过程中，既能体会到科学研究的基本方法，又能更好地发现并接受知识，对学生这种自主能力的培养，将使其终身受益。同时，也能让学生体验到成功的乐趣，树立起学好数学的自信心，使学生学习数学具有持久的内在动力。希尔伯特（David Hilbert）认为：解决一个数学问题，如果我们没有获得成功，原因常常在于我们没有得到更一般的观点，即眼下要解决的问题只不过是一连串问题中的一个环节而已。本节课以学生为主体，以探究问题链为主线，引导学生自主探究抽签问题的本质，步步深入抽签模型的核心。

5. 反思总结习惯的养成

正如波利亚所说，回顾是"领会方法的最佳时机"。也如单墫教授所言，总结可以养成抓住问题关键、直接剖析问题核心的好习惯；总结可以形成知识的整体结构网络，揭示知识之间的内在联系；良好的题感正是通过总结培养起来的，解题，切莫忘记总结和积累。本节课既注重学生的自主探究，又注意解题回顾的引导和学生反思总结习惯的养成教育。

问渠哪得清如许，为有源头活水来。知识是能力的基础，是能力之水的源头，而能力则是知识积累到一定程度后，质的飞跃。只有深入数学知识及思想方法的精神实质，自主探究和领悟蕴含在典型问题中的数学模型，才能将数学活学活用。

下面的案例是第三届全国师范院校师范生教学技能竞赛中 53 号选手的教学设计。

案例 3-4-2

点到直线的距离

一、教材分析

本节课内容选自上海教育出版社高二《数学》第十一章第四节，其主要内容是点到直线的距离公式。点到直线的距离公式是高中数学知识网络中至关重要的一部分，也是点与直线位置关系中最为重要的部分之一。点到直线的距离公式为接下来线与线、线与面等之间的距离公式的推导提供了必要前提和重要基础。点到直线的距离公式在教材的安排上起着承上启下的作用，在现实生活中也有着推广意义和广泛的应用。

二、学情分析

在学习点到直线的距离公式之前，学生已经学习了平面向量、线与线的位置关系等相关知识，并且对点与直线的位置关系也有了初步的理解，因此，学习点到直线的距离公式具备了较高的起点。高二的学生已经有了一定的认知结构，无论是在知识层面，还是在技能层面，都具备了良好的基础。他们思维活泼，想象力丰富，表现积极，已经具备了一定的合作探究能力。但是，这个阶段的学生参差不齐，个体差异较为明显，教师在教学过程中，要注意因材施教。

三、教学目标

（一）知识与技能

掌握点到直线的距离公式的内容及其推导过程；灵活运用点到直线的距离公式解决实际问题。

（二）过程与方法

领悟数形结合、分类讨论和归纳推理等数学思想方法，并融会贯通，举一反三；掌握从发现问题、分析问题到解决问题的一般方法。

（三）情感态度与价值观

激发学生的学习兴趣，使学生感受到学习数学的乐趣；培养学生敢于提问、勤于思考的良好品质和严谨的科学态度。

四、教学重难点

教学重点：掌握点到直线的距离公式的内容及其推导过程。

教学难点：领悟点到直线的距离公式的推导方式，并灵活运用点到直线的距离公式解决问题。

五、教学方法

引导发现法、讨论法和讲授法。

六、教学手段

多媒体辅助教学。

七、教学过程

按照创设情境激趣导入、自主探究合作构建、随堂练习深化提高、课堂小结畅谈感受、布置作业课后拓展五个环节设计有梯度的教学过程。如图3-18所示。

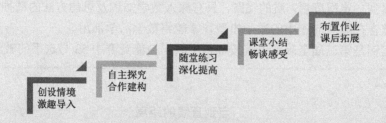

图3-18　教学过程

（一）创设情境，激趣导入

情景1　我们去上海玩的时候，想要知道从住的地方到外滩最短有多远。其实，生活中我们时常碰到这一类求一个点到一条直线的距离的问题。

问题1　这个时候我们说的这个距离应该是最短距离，对吧？

【设计意图】从生活中的情境发现问题，使学生体会到数学来源于生活，又服务于生活。

（二）自主探究，合作建构

探究：直线 l 的方程是 $ax+by+c=0\,(a,b$ 不同时为 $0)$ 和直线外一点 $P(x_0,y_0)$，如图3-19，求点 P 到直线 l 的距离。

问题2　最短距离应该是什么样的？

引导　我们可以利用之前学习的向量来解决这个问题吗？

合作建构：点 $P(x_0,y_0)$ 到直线 $l:ax+by+c=0\,(a,b$ 不同时为 $0)$ 的距离为

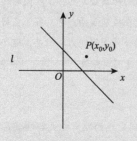

图3-19　点到直线的距离

$$d=\frac{|ax_0+by_0+c|}{\sqrt{a^2+b^2}}$$

该公式称为点到直线的距离公式。

【设计意图】通过引导发现法，有效组成学生利用平面向量的知识对该问题进行探究分析，最终师生共同对概念进行构建，使学生掌握从发现问题、分析问题到解决问题的一般

方法。在构建过程中，学生领悟数形结合、分类讨论和归纳推理等数学思想方法，并融会贯通，举一反三。

（三）随堂练习，深化提高

例1　求点$P(2,3)$到直线$l:5x+12y-3=0$的距离。

例2　求点$P(5,3)$到直线$l:2x+5y-3=0$的距离。

提高练习：求两条平行线$2x-7y+8=0$和$2x-7y-6=0$之间的距离。

提高拓展：两条平行线$l_1:Ax+By+C_1=0$与$l_2:Ax+By+C_2=0$之间的距离为

$$d=\frac{|C_1-C_2|}{\sqrt{A^2+B^2}}$$

【设计意图】通过随堂练习，规范化学生解题思路和解题过程，深化学生对于公式的理解和运用，及时巩固提高。通过提高练习和拓展练习，深入挖掘学生思路，深化知识，拓展思维。

（四）课堂小结，畅谈感受

问题2　我们本节课学了什么知识？是运用什么数学工具进行推导的？我们需要牢记什么？可以解决哪些问题？

【设计意图】及时课堂小结，师生共同反思总结，使知识再现和重组。

（五）布置作业，课后拓展

作业一：习题本中基础训练部分。

作业二：习题本中深化拓展部分。

【设计意图】分层次作业，照顾到不同层次的学生，使各层次学生都有所收获，有所提高。

八、板书设计

公式概念	例题讲解	演算区

第五节　数学活动课的教学设计及案例分析

一、数学活动课的设计

数学活动是指人们从事学习数学、讲授数学、研究数学和应用数学的活动。数学活动的过程作为数学教学的内容是新课程改革的教学理念。中小学数学活动课是指学生通过数学实践活动获得数学活动的经验，了解和掌握数学在日常生活中的应用，使学生学会与他人进行数学合作与交流，从而实现新课程改革的情感目标。

数学活动课的核心是学生积极参与课堂活动，注重与他人的合作与交流，积极思考问题，运用数学知识解决问题。所以，数学教师对数学活动课的设计要找准问题、精心组织、周密安排、认真总结。否则，数学活动课可能成为学生闹哄哄的聊天课，完全达不到教学目标。关于教师教学，最新版普通高中数学课程标准提出：教师要把教学活动的重心放在促进学生学会学习上，积极探索有利于促进学生学习的多样化教学方式，不仅限于讲授与练习，也包括引导学生阅读自学、独立思考、动手实践、自主探索、合作交流等，教师要善于根据不同的内容和学习任务采用不同的教学方式，优化教学，抓住关键的教学与学习环节，增强实效。其中，动手实践、自主探索、合作交流都是活动课上关键的活动方式。

对于数学学科的教学，独立思考、动手实践、自主探索、合作交流是很多研究者和一线教师感兴趣的课题[85-106]。师生间、生生间的合作交流与讨论是最行之有效的互动方式，即通过相互交流观点，形成对某一问题较一致的评价和判断。在交流讨论中，教师和学生可以获得同一知识不同侧面理解的信息，使学生更深刻地理解数学知识。交流讨论有以下功能：培养批判思维的能力，激发学习的主动性、积极性，培养数学交流能力，相互启发共同提高。

数学课的交流讨论有师生之间的讨论，有全班学生的讨论，也有小组讨论或同桌两人的讨论。不论哪一种，在交流讨论前教师都要确定并准确地表达有待讨论的问题，通常可以按照下述方式来组织交流讨论。

（1）使学生明确交流讨论的问题。考虑学生已有知识、能力情况是讨论的起点，教师在准备讨论的问题时必须注意问题难度及学生的知识、能力水平，而且要考虑学生的动机，组织具有挑战性和激励性的问题，增加问题的不一致性，从而起到激发学生交流讨论的目的。

（2）给学生充分交流讨论的空间。在整个讨论中，要留给学生充分的讨论时间，使学生自由地考虑，在体验中学习。教师完全不必也不能去干涉学生的交流讨论，除非学生的讨论完全偏离了学习活动的方向。在学生讨论时，教师应多看、多听、多感受而少说话，要及时肯定那些新颖的想法；在心中记下学生发现的问题，在必要时给学生鼓励和支持；为学生创造更多的创新机遇和氛围；当学生陷于混乱和无谓的争论时，教师应强调指出，互相矛盾的发现或说法，既不粗暴地加以干涉，也不能任其自然发展，而应当机立断，采取一定方法，把讨论引导到主题上；同时要鼓励学生自由正确地表达自己在学习中的经历和感受，提出问题，解决问题，并对收集到的信息做出自己的解释。

（3）注意反馈调节。交流讨论反馈的信息很多，教师不可能全部顾及。教学反馈从内容上主要分为学生学习兴趣的反馈、知识理解程度的反馈、掌握知识与运用能力的反馈，以及思维发展情况的反馈等，要有针对性地采取调节手段，解决学生所遇到的问题。

设计数学活动课，需要回答三个问题：活动是什么或学生做什么？如何活动？活动的收获是什么？所以，教师必须以数学课程标准及现代教育学心理学理论为依据，设计好数学活动课的教学内容。数学活动课的设计内容[107]和流程通常包含下面四个环节。

（一）设计活动课目标

通过分析学习背景、学习需要、学习者、学习任务，根据教学目标，设计活动目标。

1. 活动目标要有层次感

数学活动课要有明确的教学目标，这对教学方案的设计具有重要影响。目标的制定要结合不同年龄段学生的特点及所学知识的特点而定，目标要明确、全面、具体，有利于实施。同时，目标的制定要有层次感，体现从低到高、循序渐进的原则，要让不同层次的学生都能够实现目标，获得自信与成就感。不同难度的目标要环环相扣，在达到较简单的常规目标之后，激励学生攀登新的高峰，实现更高的目标。

2. 活动目标要有差异性

学生的发展具有阶段性和个体差异性，学习现状不尽相同，因此，教师不能用统一的尺度衡量学生的学习。在制定整体性目标的同时，还要制定差异性目标，从而顾及全体学生的发展水平，使每一位学生在活动课中都能有所收获。

（二）确定活动课内容

1. 要以数学学科知识为基础

数学活动课要围绕数学学科知识展开，它是对学科知识的实践与探索。教师应通过活动课，将学科知识融入活动，潜移默化地融入学生的脑海。因此，活动的设置、要素的搜集、知识点的展现，都要以学科知识内容为依据。活动课的目的不是学习课本以外的知识，而是结合学生已有的知识和经验，利用学科知识去解答更多问题。活动过程不能脱离教材，而要不断推进教材知识的学习与深化。

2. 设计趣味性内容

数学教学活动要有吸引力和趣味性，这样才能更好地为学生所接受。教具的准备、要素的选择，应针对学生的年龄层次和理解能力，结合学生的喜好，尽量做到新鲜、有趣，能激发学生的好奇心和想象力。例如，在训练加减乘除综合运算的时候，教师可以设计这样的趣味性内容：给出 4 个 10 以下的数，这 4 个数可以任意排列，运算符号可以任意使用，使最后的结果等于 24。

3. 设计生活化内容

数学知识来源于生活，而又运用于生活，可以帮助人们解决生活中的很多问题。荷兰数学家、教育家弗赖登塔尔（H. Freudenthal）指出，数学源于现实，扎根于现实，应用于现实。这充分说明数学学习不能脱离现实，不能脱离生活。因此，数学活动课的设计应结合学生的生活实际，以增强学生数学学习的熟悉感。数学知识贯穿生活的方方面面，无论是买笔、买书，还是乘车、吃饭，都涉及数学问题，而利用数学知识可以较好地解决这些生活中的实际问题，充分体现数学的价值和意义。设计生活化内容的活动课，能培养学生数学学习意识，调动学生学习的积极性和主动性，提高活动课实效。

4. 设计启发性内容

数学活动课设计不但要有趣味性，还要有启发性，在帮助学生更好地掌握学科知识的同时，能够拓展学生数学思维，促进学生思维发展。因此，数学活动课的设计要以解决问题为抓手，让数学知识走出课堂，延伸到生活中；要在思考如何解决生活中实际问题的过程中，强化学生数学思想，训练学生数学思维，启迪学生智慧，培养学生发现问题、分析问题和解决问题的能力。

（三）制定活动课策略

1. 多元化组织形式

多元化的组织形式，有利于学生广泛参与数学活动课。因此，教师要对不同活动课的内容设计进行灵活调整，活动课题不同，相应的组织规划也要有所不同。契合程度越高的组织形式，对数学活动课的开展推动作用越强。

2. 开展小组活动

中小学生对游戏的态度是积极而热烈的，教师可通过游戏的形式调动学生参与的积极性，提升活动课教学效果。例如，可开展"数字猜一猜""数字灯谜会"等游戏。在游戏中，学生能放松心情，思维会更加活跃，学习效率和学习质量会更高。在开展活动课的过程中，教师还可以设置相应的奖励，以激发学生参与活动的热情，充分发挥学生的主观能动性。例如，可设计"你猜我画"的游戏，两个学生为一组，教师将要猜的数告诉其中的一个同学，该同学用手指书空，另一个同学猜测这个数是多少。比一比哪一组猜对的数多，并对获胜小组给予相应的奖励。这能提高学生的专注力，加深学生印象。

3. 开展情境模拟

影响活动课效果的一个重要因素是参与度，参与度越高，活动课效果越好。因此，教师要做好充分准备，实现师生联动，这样才能让学生更积极主动地投入活动中。在活动过程中，教师应加强数学知识与生活实际的联系，加深学生对数学知识的理解，提高学生运用数学知识解决实际问题的能力。例如，在教学"人民币"这一知识内容时，教师可设计"我去逛超市"的主题活动课，并准备好学具，让一些学生扮演超市售货员，一些学生扮演购物者，售货员为不同的物品标好价格，不同的购物者购物。购物过程涉及加减运算，能提高学生运算能力。例如，一包薯片标价 4.5 元，购物者拿 5 元钱去购买，售货员应找零 0.5 元给购物者。

4. 开展小组交流互动

小组交流互动能让知识体系相互融合，思维相互碰撞。学生知识掌握程度不同，思维方式不同，往往对同一个问题的理解大相径庭。在小组交流互动中，学生能实现信息交换，取长补短，促进思维发展，还能增进同学之间的友谊，培养团结协作的精神。在热烈的氛围中，学生积极交换信息，呈现不同的思维方式，能开拓解题思路，提高学习效率和学习质量。

5. 开展竞赛活动

在数学活动课中开展竞赛活动，能激发学生的进取心和荣誉感，培养学生的竞争意识和创造力，增强学生学习自信心。同时，能让学生发现自己的不足，有针对性地查漏补缺，提高数学学习成绩。

6. 开展动手实践活动

数学活动课应具有开放性和探索性，让学生取得综合性发展。开展动手实践活动，能有效培养学生的动手操作能力，激发学生学习兴趣，调动学生学习的积极性和主动性。例如，在教学"图形"这一知识内容时，教师可带领学生裁剪不同的平面图形，让学生在动手实践中，掌握不同图形的特点，加深理解和记忆。

（四）分析活动课效果，并做出评价

考察活动课的教学效果，可以从交流能力、实践能力、思维能力和应用能力[108]这几个方面做出评价。下面分别以案例来说明。例如，学习"旋转"相关知识时，教师可以组织学生展开对"中心对称与轴对称的区别"的讨论，并展开"图案设计"这一主题的讨论性学习过程。在讨论活动过程中，学生各自发表意见并听取他人意见，展示旋转理念下，图案设计的不同构思带来的效果。又如，对于"概率初步"中相关知识，针对课题"键盘上字母的排列规律"，展开讨论性学习活动，分析字母使用概率与键盘设计的联系。活动中教师可以重点关注学生参与交流情况，注意培养学生合作交流能力。例如，学习"全等三角形"相关知识时，展开"判定两个三角形全等的方法"的探究性活动，由探究性活动展开小组合作、综合分析与研究过程。将学生 4 人分为一组，结合三角形三边、三角的元素，分析两个三角形在不同边角关系时是否能够全等。小组成员结合猜想、分析、验证、总结和反思，得出全等三角形判定较为完善的结论，当满足 SSS、SAS、ASA、AAS、HL（S 为边、A 为角、H 为直角边、L 为斜边）时，两个三角形全等。另外，也可以探究"三角形相似的判定方法"，在这些探究性活动中教师可以重点考查学生的实践能力。例如，学习"三角形"相关知识时，展开"多边形的内角和"这一课题的探究活动。探究问题为"如何分解多边形得出其内角和规律"。由学生认知基础出发，展开对三角形、四边形、五边形内角和的学习，继而猜想、推理、分析和总结。由学生自主学习，互助合作，得出多边形内角和与其边数有关，计算方法为 $180 \times (n-2)$ 度。又如，展开对"三角形中边与角之间的不等关系""角平分线的性质"等问题探究活动中，教师可以重点考查学生的思维能力和合作能力。例如，学习"不等式与不等式组"相关知识时，展开应用性实践活动"水位升高还是降低"，一块石头放入小烧杯中浮在水槽上，之后将石头全部抛入槽中，问抛前与抛后水深的变化情况。又如，针对"数据的收集、整理与描述"，展开"节约用水"应用性分析活动，以及"圆"的知识与"设计跑道"关联紧密，通过分析生活中的问题，找到数学知识与生活问题的契合点，教师可以着重考查学生应用意识和能力。

希望学生通过观察、实验、猜想、推理和交流等丰富多彩的数学活动，获取数学知识，体验学习需求的过程，发展对数学的理解，培养良好的认知结构。同时，数学活动课程的设计和教学对教师专业的发展和数学课程的发展也大有裨益。不少研究者对数学活动课都提出了很好的策略和建议[109-114]，有兴趣的读者可以对数学活动课的设计和实践作进一步探讨。

二、数学活动课设计案例及其分析

下面的案例《正弦函数 $y = A\sin(\omega x + \varphi)$ 的图像》的原稿由编著者指导的在职研究生广东省宜信市第二中学的谭梅玲教师提供，编著者引导在校研究生邱凯，按照活动课的要求做进一步修改而成。

案例 3-5-1

正弦函数 $y = A\sin(\omega x + \varphi)$ 的图像

一、教学目标

（1）结合实例，了解 $y = A\sin(\omega x + \varphi)$ 的实际意义。

（2）通过计算机画出函数 $y = A\sin(\omega x + \varphi)$ 的图像，并与 $y = \sin x$ 的图像比较，观察参数对函数变化的影响。

（3）进一步巩固五点作图法。

（4）通过数形结合，引导学生领会由简单到复杂、特殊到一般的化归思想。

二、教学重难点

（一）教学重点

（1）理解参数 φ, ω, A 对函数 $y = A\sin(\omega x + \varphi)$ 图像的影响。

（2）理解五点作图法的意义。

（3）掌握将复杂问题分解为若干简单问题的方法。

（二）教学难点

（1）函数 $y = \sin x$ 与 $y = A\sin(\omega x + \varphi)$ 的图像之间的内在联系，尤其是 ω 对 $y = A\sin(\omega x + \varphi)$ 图像的影响规律。

（2）利用五点作图法作图像列表时，确定自变量 x。

三、教学流程

本节课的教学流程如图 3-20 所示。

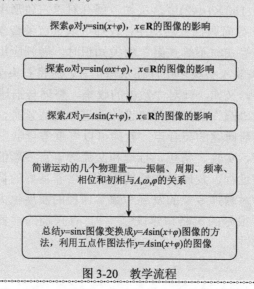

图 3-20　教学流程

四、教学情景设计

【新课引入】

（1）观察交流电电流随时间变化的图像，若将图像放大后，与正弦曲线有什么关系？（与正弦曲线相似）

（2）从解析式分析，函数 $y = \sin x$ 就是函数 $y = A\sin(\omega x + \varphi)$ 当 $A = $ ＿＿＿＿＿＿＿，$\omega = $ ＿＿＿＿＿＿＿，$\varphi = $ ＿＿＿＿＿＿＿时的情况。

对于一般的参数 A, ω, φ，对 $y = A\sin(x + \varphi)$ 的影响又如何呢？

（一）探索 φ 对 $y = \sin(x + \varphi), x \in \mathbf{R}$ 图像的影响

（1）利用多媒体在同一直角坐标系中分别作出 $y = \sin\left(x + \dfrac{\pi}{3}\right)$ 和 $y = \sin x$ 的图像，在这两个图像上各恰当地选取一个纵坐标相同的点 A，B，同时移动 A, B 并观察其横坐标的变化，从中发现 φ 对图像有怎样的影响。

（2）对 φ 任取不同的值，作出 $y = \sin(x + \varphi)$ 的图像，与 $y = \sin x$ 的图像是否有类似关系？

结论推广（提问）：函数 $y = \sin(x + \varphi)$（$\varphi \neq 0$）的图像，可以看成是把 $y = \sin x$ 的图像上所有的点向＿＿＿＿＿＿（当 $\varphi > 0$ 时）或向＿＿＿＿＿＿（当 $\varphi < 0$ 时）平移＿＿＿＿＿＿个单位长度而得到。

（二）探索 ω 对 $y = \sin(\omega x + \varphi), x \in \mathbf{R}$ 图像的影响

（1）利用多媒体在同一直角坐标系中分别作出 $y = \sin\left(2x + \dfrac{\pi}{3}\right)$ 和 $y = \sin\left(x + \dfrac{\pi}{3}\right)$ 的图像，在这两个图像上各恰当地选取一个纵坐标相同的点 A, B，同时移动 A, B 并观察其横坐标的变化，从中发现 ω 对图像有怎样的影响。

（2）对 ω 任取不同的值，作出 $y = \sin\left(\omega x + \dfrac{\pi}{3}\right)$ 的图像，与 $y = \sin\left(x + \dfrac{\pi}{3}\right)$ 的图像是否有类似关系？

结论推广（提问）：函数 $y = \sin(\omega x + \varphi)$，$\varphi \neq 0$ 的图像，可以看成是把 $y = \sin(x + \varphi)$ 图像上所有点的＿＿＿＿＿＿坐标＿＿＿＿＿＿（当 $\omega > 1$ 时）或＿＿＿＿＿＿（当 $0 < \omega < 1$ 时）到原来的＿＿＿＿＿＿倍（纵坐标不变）而得到的。

（三）探索 A 对 $y = \sin(\omega x + \varphi), x \in \mathbf{R}$ 图像的影响

（1）利用多媒体在同一直角坐标系中分别作出 $y = 3\sin\left(2x + \dfrac{\pi}{3}\right)$ 和 $y = \sin\left(2x + \dfrac{\pi}{3}\right)$ 的图像，在这两个图像上各恰当地选取一个横坐标相同的点 A, B，同时移动 A, B 并观察其纵坐标的变化，从中发现 A 对图像有怎样的影响？

（2）对 A 任取不同的值，作出 $y = A\sin\left(2x + \dfrac{\pi}{3}\right)$ 的图像，与 $y = \sin\left(2x + \dfrac{\pi}{3}\right)$ 的图像是否有类似关系？

结论推广（提问）：函数 $y = A\sin(\omega x + \varphi)$ 的图像，可以看成是把 $y = A\sin(\omega x + \varphi)$ 图像上所有的点的＿＿＿＿＿＿坐标＿＿＿＿＿＿（当 $A > 1$ 时）或＿＿＿＿＿＿（当 $0 < A < 1$ 时）到原来的＿＿＿＿＿＿倍（横坐标不变）而得到的。

例1　练习1、2，习题1.5A组1。

（四）简谐运动的几个物理量——振幅、周期、频率、相位和初相与 A, ω, φ 的关系

简谐运动中图像对应的函数解析式 $y = A\sin(\omega x + \varphi)$，$x \in [0 + \infty)$，$A > 0, \omega > 0$。

振幅：A

周期：$T = \dfrac{2\pi}{\omega}$　　　　　　　　频率：$f = \dfrac{1}{T}$

相位：$\omega x + \varphi$　　　　　　　　初相：当 $x = 0$ 时的相位

例2　练习3、4。

五、小结（提问）

函数 $y = A\sin(\omega x + \varphi)$，$A > 0$，$\omega > 0$ 的图像，可以看成是用下面的方法得到：先画出函数 $y = \sin x$ 的图像，再把 $y = \sin x$ 的图像向左(右)平移＿＿＿个单位长度，得到函数 $y = \sin(x + \varphi)$ 的图像，然后使曲线上各点的横坐标变为原来的＿＿＿倍，得到函数 $y = \sin(\omega x + \varphi)$ 的图像，最后把曲线上各点的纵坐标变为原来的＿＿＿倍，得到 $y = A\sin(\omega x + \varphi)$ 的图像。

作业：习题1.5A组第2题（3）、（4），第3题。

六、教学反思

（1）一个问题中涉及几个参数时，一般采取先"各个击破"，然后"归纳整合"的方法。

（2）分别讨论 A, ω, φ 对 $y = A\sin(\omega x + \varphi)$ 图像的影响时，一般采取从具体到一般的思路，即先对参数赋值，观察具体函数图像的特点，获得对变化规律的具体认识，然后改变参数，观察是否还保持这样的规律，教学中使用多媒体技术可以有效帮助学生更好地观察规律。

下面的案例《等腰三角形的性质》由编著者指导的在职研究生广东省在职研究生台山市冲蒌中学的梁欢教师设计的活动课。

案例 3-5-2

等腰三角形性质

台山市冲蒌中学　梁欢

一、教学目标

（1）通过小组合作，让学生在探究过程中经历实践、观察、猜想和证明等腰三角形性质的过程，初步掌握研究几何问题的一般方法，发展合情推理能力和演绎推理能力。

（2）掌握等腰三角形的性质，并能利用其性质进行计算和证明。

（3）通过定理的证明，扩展学生思维的发散性，提高学生的数学应用能力。

二、教学重难点

教学重点：等腰三角形的性质。

教学难点：用文字语言叙述的几何命题的证明。

三、课前准备

（1）资源包：教材、微课视频（等腰三角形的性质）和导学案。

（2）学生课前准备：阅读教材；观看微课视频《等腰三角形的性质》；完成课前导学内容。

四、教学过程

（一）温故知新

（1）定义：＿＿＿＿＿＿＿＿＿是等腰三角形。

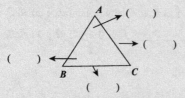

图 3-21　三角形四要素

（2）等腰三角形四要素，如图 3-21 所示。

（二）动手操作，初探新知（课前导学）

如图 3-22 所示，将一张长方形纸片沿图中虚线对折，并剪去其中一个角，将该角展开，得到△ABC，然后小组讨论完成导学案问题。

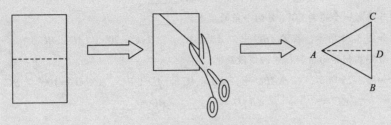

图 3-22　动手操作

问题 1　△ABC 是什么三角形？你的判断依据是什么？

问题 2　将剪得的等腰三角形对折，使得两腰重合。观察图形，你能发现哪些相等的边和角？

问题 3　打开对折的等腰三角形，观察折痕。你认为折痕所形成的线段是△ABC 的什么线？

问题 4　通过实验，你能猜想等腰三角有哪些性质？

（三）逻辑推理，证明猜想（课前导学）

（1）如图 3-23 所示，已知：在△ABC 中，_____，

求证：_____。

证明：（方法一）作_____。

在△ABD 和△ACD 中，

∵_____

∴_____

∴_____

（方法二）作_____。在△ABD 和△ACD 中，

∵_____

∴_____

∴_____

（方法三）作_____。在△ABD 和△ACD 中，

∵_____

∴_____

∴_____

图 3-23　（三）（1）图

（2）等腰三角形性质的几何表述。

性质 1：等腰三角形的两个底角相等（简称_____）。

在△ABC 中，∵_____，∴_____。

性质 2：等腰三角形顶角的平分线、底边上的高、底边上的中线互相重合（简称_____），如图所示。

① 在△ABC 中，∵ AB = AC，_____是顶角的平分线，∴_____，_____。

② 在△ABC 中，∵ AB = AC，_____是底边的中线，∴_____，_____。

③ 在△ABC 中，∵ AB = AC，_____是底边的高，∴_____，_____。

（四）初步应用，感悟新知

（1）等腰三角形底角为70°，另两个角的度数为_____；

等腰三角形一个角为100°，另两个角的度数为_____；

等腰三角形一个角为80°，另两个角的度数为_____。

（2）如图3-24所示，在△ABC中，$AB=AC$，$\angle BAC=90°$，$AD\perp BC$，图中有哪些相等的角和相等的线段？

（3）如图3-25所示，在△ABC中，$AB=AC$，$AD\perp BC$，$\angle BAC=100°$，$BC=6$，则$\angle B=$_____，$\angle C=$_____，$\angle BAD=$_____，$BD=$_____。

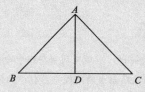　　　　　　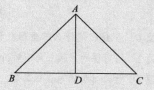

图3-24　（四）（2）图　　　　　　图3-25　（四）（3）图

（五）变式训练，巩固新知

问题　如图3-26所示，在△ABC中，$AB=AC$，$\angle B=2\angle A$，求三角形各内角度数。

变式1（课本例1）　如图3-27所示，在△ABC中，$AB=AC$，点D是AC上的一个点，且$BD=BC=AD$，求三角形各内角度数。

变式2　如图3-28所示，变式1的条件不变，点M是AB的中点，连接DM，求$\angle BDM$的度数。

　　　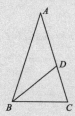　　　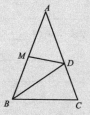

图3-26　（五）问题图　　　图3-27　（五）变式1图　　　图3-28　（五）变式2图

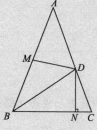

（六）反思回顾，梳理知识

课堂小结：通过本课的学习，你有什么收获？

（七）课后探究应用，拓展新知

变式3　如图3-29，在△ABC中，$AB=AC$，点D在AC上，且$BD=BC=AD$，取AB的中点M，连接DM，作$DN\perp BC$于点N，试探究AM与BN之间的数量关系。

图3-29　（七）变式3图

　　下面的案例《节约用水》选自2004年获深圳市综合课教案评比一等奖获得者李玉萍教师的教学设计。

案例 3-5-3

节 约 用 水

一、活动内容

人教版九年义务教育小学数学第十二册第 72 页。

二、活动目标

（1）知识目标：复习单位换算、简单的统计及比例等知识。

（2）智能目标：培养学生的数感、估算能力，培养学生思维的开放性，培养学生的探究能力，以及综合运用所学的数学知识、技能和思想方法来解决实际问题的能力。

（3）情意目标：渗透函数、环保、节约等意识，培养学生的社会责任感。

三、学习重难点

学习重点：一个滴水的水龙头一天浪费多少水的测量和计算。

学习难点：测量的方案。

四、活动准备

（1）地点：设在自然实验室，自然实验室里有电脑、实物投影、水龙头、有刻度的试管和计时器。

（2）教具：多媒体课件、1 个 1 dm^3 的盒子、一些标有刻度的容器。

（3）学具：每人一张调查表，上面写有调查好的水价、自己家每个月的用水量和学校水龙头个数调查表。

五、活动过程

（一）探究学习准备

（1）播放中央一台第九个世界水日的新闻片段和深圳缺水的画面，使学生知道我国是水资源缺乏国家，深圳是我国缺水的城市之一，以及缺水对人们的生活和全国经济造成的严重影响。

（2）播一位同学洗手后没关水龙头的录像，与上面播放的内容形成对比，从而呼吁同学们节约用水，并出示课题。

（二）探究学习展开

探究问题一

第一步，提出问题。

（1）师：（指着刚才一个同学洗手后没关水龙头的画面）一个滴水的龙头一天大概浪费多少水？

（2）学生自由估算："一桶""一杯""四五桶""十个脸盆"……

（3）提出疑惑：到底谁说得最接近？（沉默片刻）我们来测一测就可以知道了。

第二步，解决问题。

（1）在自然实验室里，每 4 个学生一组，每组都有测量工具和水龙头。学生把每个水龙头的滴水速度调至与刚才画面上水龙头的滴水速度差不多。

（2）学生分组，分工合作，进行测量和计算，需 10 min。

（3）各小组派代表汇报。

可能会有以下几种测量方法。

方法一：先测出 1 s 的滴水量，再算一天的滴水量。

方法二：先测出 1 min 的滴水量，再算一天的滴水量。

方法三：先测出 10 滴水大约有几毫升，然后求 1 min 的滴水量，最后求一天的滴水量。

方法四：先测出 10 mL 用多少时间，然后算出滴水速度，最后求一天的滴水量。

由于条件所限，方法四为最优。引导学生用方法四再次进行测量。

统一测 60 mL 用多少秒，为了减少误差，测得准一些，要求测 3 次取平均数。

$$(60+60+60) \div (84+85+84) \approx 0.7 \text{ (mL/s)}$$

$$0.7 \times 60 \times 60 \times 24 = 60\,480 \text{(mL)}$$

结论：一个滴水的龙头，一天大概浪费 60 480 mL，约 60 L 的水。

（4）回应前面的自由估算。

一桶水 20 L，60 480 mL 水大约能装 3 桶多一些。

第三步，探究学习实践（旨在训练学生的数感）。

（1）建立 60 L 水的概念。

师：出示一个 1 dm³ 的盒子，一个这样的盒子能装水 1 L，60 L 水能装这样的 60 盒。

（2）推出问题：谁能照样子说说 60 L 水到底有多少？

（3）学生讨论、交流。

引导学生用自己身边的杯子、碗、矿泉水瓶和桶等容器来形容、感受 60 L 水有多少。

探究问题二

（1）提出问题：按照这个水龙头的滴水速度，一个水龙头一年浪费多少水？

（2）学生用计算器计算。

（3）汇报结果，可能会有以下几种方法。

方法一：一年按 365 天计算，有

$$0.7 \times 60 \times 60 \times 24 \times 365 = 220\,075\,200 \text{ mL} \approx 22 \text{ m}^3$$

一年大约浪费 22 m³ 水。

方法二：一年用 366 天计算，有

$$60 \times 366 = 21\,900 \text{ L} \approx 22 \text{ m}^3$$

方法三：滴水与所用时间成正比例，用比例的方法来解。

设一年浪费水为 x mL，则

$$60 : 1 = x : 365$$

得 $x = 21\,900$ mL，21 900 mL $\approx$ 22 m³。

结论：按照这个水龙头的滴水速度，一个水龙头一年浪费大约 22 m³ 水。

（4）探究学习实践（体现数学价值——服务于生活）。

① 调查好的水价及自己家每个月的用水量，按照这个滴水速度计算一个滴水的龙头一年浪费的水够你用多久？

② 如果学校 104 个水龙头都这样滴水，计算一下，学校每年要多支付多少水费？

浪费的水为 22 × 104 = 2288(m³)，总水费为 4 × 228 = 9152(元)。

③ 创设情境，帮助学生理解实践②的结论的严重性，从而教育学生节约用水、用电等。

播放黄土高原一所乡村小学正在上课中，忽然听到打雷声，师生不约而同冲出教室去拿能装水的器皿，摆在地上渴望大雨到来的片段。

师：如果这所乡村小学每天用水 1 m³，2288 m³ 的水可以用多久？

生：2288 天。

师：大概多少年？

生：大概 6 年。

师：当你看到这个数时，你的心情怎样？

师：好在大部分同学都是很节约的，如果另一小小部分同学也能克服缺点，我们就不会给学校造成不必要的损失了。

结论：水很宝贵，我们要节约用水。

（三）了解结论的现实意义

（1）水在生活中的用途。（自由说）

水可以用来（浇花、洗碗、洗衣服、给游泳池换水、灭火、捐给灾区……）

（2）怎样节约用水？（自由说）

（3）怎样让更多的人知道要节约用水？

通过报纸、广播、网络、电视、做广告……

（4）如果让你用一句话告诉人们要节约用水，你打算怎么说？

（四）探究学习评价

师：通过这节课的探究，你有什么收获？引导学生小结。

生1：知道了为什么要节约用水。

生2：知道了怎样节约用水。

生3：我知道要估一个大数先测出一小部分，再估全部就比较准。

生4：我知道怎样计算滴水速度。

生5：做什么事，先商量商量，做起来就比较容易。

（五）探究学习引申

（1）师：生活中除了要节约用水，还要节约什么？

生：还可以节约钱、电、纸、能源……

（2）社会调查：播放同学们去早操时，没关电灯和风扇的录像，请你调查一下电价和学校共有的班级，如果早操 20 min 每个班都没关电灯和风扇，大概会浪费多少电费？

这是一堂非常成功的活动课，以润物细无声的方式将数学中单位换算、简单的统计及比例等知识以探究活动、动手操作的形式展现出来，培养了学生数感及估算的能力，更重要的是将传统美德"节约"，以数学的形式量化展示给学生，结果几乎可以让学生触目惊心，从而培养学生树立正确的情感价值观，达到数学育人的目的，这也是当下提倡的"课程思政"最好的展现形式。

下面的案例是辽宁省本溪市北星小学程尚峰教师关于六年级数学综合实践活动课《确定起跑线》教学设计。

案例 3-5-4

确定起跑线

一、教学内容

人教版课程标准实验教材六年级上册第 75、76 页。

二、教学目标

（一）知识目标

（1）通过该活动让学生了解椭圆式田径场跑道的结构。

（2）学会确定起跑线的方法，并能进行相应的计算。

（二）技能目标

（1）通过活动培养学生利用小组合作探究解决问题的能力。

（2）学会确定起跑线的方法。

（三）情感态度及价值观

（1）培养先思考后讨论的小组活动能力。

（2）通过活动让学生切实体会到探索的乐趣。

（3）感受到数学在体育等领域的广泛应用。

三、教学过程

教学过程	教师活动	学生活动	设计意图
（一） 课前谈话 （3 min）	（展示课件运动会图片）同学们，在我校的运动会上，体育健儿们努力拼搏取得了优异的成绩。你们都看到比赛了吗？今天将要先带大家去观摩一场小型的运动会。	学生回答；认真观察。	课的开始通过师生对话，谈谈同学们身边发生的大事，合理利用课前的几分钟，就犹如奏响了课堂教学主题曲的前奏。既吸引学生学习的注意力，也可拉近师生之间的心理距离，激发学生的学习热情，创设宽松的课堂氛围，让学生在心理安全的状态下进入学习活动。
（二） 创设情景 提出问题 （5 min）	（1）情景导入。小动物的运动会：多媒体播放四只小兔子从同一条起跑线起跑，分四个道次沿椭圆形跑道跑一圈，再回到同一个终点，谁先回到终点就为第一。 师：同学们对这场比赛有什么看法吗？你有什么办法可以使比赛公平呢？	观看多媒体课件。 学生在观察后回答。	数学课程标准中指出，数学要紧密联系学生的生活环境，从学生的经验和已有知识出发，创设良好的教学环境。运动会是学生生活中很熟悉的活动，它贴近学生的生活实际，真实、自然。课的开始在这样一个学生熟悉的活动中设计了一场不公平的比赛，让学生在观看的同时发现比赛中存在的问题，并且提出问题。学生还结合自己的生活经验发表解决问题的方法，如将起跑线向前移动等，激发了学生探究问题的欲望。
	（2）赛事回放。欣赏运动场上运动员起跑时的图片，教师同步讲解，进行 400 m 的比赛，如果从同一条起跑线起跑，外道比内道长，相邻跑道之间有差距，为了公平，要将起跑线依次向前移。 （3）提出问题。体育比赛中，相邻两道起跑线都提前一定的距离，这个距离是随便移动的吗？相邻起跑线相差多少米？你能看出来吗？ （4）揭示课题。 师：今天，我们就带着这个问题走进运动场，用我们的知识找出相邻起跑线相差多少米，重新确定一个公平的起跑线。 （板书课题：确定起跑线）	仔细观察并思考。 学生汇报预测结果。	几幅运动场上的图片搭起了现实生活与数学课堂之间的桥梁，充分体现了数学来源于生活，利用学生的发现提出问题：起跑线提前的距离是多少？使学生感受到生活中也隐藏着数学问题，数学就在我们的身边。

教学过程	教师活动	学生活动	设计意图
	1.了解跑道结构 　出示完整跑道图（共四道，跑道最内圈为 400 m） 　师： 　（1）观察跑道由哪几部分组成。 　（2）在跑道上跑一圈的长度可以看成哪几部分的和？ 　（板书：跑道一圈长度＝圆周长＋2个直道长度） **2.简化研究问题** 　（1）85.96 m 是指哪部分的长度？一条直道吗？ 　（2）讨论：四个小兔子沿跑道跑一圈，各跑道之间的差距会在跑道的哪一部分呢？ 　（3）小结：既然与直道无关，为了便于我们更好地观察，暂时将直道拿走看看差距在哪里，好吗？（课件：直道消失，屏幕上只剩下左右两个弯道。）	观察后回答。 思考并回答。 学生代表回答。 学生看课件并思考。 观察并思考学生思考后小组讨论。	把生活中的跑道缩小放在屏幕上，既直观又形象也便于学生观察。直道和弯道用不同的颜色，能更好地引导学生发现跑道中的秘密，左右两个弯道合起来其实是个圆。 　学生在观察中发现相邻跑道的差距没有在直道部分，有学生想到会在弯道部分。在这里教师做了一个大胆的创新，既然与直道无关，就把直道拿走，屏幕上只留下左右两个弯道。给学生留下了无限的思考空间。
（三） 观察跑道 探究问题 （24 min）	**3.寻求解决方法** 　（1）左右两个半圆形的弯道合起来是一个什么？ 　（2）讨论：你怎样找出相邻弯道的差距？相邻弯道差距其实就是谁的长度之差？ 　（3）交流小结：只要计算出各圆的周长，算出相邻两圆相差多少米，就是相邻跑道的差距，也就是相邻起跑线相差多少米。 **4.动手解决问题** 　（1）计算圆的周长要知道什么？ 　（2）课件出示：第一道的直径为 72.6 m，第二道是多少？第三道呢？ 　（3）第一道和第二道的直径分别为 72.6 和（72.6+2.5）m，周长分别为 72.6πm 和（72.6+2.5）πm，故相邻跑道相差（72.6+2.5）π－72.5π＝2.5π(m)。 **5. 汇报结论** 　相邻起跑线相差都是 2.5πm，也就是道宽×2×π。这说明起跑线的确定与道宽最有关系。 　计算相邻起跑线相差的具体长度： 　　2.5π≈2.5×3.14＝7.85(m) 　师：同学们通过努力找到了起跑线的秘密，小动物们的比赛应该把起跑线依次提前 7.85 m 才公平。	学生回答（直径）。 　在教师带领下学生填写表格的前两道，剩下的由学生完成。 　学生计算后于小组内同学验证结果。 　由学生代表汇报。	新课程标准中指出，教师要积极利用各种教学资源，创造性地使用教材设计符合学生发展的教学过程，培养学生的创新意识。在这里学生发现左右的半圆是一个圆，课件将左右的弯道合成一个圆，鼓励学生大胆设想通过小组的合作、交流，倾听别人的意见和想法，激发自己的灵感，让每一个学生对问题发表自己的见解，呵护他们的创新思维从而找出问题的结果；弯道之差其实就是圆的周长之差。 　学生在教师的组织、引导下开展小组合作学习，通过填写表格，找出确定起跑线的规律，即 400 m 起跑线差距是 2.5πm，为了便于学生发现规律及后面的计算，均用代数式来表示，减轻了学生的计算负担，同时也提升了学生的数学思维品质。学生在探究活动中不仅加强了对所学知识的理解，同时获得了运用数学解决问题的思考方法，学会了与他人合作，数学素养得到提高。
（四） 巩固练习 实践应用 （3 min）	师：小动物们很感谢同学们的帮助，可是它们在比赛时调整了道宽，你能帮它们再计算一下吗？400 m 的跑步比赛，道宽为 1.5 m，起跑线该依次提前多少米？ 　生：1.5×2×π≈3×3.14＝9.42(m)	思考后回答问题并动手计算。	数学的学习要应用于生活，但是不要死搬硬套。生活中的问题很多，学生通过对 400 m 跑道起跑线的确定，让他们能灵活地运用知识解决其他类似的问题，小小的拓展练习打开了学生思维的空间，开发出学生的无限智慧，使学生的知识变得鲜活起来。

教学过程	教师活动	学生活动	设计意图
（五） 拓展延伸 自我评价 （5 min）	（1）解决问题：在运动场上还有 200 m 的比赛，道宽为 1.25 m，起跑线又该依次提前多少米？	预设生 1：道宽与前面的 400 m 一样，我可以用前面算的 7.58 m 除以 2 是 3.79 m。	通过预设内容，让拓展的内容沿着预定的方向发展；给学生以思考的空间。
	（2）比较方法：同学们想得很巧妙，谁的更实用呢？	预设生 2：200 m 的比赛就只跑了 400 m 的一半，跑了一个弯道，只增加了一个道宽就可以直接用道宽×π。	
	（3）全课小结：谈一谈这节课你有什么收获？	思考后回答。学生思考后，由学生代表回答。	
（六） 课后反思	数学课不仅仅是要教给学生公式和计算方法，更要联系实际，教会学生数学的应用方法，培养学生的数学思想。在课前，以作业的方式，要求学生仔细观察操场上的跑道和起跑线；课堂上，通过直观的图片和课件，学生很容易就对跑道、起跑线有了比较全面的认识，这些都为学习后续的教学内容奠定了良好的基础。当然，本课也存在不足，例如，小组合作时间不足，没能充分调动所有学生的积极性，组内分工不够明确，组长缺乏监督和管理能力，个别学生依赖小组其他成员，没有仔细思考，直接等着"吃现成"。用小动物作为赛跑运动员，孩子们兴趣并不大，下次再讲，可用学生喜闻乐见的卡通人物，如羊村的小羊们，相信学生会更感兴趣。		

程老师的这堂实践活动课，以运动会中赛跑比赛为例，提出问题：起跑线如何确定合理？将学生熟悉的跑道、起跑线带到课堂上，通过课件，以直观的图片展示，用小动物模拟赛跑运动员，激起学生的学习兴趣和探究欲望。图文结合，以数学的形式分解椭圆，引导学生观察并思考各个跑道的周长是如何构成的？如何计算？寓数学知识点于实际问题的解决之中，培养了学生数学思维能力及运用数学知识解决实际问题的能力，这是数学教学的主要目的。

下面的案例是吉林省扶余市更新乡中心小学赵世龙教师关于五六年级数学综合实践活动课《生活中的排列问题》教学设计。

案例 3-5-5

生活中的排列问题

一、活动对象

五六年级学生。

二、内容的确立

简单的排列没有像"可能性""正反比例"等数学思想方法那样以专题的方式加以编排，而是分散渗透于各册教材之中。当一些生动的数学思想和思维方法积累到一定的量时，有必要催其萌芽、促其生根、助其生长，用它的思想方法之力去滋养数学这棵知识之树。本节课借助于一些生动的生活实例，引导学生观察、分析、归纳，抽出最朴素的排列方法，让学生感受排列在实践中的应用，激发学生的数学学习兴趣。

三、设计理念

依据"生活数学""快乐数学""做数学""数学建模"的理念，让学生在愉快而富有挑战性的数学活动中感受数学学习的快乐，了解数学广泛的应用价值，体验智慧的力量。

四、教学目标

（1）能在教师的引导下，通过有趣的游戏，概括出计算简单的排列的种数的方法。

（2）能应用所学的知识解决简单的实际问题。

（3）感受数学的奇妙，激发学生学习数学的兴趣。

（4）学到一些研究数学的方法——观察、类推、发现、应用。

五、教学重难点

（1）排列计算方法的归纳。

（2）排列的实际应用。

六、教学准备

（1）学具：红、绿、蓝三色正方形纸片若干。

（2）教具：课件、PowerPoint、密码本。

七、教学过程

（一）智开宝库

1. 导入

同学们，你们最喜欢的活动是什么？游戏！那好，下面教师就带领大家做一个有趣的挖宝游戏。一提到挖宝，同学们最想知道有关挖宝的什么事情？挖什么宝？在哪挖？怎样挖？

2. 探究新知

（1）创设情境，呈现问题。

要想知道上面问题的答案，请看大屏幕。用多媒体播放幻灯片进行演示，首先出现一座藏宝山，山脚下有一座大门紧锁的宝库，同时在山下出现"沈阳"这一地址。看到这里你想到了什么？（宝库的地点就在沈阳的一座山脚下，大门紧锁着，如果有了开启宝库的钥匙就可将宝库打开。）接着画面用动画的形式让一把金黄的钥匙旋转并挂到宝库的大门上。看到这里你又想到了什么？（有了这把钥匙就可以打开宝库了！）然后金钥匙晃着"脑袋"进行自述："我"就是打开这座宝库的钥匙，挂在这里已经好多年了，从这里走过的人很多，他们都试着用我开启宝库，但没有一个人能够打开宝库的大门，但我的的确确是打开这座宝库的钥匙。暂停播放，让学生说说有什么疑问。（既然这把钥匙能开启宝库，那为什么打不开？）继续播放多媒体声像动画，金钥匙又自述道：宝库大门的锁头是一把机关锁，打开它还有一个秘密呢！第一，必须从扶余出发乘公共汽车沿高速经长春至沈阳。第二，从扶余到长春有 2 条高速公路，从长春到沈阳有 4 条高速公路，必须能说出从扶余到沈阳一共有几种走法？并说出都是怎样走的？第三，在这些走法中，只有一种走法能触动机关锁，从扶余出发至沈阳所用时间应尽可能最短，请问你有什么巧妙的办法？谁能解开上面的秘密谁就是班里的智多星。先引导学生画出如图 3-30 的路线图。

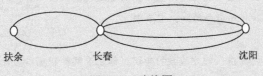

图 3-30　路线图

（2）小组合作，解决问题。

下面我们就以小组为单位来一个挖宝比赛，看哪一个小组最先挖宝成功，咱们就评他们为优胜小组。

（3）小组汇报。

（4）深入探究，引导归纳。

教师先引导学生小结，从扶余到长春有 2 条高速公路，有 2 种走法，从长春到沈阳有 4 条高速公路，也就有 4 种走法，那么从扶余到沈阳就有 2 个 4 或者说 4 个 2 种走法，即 2×4＝8 种。为了很快到达沈阳，我们可以同时乘坐 8 辆公共汽车分别按 8 种不同的走法到达藏宝地，成功取宝。

假如从扶余到长春不是 2 条高速公路，而是 3 条，有几种走法呢？如果藏宝地在北京，沈阳至北京有 5 条高速公路，那又应该有几种走法？最后归纳出做一件事有若干步，完成这件事的总方法数＝第一步的方法数×第二步的方法数×第三步的方法数×…×最后一步的方法数。

刚才我们挖的是什么宝？知识之宝、智慧之宝、团结协作之宝。

（二）实践应用

刚才我们总结的规律可以用来解决生活中的许多问题。下面我们进入这节数学活动课的第二环节——实践应用，请看大屏幕。播放电话振铃，出现 7 位电话号码的前三位"586（ ）（ ）（ ）（ ）"的幻灯动画。然后提问学生："这是哪个城镇的电话号码？以 586 开头可装多少部电话？"

（1）学生尝试解决。

（2）学生汇报。

（3）小结：填写电话号码分 4 步，每步都有 10 种填法，一共有 10×10×10×10＝10 000（种）填法，也就可以装 10 000 部电话。

（三）趣味游戏

上体育时大家都会排队，那么你听说过给颜色排队吗？今天我们就做一个给颜色排队的游戏。同学们根据我们所学的知识先计算一下，给红、绿、蓝三种颜色排队（每种排法中，每种颜色只使用一次），一共有几种排法？

（1）学生试算。

3×2×1＝6（种），排在第一位的有 3 种颜色可供选择，排在第二位的还有 2 种颜色可供选择，排在第三位的只有最后一种颜色可供选择。

（2）游戏验证。

学生拿出三色卡片拼摆验证。

（四）结束语

今天，我们给道路排队组成不同的走法，给数字排队组成不同的号码，给颜色排队组成不同的图案。这种现象在数学上有一个专门的名字——排列。通过这节活动课我们可以体会到，数学就在我们身边，数学就在生活里，用好你敏锐的眼睛、智慧的头脑，让我们共同走进生活，走进数学那神秘而有趣的知识宝库中。

（五）课外延伸

运用今天所学的计算排列的方法数的知识，你能否解释密码本为什么保险？（播放各种样式的密码本，展示密码本的实物）这个问题可做课后研究。

第六节　数学解题课的教学设计及案例分析

关于数学解题，不得不提到波利亚。波利亚年轻时就对初等教育感兴趣。他主张数学教育主要目的之一是发展学生解决问题的能力，教会学生思考。1914 年他在苏黎世时，就准备研究数学解题的规律，用德文写了一个大纲，后来在英国数学家高德菲·哈罗德·哈代（Godfrey Harold Hardy）的启发下，1944 年在美国出版了《怎样解题》（How to Solve It），其中"怎样解题表"总结了人类解决数学问题的一般规律和程序，对数学解题研究有着深远影响。迄今此书已销售一百万册，被译成至少 17 种语言广为传播，可说是一部现代数学名著[115]。他随后又写了两部书：其一是 1954 年出版的两卷本《数学与合情推理》（Mathematics and Plausible Reasoning），再次阐述了在《怎样解题》及其他论文中所提到的启发式原理，被译成 6 种语言；其二是出版了两卷本的《数学的发现》（Mathematical Discovery），1962 年出版第一卷，1965 年出版第二卷，1981 年又合成一卷再版，被译成 8 种语言[27]。这些书籍一经出版，立刻在美国引起轰动，很快风行世界，使波利亚成为当代的数学方法论、解题研究与启发式教学的先驱。20 世纪七八十年代，中国陆续翻译出版了波利亚的上述著作，随之在中国掀起一股"波利亚热"，促进了中国数学教学的改革，提高了中国数学解题研究的水平。能集中表现波利亚数学解题思想与方法的另一部名著是他与加博尔·赛格（Gabor Szego）合著的《数学分析中的问题和定理》（Aufgaben und Lehrsatze aus der Analysis）。大约在 1913 年波利亚偶尔回国到布达佩斯大学访问，在这里遇到了比他小 8 岁、正在学习的赛格。他们志趣相投，赛格证明了波利亚的一个关于傅里叶（Fourier）系数的猜想，从此，赛格成为波利亚长期合作的同事与朋友。赛格在 1918 年获得了维也纳大学的博士学位。他们合作的第一部书就是两卷本的《数学分析中的问题和定理》，于 1925 年出版德文版。它并不是一部普通的习题集，而是一部极负盛名的著作，其新颖之处在于不是按内容而是按解题方法编排的，用意在于激励读者（特别是大学数学系高年级的学生）在数学分析的几个重要领域中进行独立的思考与工作，并养成有用的思维习惯。1935 年，苏联出版了此书的俄文版；1972 年，第一卷英文版出版；1976 年，第二卷英文版出版。中文版的第一、二卷分别在 1981 年、1985 年在上海出版。一个世纪以来，此书一直是许多研究课题的重要来源，是各类试题几乎取之不尽的源泉，在数学教育界堪称一绝。

波利亚的《怎样解题》是一部经久不衰的畅销书，虽然它讨论的是数学中发现和发明的方法和规律，但是对在其他任何领域中怎样进行正确思维都有明显的指导作用。本书围绕"探索法"这一主题，采用明晰动人的散文笔法，阐述了求得一个证明或解出一个未知数的数学方法怎样可以有助于解决任何"推理"性问题——从建造一座桥到猜出一个字谜。一代又一代的读者尝到了本书的甜头，他们在本书的指导下，学会了怎样摒弃不相干的东西，直捣问题的心脏。"怎样解题表"就是《怎样解题》一书的精华，该表被波利亚排在该书的正文之前，并且在书中再三提到该表。实际上，该书就是"怎样解题表"的详细解释。波利亚的"怎样解题表"将解题过程分成了如下四个步骤。

第一，弄清问题。未知数是什么？已知数据（已知数、已知图形和已知事项等的统称）是什么？条件是什么？满足条件是否可能？要确定未知数，条件是否充分？或者它是否不充分？或者是多余的？或者是矛盾的？画张图，引入适当的符号，把条件的各个部分分开。你能否把它们写下来？

　　第二，拟定计划。找出已知数与未知数之间的联系。如果找不出直接联系，你可能不得不考虑辅助问题。你应该最终得出一个求解的计划。你以前见过它吗？你是否见过相同的问题而形式稍有不同？你是否知道与此有关的问题？你是否知道一个可能用得上的定理？看着未知数！试想出一个具有相同未知数或相似未知数的熟悉的问题。这里有一个与你现在的问题有关且早已解决的问题，你能应用它吗？你能不能利用它？你能利用它的结果吗？为了能利用它，你是否应该引入某些辅助元素？你能不能重新叙述这个问题？你能不能用不同的方法重新叙述它？回到定义去。如果你不能解决所提出的问题，可先解决一个与此有关的问题。你能不能想出一个更容易着手的有关问题？一个更普遍的问题？一个更特殊的问题？一个类比的问题？你能否解决这个问题的一部分？仅仅保持条件的一部分而舍去其余部分，这样对于未知数能确定到什么程度？它会怎样变化？你能不能从已知数据导出某些有用的东西？你能不能想出适合于确定未知数的其他数据？如果需要的话，你能不能改变未知数和数据，或者二者都改变，以使新未知数和新数据彼此更接近？你是否利用了所有的已知数据？你是否利用了整个条件？你是否考虑了包含在问题中的所有必要的概念？

　　第三，实现计划。实现你的求解计划，检验每一步骤。你能否清楚地看出这一步是正确的？你能否证明这一步是正确的？

　　第四，回顾反思。验算所得到的解。你能否检验这个论证？你能否用别的方法导出这个结果？你能否一下子看出它来？你能不能把这结果或方法用于其他的问题？

　　"怎样解题表"是波利亚在分解解题的思维过程中得到的，看似很平常的解题步骤或方法，其实包含了几代人的智慧结晶和经验总结。在这张包括弄清问题、拟定计划、实现计划和回顾反思四大步骤的解题全过程的解题表中，对第二步即拟定计划的分析是最为引人入胜的。他把寻找并发现解法的思维过程分解为五条建议和二十三个具有启发性的问题，它们就好比是寻找和发现解法的思维过程进行分解，使我们对解题的思维过程看得见，摸得着，易于操作。

　　中学数学教学中，解题教学相当重要。因为中学数学解题方法是数学方法论研究的重要组成部分。数学习题具有教学功能、思想教育功能、发展功能和反馈功能。但我们又不能把解题教学用来代替全部的数学教学内容。数学习题可使学生加深对基本概念的理解，从而使概念完整化、具体化，牢固掌握所学知识系统，逐步形成完善合理的认知结构。通过解题教学，达到知识的应用，有利于启发学生学习的积极性。它是采用一段原理去解释具体的同类事物，由抽象到具体的过程。此外，解答习题也是一种独立的创造性的活动。习题所提供的问题情境，需要探索思维和整体思维，也需要发散思维和收敛思维，可培养人的观察、归纳、类比、直觉、抽象及寻找论证方法，准确地、简要地表述、判断、决策等一系列技能和能力，给学生以施展才华、发展智慧的机会。因此，数学解题课是中学数学课又一重要的基本课型。

一、数学解题课的设计

　　由于数学解题课教学内容的特殊性，重点是解数学题。数学习题按题目条件、解法和解题三个要素来分，一般可分为标准性题（三个要素都知道）、训练性题（三个要素中有一个不知道）、探索性题（三个要素中有两个不知道）。进行解题教学时，同样要根据需要和学生的实际情况确定教学目标，对教科书的例题、练习、习题重新组构。因此，正确、合理地选取、配置例题、练习和习题，以及选择适当的方法去组织习题教学是优化的关键。因为只要对某一道习题的条件作一些变动不大的处理或者改变向学生提出这道题的时间、发问角度，都可能从本质上改变该题的教学意义。关于数学解题课中的数学习题，在最新版的普通高中数学课程标准中要求：整体设计习题等课程资源；习题是教材的重要组成部分，要提高习题的有效性，科学、准确地把握习题的容量、难度，防止"题海战术"；应开发一些具有应用性、开放性、探究性的问题，解决这样的问题有助于学生数学学科核心素养的提升；习题是课堂教学内容的巩固和深化，也应当为学生发展数学学科核心素养提供平台；要重视习题编写的针对性，也要重视习题编排的整体性。例如，练习题要关注题目的层次性，由浅入深，帮助学生在掌握知识技能的同时，进一步感悟数学的基本思想，积累数学思维的经验；思考题要关注情境和问题的创设，有利于学生理解数学知识的本质，提升数学学科核心素养；复习题要关注单元知识的系统性，帮助学生理解数学的结构，增进复习的有效性，达到相应单元的"学业要求"；复习题也要关注数学内容主线之间的关联及六个数学学科核心素养之间的协调，有利于学生整体理解、系统掌握学过的数学内容，实现学业质量的相应要求。

　　数学解题课通常包含"知识再现—基本练习—综合练习—反思总结"四个教学环节。知识再现是指相关数学知识的再现，也可以通过做了最基本练习之后的交流来呈现。基本练习为所学知识的运用设计的基础练习，以及所学新知识重难点的针对性专项练习。综合练习是解题课的主体，此处的"综合"更多的是指各种练习侧重点的综合，不仅仅是练习题的综合性，可以设计变式性练习、改错性练习、比较性练习、综合性运用练习。选取的习题宜突出针对性，针对所教知识的重点和难点，针对学生学习的薄弱点，针对知识的综合运用。反思总结是指，做题后的收获不在于做了多少题，而在于做题后的交流总结，这个环节可以安排在课的最后，也可以穿插在各主要练习之后。

　　为了使解题教学课达到优化，我们更要注意解题课教学的宗旨，即培养学生解题能力。如何提升学生解题能力，在波利亚的"怎样解题表"中对解题做了四步法介绍，这里主要从教师教学的角度，介绍教师讲授解题课时关键要把握的要点。

　　（1）审题。审题要求学生对题目的条件和结论有一个全面的认识，要帮助学生掌握题目的数形特征。有些问题往往需要对条件或所求结论进行转换，使之化为较简单易解或具有典型解法的问题。如果题中给出的条件不明显，即具有隐含条件，就要引导学生去发现。通过认真审题，可以为探索解法指明方向。

　　（2）探索。数学问题中已知条件和要解决的问题之间有内在的逻辑联系和必然的因果关系。在审题之后，应让学生学会探索，即引导学生分析解题思路，寻找解题途径，逐渐发现和形成一些解题规律。尤其要让学生仔细分析题目的目标是什么，因为题目的目标就是寻求解答的主要方向，要掌握解题的思维方向，想方设法地将所给的题目同自己会解的某一类相近题目联系起来，选择解题策略：试试能否换一种方式叙述题目的条件或简化题目的条件，或者将该题有关的概念用它的等价定义来代替；将条件分解成几个部分，再将这几部分构成一个新的组合，将所有的局部结果同题目的条件和结论做比较，检查自己的解题意图是否合理；能否把问题分解成一串辅助问题，以便依次解答这些辅助问题就可以综合所给题目的解答；研究题的特殊化情况或某些部分的极端情况，是否会对题目有影响。即试图由一般退化为特殊或从特殊推广到一般。每个习题遵循上述思考方向总可以通过探索实验得到解决。当然要注意限制实验的次数，并防止在解题开始阶段便误入歧途。在探索阶段，有时学生尚不会独自分析，需要教师的辅导。但切勿匆匆忙忙把教师想好的解题思路和盘托出或者把拟好的解法过程在黑板上书写一番，更不能让学生死记硬背解法步骤，以记忆代替思考，而应分析关键环节，以激活学生思维的停滞状态。一定要让学生明白怎样解题，为什么这样解，为什么想到这样解，以促进学生思维活动的进一步发展。

（3）表述。如何表述解题过程？一定要合乎逻辑顺序、层次分明、严谨规范，简洁明了。教师对教学进程的每个阶段的解题要求应通过板书示范。先让学生模仿，然后养成习惯，逐步做到数学语言、符号准确，说理清楚明白，书写整洁有序。表述是交流的重要方面，一定要抓好。

（4）回顾。在解题以后，回过头来对解题活动加以反思、探讨、分析与研究是非常重要的环节。因为对解题过程的回顾和审视会对题目有更全面、更深刻的理解，既可以检验解题结果是否正确、全面，推理过程是否无误、简捷，还可以揭示数学题目之间规律性的联系，发挥例题、习题的"迁移"功能，收到"解一题会一片"的效果，有时还会得到更完美的解答方案。

兼顾解题能力训练，把握关键要点，完成好解题教学的四个环节，还有以下策略可以参考。

（1）突出思维过程。在例题的配置上，以探索性问题为主；在解题环节上，突出解题思路的探索过程；在思维层次上，随着学生年龄的递增，注意问题的概略解决，给猜想、类比、归纳的推理以应有的地位。

（2）突出学生的主体性。在解题教学中要充分发挥学生参与活动的主动性，课堂上，要给学生充分的思维活动空间，尽可能多地靠学生自己发现解题思路，动手作答。

（3）进行独立限时训练。要想达到解题课的教学要求，独立限时训练是不可少的，这样可以让学生精力集中，提高练习的速度和有效性。

二、数学解题课设计案例及其分析

下面的案例《函数背景下的求面积问题》是由广东省在职研究生台山市冲蒌中学的梁欢教师（编著者指导的在职研究生）设计的解题课。

案例 3-6-1

函数背景下的求面积问题

台山市冲蒌中学　梁欢

一、教学背景

解题教学是基本教学活动。在解题教学中，怎样引导学生自然、合理地发现问题、提出问题、分析问题和解决问题，积累有价值、可迁移的解决问题的经验，是我们一线教师值得研究的课题。本节课通过水平宽和铅锤高求三角形面积的原型，类比迁移到一次函数、反比例函数和二次函数的模型中，逐步解决函数背景下的求面积问题。

二、教学目标

（一）知识与技能

利用分割法将函数背景下求不规则三角形的面积问题转化为利用水平宽和铅锤高求面积

的问题；能根据具体的题目快速找出三角形的水平宽和铅垂高。

（二）过程与方法

通过观察、分析、概括、总结等方法了解函数中三角形面积问题的原型，并掌握函数中三角形面积问题的相关计算，从而体会数形结合思想和转化思想在函数中的应用。

（三）情感态度与价值观

由简单函数入手，消除学生的畏难情绪，使学生积极参与数学活动，加强学生之间的合作交流，提高学生的归纳总结能力，培养学生不断反思的习惯。

三、教学重难点

教学重点：如何利用水平宽和铅垂高求三角形的面积。

教学难点：如何找三角形的水平宽和铅垂高。

四、教学方法

动手操作、引导探究、讨论交流。

（一）教学流程设计

我们以图 3-31 给出教学流程设计，并说明每个环节的设计意图。

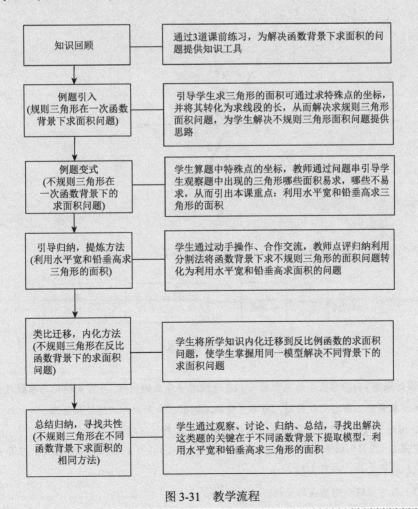

图 3-31 教学流程

（二）教学过程

1. 知识回顾

（1）请分别画出锐角三角形、直角三角形和钝角三角形，作出它们的高，用字母标出它们的边和高，然后求出它们的面积。

（2）平面直角坐标系中，点 $A(2,3)$ 到 x 轴的距离为_____，到 y 轴的距离为_____。任意一点 $P(x,y)$ 到 x 轴的距离为_____，到 y 轴的距离为_____。

（3）在 x 轴上有两点 $A(a,0)$，$B(b,0)$，则线段 AB 的长度为_____。

在 y 轴上有两点 $M(0,m)$，$N(0,n)$，则线段 MN 的长度为_____。

【设计思路】通过上面 3 道练习，为解决函数背景下求面积的问题提供知识工具。

2. 例题引入（规则三角形在一次函数背景下求面积问题）

例 1 已知，如图 3-32，直线 $l_1 : y = -2x - 2$ 与 x 轴、y 轴分别交于 A,B 两点；

（1）求点 A,B 的坐标。

（2）求直线与坐标轴围成的 $\triangle AOB$ 的面积。

解 （1）令 $x = 0$，则 $y = -2$；令 $y = 0$，则 $x = -1$，故点 A 的坐标为 $(-1,0)$，点 B 的坐标为 $(0,-2)$。

（2）$S_{\triangle AOC} = \dfrac{1}{2} OA \cdot OB = \dfrac{1}{2} \times 1 \times 2 = 1$。

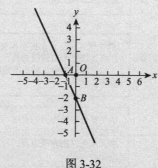

图 3-32

学生完成后，教师点评并归纳如图 3-33 解题思路 1。

图 3-33　解题思路 1

【设计思路】引导学生求三角形的面积可通过求特殊点的坐标，并将其转化为求线段的长，从而解决求规则三角形面积问题，为学生解决不规则三角形面积问题提供思路。

3. 例题变式（不规则三角形在一次函数背景下求面积问题）

变式 1 在引例的条件下，再加入一条直线 $l_2 : y = x - 1$ 与 x 轴、y 轴分别交于 C,D 两点，直线 l_1, l_2 交于点 P，如图 3-34 所示。

（1）你可以得到哪些点的坐标？

（2）你可以得到哪些三角形的面积？

解　（1）由上面引例可以求得点 A、点 B、点 C、点 D 的坐标。点 P 的坐标为则需通过建立二元一次方程组解得。

（2）可以得到 $\triangle COD$, $\triangle AOB$, $\triangle APC$, $\triangle POD$ 的面积。

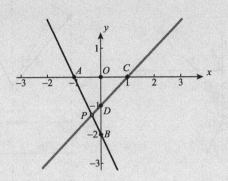

图 3-34　变式 1 图

追问 1　在刚才所求的三角形面积中，哪些三角形面积较难求？为什么会难求？

解　$\triangle COD$, $\triangle AOB$ 的面积较易求，因为它们两边分别在水平方向和竖直方向。$\triangle APC$, $\triangle POD$ 的面积较难求，它们只有一边在水平方向（竖直方向），我们需要添加水平方向（竖直方向）的辅助线。

学生完成后，教师点评并归纳解题思路 2，如图 3-35 所示。

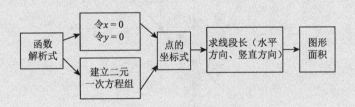

图 3-35　解题思路 2

【设计思路】通过求所有点的坐标，进一步巩固求面积需转化为求特殊点的坐标。设置让学生探求所有可求三角形的面积，很好地培养了学生思维的严谨性。追问的设计是引导和发散学生的思维，让学生通过观察和解题发现：所求的三角形中有些两边在坐标轴上，有些一边在坐标上，一边在坐标轴上的求面积要难于两边。通过追问培养学生总结归纳和分类讨论的能力。

追问 2　如果三角形三边都不在坐标轴上，你又如何求它的面积？

变式 2　若连接 BC，你可以求出图 3-36 中 $\triangle BPC$ 的面积吗？（小组相互讨论）

师生活动 1　教师将图中的原型从坐标系提取出来，利用分割法将 $\triangle BPC$ 的面积分为 $\triangle PDB$ 和 $\triangle BDC$，如图 3-36 所示。引导学生进行思考讨论，得出计算三角形面积的新方法： $S_{\triangle ABC}=\dfrac{1}{2}ah$，即三角形面积等于水平宽与铅垂高乘积的一半。

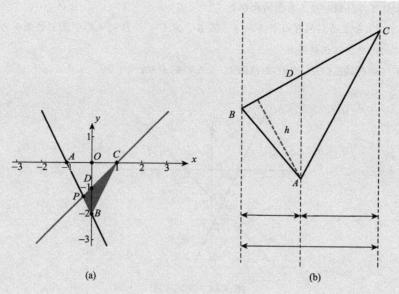

图 3-36　变式 2 图

师生活动 2　教师将学生刚学的求三角形面积的新方法套入一次函数的背景中，学生结合引例和变式 1 的解题方法给出解题步骤。

解　如图 3-37，过点 P 作 x 轴的平行线，过点 C 作 y 轴的平行线，两线交与点 E。

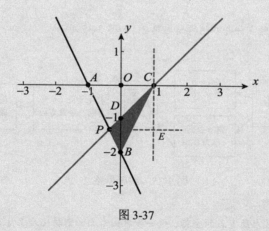

图 3-37

根据变式 1 得 P 点坐标为 $\left(-\dfrac{1}{3}, -\dfrac{4}{3}\right)$，点 B 坐标为 $(0,-2)$，点 C 坐标为 $(1,0)$，点 D 坐标为 $(-1,0)$，根据图形可知 $\triangle PCB$ 的水平宽为 $BD = |-2-(-1)| = 1$，铅垂高为 $PE = \left|1-\left(-\dfrac{1}{3}\right)\right| = \dfrac{4}{3}$，故

$$S_{\triangle ABC} = S_{\triangle ABD} + S_{\triangle ACD} = \frac{1}{2}ha_1 + \frac{1}{2}ha_2 = \frac{1}{2}h(a_1 + a_2) = \frac{1}{2}ah$$

所以 $S_{\triangle PBC} = \dfrac{1}{2}ah = \dfrac{1}{2} \times \dfrac{4}{3} \times 1 = \dfrac{2}{3}$。

学生讨论完成后，教师点评并归纳解题思路，如图 3-38 所示。

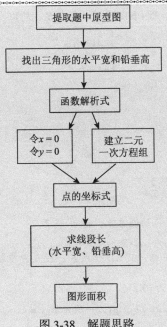

图 3-38　解题思路

【设计思路】 呈现出静态图形中不规则图形面积的解法后，教师及时引导学生归纳小结，建构了求坐标平面内不规则图形面积问题的基本策略：通过割补法转化成规则图形面积问题。对方法的提炼与归纳，让学生明白问题的本质和相互间的关系，有利于完善、优化学生原有的认知结构。同时为动态、复杂问题的解决作了思维上的铺垫和准备。教师及时归纳解题思路，凸显了本节课的重点。

4.类比迁移，内化方法（不规则三角形在反比函数背景下求面积问题）

练习 1 （2014·广东改编）如图 3-39 所示，已知 $A\left(-4,\dfrac{1}{2}\right)$，$B(-1,2)$ 是一次函数 $y=kx+b$ 与反比例函数 $y=\dfrac{m}{x}$ $(m\neq0,m<0)$ 图像的两个交点，$AC\perp x$ 轴于 C，$BD\perp y$ 轴于 D。

（1）求一次函数解析式及 m 的值。

（2）P 是线段 AB 上的一点，连接 PC,PD，证明无论点 P 在线段 AB 上如何运动，$\triangle PCD$ 的面积不变。

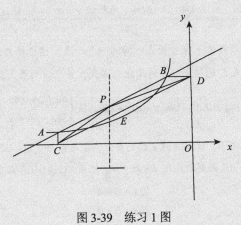

图 3-39　练习 1 图

（1）**解**　因为一次函数 $y = kx + b$ 经过点 A 和点 B，所以

$$\begin{cases} -4k + b = \dfrac{1}{2} \\ -k + b = 2 \end{cases}$$

解得

$$\begin{cases} k = \dfrac{1}{2} \\ b = \dfrac{5}{2} \end{cases}$$

故一次函数的解析式为 $y = \dfrac{1}{2}x + \dfrac{5}{2}$。

因为点 $B(-1,2)$ 在函数 $y = \dfrac{m}{x}$ 的图像上，得 $m = -2$。

（2）**证明**　作 PE 垂直于 x 轴，交 CD 于点 E，设点 P 坐标为 $\left(a, \dfrac{1}{2}a + \dfrac{5}{2}\right)$。根据题意得点 C 坐标为 $(-4,0)$，点 D 坐标为 $(0,2)$。

设直线 CD 的解析式为 $y = kx + b$，因为一次函数 $y = kx + b$ 经过点 C 和点 D，所以有

$$\begin{cases} -4k + b = 0 \\ b = 2 \end{cases}$$

解得

$$\begin{cases} k = \dfrac{1}{2} \\ b = 2 \end{cases}$$

故直线 CD 的解析式为 $y = \dfrac{1}{2}x + 2$，所以点 E 坐标可设为 $\left(a, \dfrac{1}{2}a + 2\right)$。于是 $\triangle PCD$ 的水平宽为 $CO = |-4| = 4$，铅垂高为 $PE = \left|\dfrac{5}{2} - 2\right| = \dfrac{1}{2}$，从而

$$S_{\triangle PCD} = \dfrac{1}{2} \cdot CO \cdot PE = \dfrac{1}{2} \times 4 \times \dfrac{1}{2} = 1$$

即无论点 P 在线段 AB 上如何运动，$\triangle PCD$ 的面积不变。

5. 类比迁移，内化方法（不规则三角形在二次函数背景下求面积问题）

练习 2　（2016·安徽）如图 3-40（a）所示，抛物线 $y = ax^2 + bx$ 经过点 $A(2,4)$ 与点 $B(6,0)$。

（1）求 a, b 的值。

（2）点 C 是二次函数图像上 A, B 两点之间的一个动点，横坐标为 x（$2 < x < 6$）。写出四边形 $OACB$ 的面积 S 关于点 C 的横坐标 x 的函数表达式，并求 S 的最大值。

解　（1）将 $A(2,4)$ 与 $B(6,0)$ 代入 $y = ax^2 + bx$，得 $\begin{cases} 4a + 2b = 4 \\ 36a + 6b = 0, \end{cases}$ 解得 $\begin{cases} a = -\dfrac{1}{2}, \\ b = 3。 \end{cases}$

（2）如图 3-40（b）所示，过点 A 作 x 轴的垂线，垂足为 $D(2,0)$，连接 AB，过点 C 作 x 轴的垂线交 AB 于点 E，设 AB 的解析式为 $y = kx + b$，把点 $A(2,4)$ 与点 $B(6,0)$ 代入 $y = kx + b$，有

$$\begin{cases} 2k + b = 4 \\ 6k + b = 0 \end{cases}$$

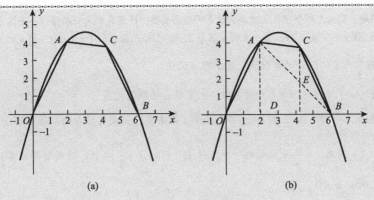

图 3-40 练习 2 图

解得

$$\begin{cases} k=-1 \\ b=6 \end{cases}$$

即 $y=-x+6$。

设 C 点坐标为 $\left(x,-\dfrac{1}{2}x^2+3x\right)$，则 E 点坐标为 $(x,-x+6)$，从而铅垂高为

$$CE=\left(-\dfrac{1}{2}x^2+3x\right)-(-x+6)=-\dfrac{1}{2}x^2+4x-6$$

又水平宽 $DB=6-2=4$，故

$$S_{\triangle ACB}=\dfrac{1}{2}\cdot CE\cdot DB=\dfrac{1}{2}\left(-\dfrac{1}{2}x^2+4x-6\right)\times4=-x^2+8x-12$$

从而有

$$S=S_{\triangle ACB}+S_{\triangle AOB}=-x^2+8x-12+\dfrac{1}{2}\times6\times4=-x^2+8x=-(x-4)^2+16$$

所以当 $x=4$ 时，四边形 $OACB$ 的面积 S 取得最大值，最大值为 16。

【设计思路】探讨了一次函数背景下的三角形面积的多种求解方法后，学生根据学习经验自然、合理地过渡到反比例函数和二次函数背景下的求三角形面积问题，再运用类比的方法将解决问题的方法进行迁移，较好地渗透了类比思想，培养了学生的迁移学习能力。练习 2 由静点过渡到了动点，让学生体会到以静制动，很好地刻画了动静之间的联系和区别。

6. 总结归纳，寻找共性（不规则三角形在不同函数背景下求面积的相同方法）

师：我们这节课学习了利用分割的方法解决不同函数背景下的求面积问题，请问它们的解题的重点和共性是什么？

学生讨论后总结归纳：解决这类题的重点和共性在于不同函数背景下提取模型，不管图形是静止还是运动，都可以通过分割法找到三角形的水平宽和铅垂高，从而计算出三角形的面积。

下面的案例是黄石市新起点学校高考复读班教师设计的专题解题课案例。

案例 3-6-2

合理构造函数解导数问题

构造函数是解导数问题的基本方法，但是有时简单的构造函数对问题求解带来很大麻烦甚至是解决不了问题，那么怎样合理地构造函数就是问题的关键，这里我们来一起探讨一下这方面问题。

例1 （2009年宁波市高三第三次模拟试卷22题）已知函数 $f(x)=\ln(ax+1)+x^3-x^2-ax$。

（1）若 $\dfrac{2}{3}$ 为 $y=f(x)$ 的极值点，求实数 a 的值。

（2）若 $y=f(x)$ 在 $[1,\infty)$ 上是增函数，求实数 a 的取值范围。

（3）当 $a=-1$ 时，方程 $f(1-x)-(1-x)^3=\dfrac{b}{x}$ 有实根，求实数 b 的取值范围。

解 （1）因为 $x=\dfrac{2}{3}$ 是函数的一个极值点，所以 $f'\left(\dfrac{2}{3}\right)=0$，进而解得 $a=0$，经检验是符合的，所以 $a=0$。

（2）显然 $f'(x)=\dfrac{a}{ax+1}+3x^2-2x-a$，结合定义域知 $ax+1>0$ 在 $x\in[1,+\infty)$ 上恒成立，所以 $a\geqslant 0$ 且 $\dfrac{a}{ax+1}\geqslant 0$。同时，$3x^2-2x-a$ 在 $x<\dfrac{1}{3}$ 时递减，在 $x>\dfrac{1}{3}$ 时递增，因此我们只需要保证 $f'(1)=\dfrac{a}{a+1}+3-2-a\geqslant 0$，解得 $0\leqslant a\leqslant\dfrac{1+\sqrt 5}{2}$。

（3）（方法一） 变量分离直接构造函数。

因为 $x>0$，所以 $b=x(\ln x+x-x^2)=x\ln x+x^2-x^3\triangleq g(x)$，于是

$$g'(x)=\ln x+1+2x-3x^2,\qquad g''(x)=\dfrac{1}{x}+2-6x=-\dfrac{6x^2-2x-1}{x}$$

当 $0<x<\dfrac{1+\sqrt 7}{6}$ 时，$g''(x)>0$，所以 $g'(x)$ 在 $\left(0,\dfrac{1+\sqrt 7}{6}\right)$ 上递增；

当 $x>\dfrac{1+\sqrt 7}{6}$ 时，$g''(x)<0$，所以 $g'(x)$ 在 $\left(\dfrac{1+\sqrt 7}{6},+\infty\right)$ 上递减。

又 $g'(1)=0$，故 $g'(x_0)=0$，$0<x_0<\dfrac{1+\sqrt 7}{6}$。

当 $0<x<x_0$ 时，$g'(x)<0$，所以 $g(x)$ 在 $(0,x_0)$ 上递减；

当 $x_0<x<1$ 时，$g'(x)>0$，所以 $g(x)$ 在 $(x_0,1)$ 上递增；

当 $x>1$ 时，$g'(x)<0$，所以 $g(x)$ 在 $(1,+\infty)$ 上递减。

又当 $x\to+\infty$ 时，$g(x)\to-\infty$，$g(x)=x\ln x+x^2-x^3=x(\ln x+x-x^2)\leqslant x\left(\ln x+\dfrac{1}{4}\right)$；当 $x\to 0$ 时，$\ln x+\dfrac{1}{4}<0$，则 $g(x)<0$，且 $g(1)=0$。$g''(x),g'(x),g(x)$ 草图分别如图3-41（a）、（b）、（c）所示。综上所述，b 的取值范围为 $(-\infty,0]$。

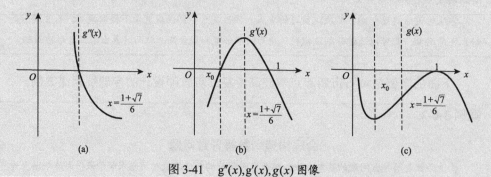

图3-41　$g''(x),g'(x),g(x)$ 图像

（方法二）　构造 $G(x)=\ln x+x-x^2$，则

$$G'(x)=\frac{1}{x}+1-2x=\frac{-2x^2+x+1}{x}=-\frac{2x^2-x-1}{x}=-\frac{(2x+1)(x-1)}{x}$$

因为 $x>0$，所以当 $0<x<1$ 时，有 $G'(x)>0$，从而 $G(x)$ 在 $(0,1)$ 上为增函数；当 $x>1$ 时，有 $G'(x)<0$，从而 $G(x)$ 在 $(1,+\infty)$ 上为减函数。故 $G(x)\le G(1)=0$。

又 $x>0$，所以 $b=x\cdot G(x)\le 0$，即 $b\le 0$。

【分析点评】 第（3）问的两种解法难易繁杂一目了然，关键在合理构造函数上。那么怎样合理构造函数呢？

（一）抓住问题的实质，化简函数

例2　已知 $f(x)$ 是二次函数，不等式 $f(x)<0$ 的解集是 $(0,5)$，且 $f(x)$ 在区间 $[-1,4]$ 上的最大值是12。

（1）求 $f(x)$ 的解析式。

（2）是否存在自然数 m，使得方程 $f(x)+\dfrac{37}{x}=0$ 在区间 $(m,m+1)$ 内有且只有两个不等的实数根？若存在，求出所有 m 的值；若不存在，请说明理由。

解　（1）依题意得 $y=2x^2-10x$，$x\in\mathbf{R}$。

（2）假设满足要求的实数 m 存在，则 $f(x)+\dfrac{37}{x}=0$，即有 $2x^2-10x+\dfrac{37}{x}=0$，从而 $2x^3-10x^2+37=0$。

构造函数 $h(x)=2x^3-10x^2+37$。于是 $h'(x)=6x^2-20x=6x\left(x-\dfrac{10}{3}\right)$。$h'(x),h(x)$ 分析分别如图3-42所示。

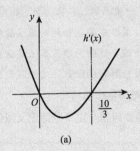
(a)
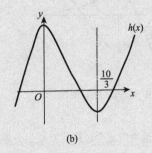
(b)

图3-42　$h'(x)$，$h(x)$ 图像

进而检验，知 $h(3)>0,h\left(\dfrac{10}{3}\right)<0,h(4)>0$，所以存在实数 $m=3$ 使得 $f(x)+\dfrac{37}{x}=0$ 在区间 $(3,4)$ 内有且只有两个不等的实数根。

【分析点评】 本题关键是构造了函数 $h(x)=2x^3-10x^2+37$，舍弃了原函数中分母 x，问题得到了简化。

变式练习　设函数 $f(x)=x^3-6x+5$，$x\in\mathbf{R}$，已知当 $x\in(1,+\infty)$ 时，$f(x)\ge k(x-1)$ 恒成立，求实数 k 的取值范围。

（二）抓住常规基本函数，利用函数草图分析问题

例3　已知函数 $f(x)=n+\ln x$ 的图像在点 $P(m,f(m))$ 处的切线方程为 $y=x$ ，设 $g(x)=mx-\dfrac{n}{x}-2\ln x$ 。求证：当 $x\geqslant 1$ 时， $g(x)\geqslant 0$ 恒成立；试讨论关于 x 的方程 $mx-\dfrac{n}{x}-g(x)=x^3-2\mathrm{e}x^2+tx$ 根的个数。

证　（1）由题意得 $m=n=1$ 。

（2）由 $m=n=1$ ，得 $g(x)=x-\dfrac{1}{x}-2\ln x$ ，从而原方程化为 $2\ln x=x^3-2\mathrm{e}x^2+tx$ 。

因为 $x>0$ ，所以方程可变为 $\dfrac{2\ln x}{x}=x^2-2\mathrm{e}x+t$ 。

令 $L(x)=\dfrac{2\ln x}{x}$ ， $H(x)=x^2-2\mathrm{e}x+t$ ，则 $L'(x)=2\cdot\dfrac{1-\ln x}{x^2}$ 。

当 $x\in(0,\mathrm{e})$ 时， $L'(x)\geqslant 0$ ，故 $L(x)$ 在 $(0,\mathrm{e}]$ 上为增函数；

当 $x\in(\mathrm{e},+\infty)$ 时， $L'(x)\leqslant 0$ ，故 $L(x)$ 在 $x\in(\mathrm{e},+\infty]$ 上为减函数；

当 $x=\mathrm{e}$ 时， $L(x)_{\max}=L(\mathrm{e})=\dfrac{2}{\mathrm{e}}$ 。

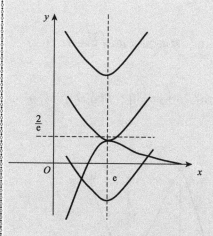

图 3-43　$L(x)$，$H(x)$图像

又 $H(x)=x^2-2\mathrm{e}x+t=(x-\mathrm{e})^2+t-\mathrm{e}^2$ ，所以函数 $L(x),H(x)$ 在同一坐标系的大致图像如图 3-43 所示。

当 $t-\mathrm{e}^2>\dfrac{2}{\mathrm{e}}$ ，即 $t>\mathrm{e}^2+\dfrac{2}{\mathrm{e}}$ 时，方程无解；

当 $t-\mathrm{e}^2=\dfrac{2}{\mathrm{e}}$ ，即 $t-\mathrm{e}^2=\dfrac{2}{\mathrm{e}}$ 时，方程一解；

当 $t-\mathrm{e}^2<\dfrac{2}{\mathrm{e}}$ ，即 $t<\mathrm{e}^2+\dfrac{2}{\mathrm{e}}$ 时，方程有 2 个根。

【分析点评】一次函数、二次函数、指对数函数、幂函数、简单的分式根式函数和绝对值函数的图像力求清晰准确，一些综合性的问题基本上是这些函数的组合体，如果适当分解和调配就一定能找到问题解决的突破口，使问题简单化明确化。

（三）复合函数问题一定要坚持定义域优先的原则，抓住函数的复合过程能够逐层分解

例4　已知函数 $f(x)=-\dfrac{1}{4}x^4+\dfrac{2}{3}x^3+ax^2-2x-2$ 在区间 $[-1,1]$ 上单调递减，在区间 $[1,2]$ 上单调递增。

（1）求实数 a 的值。

（2）若关于 x 的方程 $f(2^x)=m$ 有 3 个不同的实数解，求实数 m 的取值范围。

（3）若函数 $y=\log_2[f(x)+p]$ 的图像与坐标轴无交点，求实数 p 的取值范围。

解　（1）由 $f'(1)=0$ 得 $a=\dfrac{1}{2}$ 。

（2）因为 $f(x)=-\dfrac{1}{4}x^4+\dfrac{2}{3}x^3+\dfrac{1}{2}x^2-2x-2$ ，所以

$$f'(x) = -x^3 + 2x^2 + x - 2 = -(x-1)(x+1)(x-2)$$

将函数与导函数特征列表。

x	$(-\infty, -1)$	-1	$(-1, 1)$	1	$(1, 2)$	2	$(2, +\infty)$
$f'(x)$	+	0	−	0	+	0	−
$f(x)$	增	$-\dfrac{5}{12}$	减	$-\dfrac{37}{12}$	增	$-\dfrac{8}{3}$	减

因此 $f(x)$ 有极大值 $f(-1) = -\dfrac{5}{12}$，$f(2) = -\dfrac{8}{3}$，极小值 $f(1) = -\dfrac{37}{12}$，作出 $f(x)$ 的示意图，如图 3-44 所示。

因为关于 x 的方程 $f(2^x) = m$ 有 3 个不同的实数解，令 $2^x = t(t>0)$，即关于 t 的方程 $f(t) = m$ 在 $t \in (0, +\infty)$ 内有 3 个不同的实数解，所以 $y = f(t)$ 的图像与直线 $y = m$ 在 $t \in (0, +\infty)$ 内有 3 个不同的交点。

而 $y = f(t)$ 的图像与 $y = f(x)$ 的图像一致，即 $-\dfrac{37}{12} < m < -\dfrac{8}{3}$。

（3）函数 $y = \log_2[f(x) + p]$ 的图像与坐标轴无交点，可以分以下两种情况。

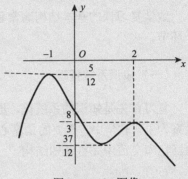

图 3-44　$f(x)$图像

① 当函数 $y = \log_2[f(x) + p]$ 的图像与 x 轴无交点时，则必须有 $f(x) + p = 1$ 无解，而 $[f(x) + p]_{\max} = -\dfrac{5}{12} + p$，函数 $y = f(x) + p$ 的值域为 $\left(-\infty, -\dfrac{5}{12} + p\right]$，所以 $1 > -\dfrac{5}{12} + p$，解得 $p < \dfrac{17}{12}$。

② 当函数 $y = \log_2[f(x) + p]$ 的图像与 y 轴无交点时，则必须有 $y = \log_2[f(0) + p]$ 不存在，即 $f(0) + p < 0$ 且 $f(0) = -2$ 有意义，所以 $-2 + p < 0$，解得 $p < 2$。

由函数存在，可知 $f(x) + p > 0$ 有解，解得 $p > \dfrac{5}{12}$，故实数 p 的取值范围为 $\left(\dfrac{5}{12}, \dfrac{17}{12}\right)$。

【分析点评】复合函数尤其是两次复合，一定要好好掌握，构造两种函数逐层分解研究，化繁为简，导数仍然是主要工具。

第七节　数学复习课的教学设计及案例分析

在数学教学中经常要进行复习，它的作用是巩固基础知识、加深对知识、方法及应用的认识，帮助学生形成良好的认知结构。同时还可以帮助学生对阶段学习查漏补缺，巩固提高。因此，复习课也是数学学科的一种基本课型。

日常教学中，复习课分两种：一种是经常性的复习，一种是阶段性的复习（含学段总复习）。前者又包括新知识教学前的复习、新知识教学中的复习和新知识教学后的复习。教师可根据这三种复习的目的、作用来设计好内容和问题，为新课的运作铺平道路，并把旧知识纳入新知识的体系中，以及明确新知识在解决问题中的作用。后者是一个教学单元或一章结束、期中、期末或学段总复习，通常数学复习课是指这种阶段性复习课。它的作用是：系统归纳整理阶段所学的知识、方法，梳理知识方法所反映的数学思想，沟通知识、方法之间的联系，形成所学数学内容的整体结构，再通过解决一些综合或应用问题，训练技能，进而达到提高能力。我们认为复习课对调整教与学，特别对加强知识、方法的理解，提高学生分析问题和解决问题的能力，培养创新意识和应用能力很有裨益。

一、数学复习课的设计

数学复习课的基本结构通常包括"知识系统整理—查缺补漏训练—综合运用提升"三个环节。

（一）知识系统整理

复习首先是知识的系统化，要以学生自主回忆整理为主，以沟通前后所学知识之间的联系为主。教学中，重要的是精心设计高质量的问题，让学生带着问题回归教科书，在自主回忆和交流中完善认知结构。

（二）查缺补漏训练

设计各有针对性的练习，在训练中帮助学生完善知识结构。

前两个环节往往结合在一起，体现先练后讲。教学中，以问题（或题组）为依托组织教学，以做题带知识。所选题目（题组），既要有基础性，又要有代表性，题目越基础、越经典，效果就越好，就越能真正实现浅入深出。学生能讲的要让学生讲，学生能做的让学生做。教师在学生出现问题时点拨，在学生出现障碍时指导，出现错误时纠正。

（三）综合运用提升

复习不是炒冷饭，要有能力的提高，必须有综合运用的练习，可以在一个课时里和前面的教学环节安排在一起，也可以专门安排综合运用的训练课。

优秀的复习课，可以采用以下几种策略。

（1）高密度、大容量、快节奏的解题讲解。教师准备系列的套题，逐步展开，步步深入，将知识和解题方法串起来，这样可以在较短时间内讲解大量的数学问题。

（2）以一个基本问题为核心，不断地采用变式，形成由简到繁的解题过程，变式练习是我国数学教育的特点，在复习课上也常常使用。

（3）用开放题展开复习。例如，用以下开放题："给定直角三角形及其斜边上的高，请尽可能多地找出有关的边角关系。"学生可以充分发挥想象和猜想能力，并得到正确的结论，这么做实际上是一次复习。

二、数学复习课设计案例及其分析

　　下面的案例《一元一次方程小结》是编著者带湖北师范大学数学实验班学生到农村中小学调研，参加湖北省罗田县匡河中学的"双向四环"教学改革研讨时，郭教师汇报的复习课型的教学设计案例，属于阶段性章节复习。

案例 3-7-1

匡河中学"双向四环"教学模式设计

七 年级 数学 学科

课　题：一元一次方程小结（1）

主备教师：　郭红娟　　课时：　1

教学目标	（一）方程思想 （1）方程思想就是把未知数看成已知数，让代替未知数的字母和已知数一样参加运算。 （2）求未知数的值（如在填空题和简单应用类题目中），一般都通过构建方程来求解。 （二）数形结合思想 　数形结合思想是指在研究问题的过程中，由数思形，由形思数，把数与形结合起来，分析问题的思想方法。本章在列方程解应用题时常用画线段图和画框图的方法来分析问题。
教学重点	建立方程思想。
教学难点	掌握数形结合的思想。
教学用具	PPT、投影仪。
教学方法	引导发现法。

<table>
<tr><td colspan="2" align="center">教学过程</td></tr>
<tr><td>教学环节</td><td align="center">师生活动</td></tr>
<tr><td>第一环
复习回顾
提出问题</td><td>一、全章知识网络
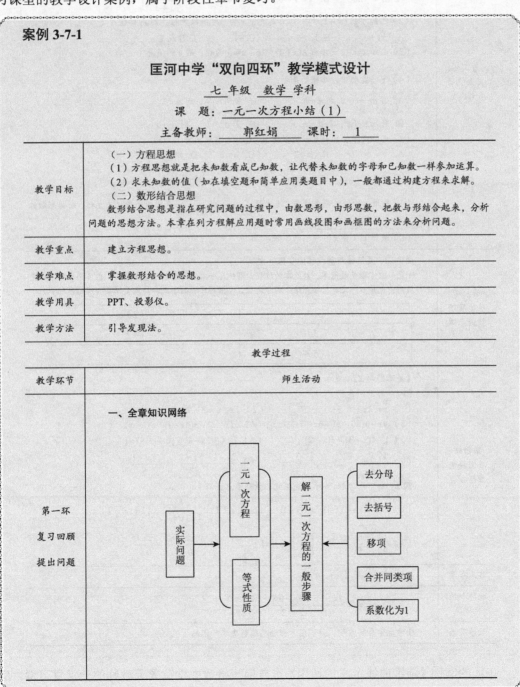</td></tr>
</table>

教学环节	师生活动
第二环 自主学习 合作探究	**二、本章专题剖析** **类型一** 利用方程的有关概念，等式性质等解决问题 **【基本练习1】** （1）下列等式中是一元一次方程的是（　　）。 　A. $S=\dfrac{1}{2}ab$　　B. $x-y=0$　　C. $x=0$　　D. $\dfrac{1}{2x+3}=1$ （2）已知方程 $(m+1)x^{\|m\|}+3=0$ 是关于 x 的一元一次方程，则 m 的值是（　　）。 　A. ± 1　　B. 1　　C. -1　　D. 0 或 1 （3）已知 $x=-3$ 是方程 $k(x+4)-2k-x=5$ 的解，则 k 的值是（　　）。 　A. -2　　B. 2　　C. 3　　D. 5 （4）下列变形中，正确的是（　　）。 　A. 若 $ac=bc$ ，则 $a=b$　　　　B. 若 $\dfrac{a}{c}=\dfrac{b}{c}$ ，则 $a=b$ 　C. 若 $|a|=|b|$ ，则 $a=b$　　　　D. 若 $a^2=b^2$ ，则 $a=b$ （5）已知关于 x 的一元一次方程 $ax-2x=3$ 有解，则（　　）。 　A. $a\neq 2$　　B. $a>2$　　C. $a<2$　　D. 以上都对 （6）当 $x=$ _____ 时，式子 $\dfrac{x-1}{2}$ 与 $\dfrac{x-2}{3}$ 互为相反数。 （7）利用你学过的某个性质，将方程 $\dfrac{x}{0.2}-\dfrac{0.31x-0.13}{0.03}=1$ 中的小数化为整数，则变形后的方程是_____。 （8）教材 113 页复习巩固第 1 题。
第三环 展示反馈 精讲点拨	**类型二** 灵活选用解方程的步骤解方程 　一元一次方程是最简单、最基本的方程，解一元一次方程有五个基本步骤，但各个步骤不一定全部用到，也并不一定非得按照这个顺序进行，要根据方程的形式和特点灵活安排解题步骤。 ｜（1）｜（2）｜ ｜（3）｜（4）｜ ｜（5）｜｜
第四环 巩固提高 教师测评	**【基本练习2】**（重点） **例1**　解下列方程。 （1）$x=2x$ ；　　　　　　　　（2）$7x+6=8-3x$ ； （3）$4x-3(20-x)=6x-7(9-x)$ ；（4）$2(x-2)-3(4x-1)=9(1-x)$ ； （5）$1-4(x+3)=3(x+2)$ ；　　（6）$2x+3(2x-1)=16-(x+1)$ ； （7）$\dfrac{1}{4}\left[\dfrac{4}{3}x-\dfrac{1}{2}(2x-3)\right]=\dfrac{3}{4}x$ ；（8）$\dfrac{3y-1}{2}-\dfrac{5y+1}{3}=1-\dfrac{7y+1}{6}$ 。 **例2**　解下列方程。（学生先探究，教师重点讲解） （1）$3(x+1)+\dfrac{1}{3}(x-1)=2(x-1)+\dfrac{1}{2}(x+1)$ ；（2）$\dfrac{3}{4}\left[\dfrac{4}{3}\left(\dfrac{1}{4}x-1\right)+8\right]=\dfrac{7}{3}+\dfrac{2}{3}x$ ； （3）$\dfrac{1}{9}\left\{\dfrac{1}{7}\left[\dfrac{1}{5}\left(\dfrac{x+2}{3}+4\right)+6\right]+8\right\}=1$ ；（4）$\dfrac{0.1x-0.2}{0.02}-\dfrac{x+1}{0.5}=3$ 。
作业布置	教材 113 页 第 2、3、4 题。
教师个性 化模块	补充题：解方程 $\dfrac{4x-1.5}{0.5}-\dfrac{5x-0.8}{0.2}=\dfrac{1.2-x}{0.1}$ 。
教学反思	让学生学会解方程，并能用方程的思想解决实际问题。

　　下面的案例《圆锥曲线定义的运用》选自福州格致中学黄鹭芳教师的一堂复习课，是关于知识点的复习课。

案例 3-7-2

圆锥曲线定义的运用

一、教学内容分析

本课选自全日制普通高级中学教科书（必修）《数学》人教版高二上，第八章圆锥曲线方程复习课。

圆锥曲线的定义反映了圆锥曲线的本质属性，它是无数次实践后的高度抽象。恰当地利用定义解题，许多时候能以简驭繁。因此，在学习了椭圆、双曲线、抛物线的定义及标准方程、几何性质后，我认为有必要再一次回到定义，熟悉"利用圆锥曲线定义解题"这一重要的解题策略。

二、学情分析

我所任教班级的学生是初中开始课程改革后的第一届毕业生，他们在初中三年的学习中，接受的是新课改的理念，学习的是新课标下的课程和教材，由于 2005 年高中课改还未全面推行，如今他们面对的高中教材还是旧教材。

与以往的学生比较，这届学生的特点是：参与课堂教学活动的积极性更强，思维敏捷，敢于在课堂上发表与众不同的见解，但计算能力较差，字母推理能力较弱，使用数学语言的表达能力也略显不足。

三、设计思想

由于这部分知识较为抽象，难以理解。如果离开感性认识，容易使学生陷入困境，降低学习热情。在教学时，我有意识地引导学生利用波利亚的一般解题方法处理习题，针对学生练习中产生的问题，进行点评，强调"双主作用"的发挥。借助多媒体动画，引导学生主动发现问题、解决问题，主动参与教学，在轻松愉快的环境中发现、获取新知，提高教学效率。

四、教学目标

（1）深刻理解并熟练掌握圆锥曲线的定义，能灵活应用定义解决问题；熟练掌握焦点坐标、顶点坐标、焦距、离心率、准线方程、渐近线和焦半径等概念和求法；能结合平面几何的基本知识求解圆锥曲线的方程。

（2）通过练习，强化对圆锥曲线定义的理解，培养思维的深刻性、创造性、科学性和批判性，提高空间想象力及分析、解决问题的能力；通过对问题的不断引申，精心设问，引导学生学习解题的一般方法及联想、类比、猜测、证明等合情推理方法。

（3）借助多媒体辅助教学，激发学习数学的兴趣，在民主、开放的课堂氛围中，培养学生敢想、敢说、勇于探索、发现和创新的精神。

五、教学重难点

教学重点：对圆锥曲线定义的理解；利用圆锥曲线的定义求"最值"；"定义法"求轨迹方程。

教学难点：巧用圆锥曲线定义解题。

六、教学过程设计

【设计思路】由于这是一堂习题课，加上我所任教的班级是重点中学的理科班，学生有较好的数学基础，学习积极性较高，领悟能力较好，所以在教学中，我拟采用师生共同参与的谈话法：由教师提出问题，激发学生积极思考，引导他们运用已有的知识经验，利用合情推理来自行获取新知识。通过个别回答，集体修正的方法让我及时得到反馈信息。最后，我将根据学生回答问题的情况进行小结，概括出问题的正确答案，并指出学生解题方法的优缺点。

（一）开门见山，提出问题

一上课，直截了当地给出下例。

例1 （1）已知 $A(-2,0),B(2,0)$ 动点 M 满足 $|MA|+|MB|=2$ ，则点 M 的轨迹是（　　）。

A. 椭圆　　　　B. 双曲线　　　　C. 线段　　　　D. 不存在

（2）已知动点 $M(x,y)$ 满足 $\sqrt{(x-1)^2+(y-2)^2}=|3x+4y|$ ，则点 M 的轨迹是（　　）。

A. 椭圆　　　　B. 双曲线　　　　C. 抛物线　　　　D. 两条相交直线

【设计意图】定义是揭示概念内涵的逻辑方法，熟悉不同概念的不同定义方式，是学习和研究数学的一个必备条件，而通过一个阶段的学习之后，学生们对圆锥曲线的定义已有了一定的认识，是否能真正掌握它们的本质，是本节课的首要问题。

为了加深学生对圆锥曲线定义理解，我以圆锥曲线的定义的运用为主线，精心准备了两道练题。为杜绝一些错误认识在学生大脑中滋生、萌芽，我准备采用电脑多媒体辅助教学——先制作好若干"电脑小课件"，一旦有学生提出错误的解法，就向学生们展示。希望用形象生动的"电脑课件"使学生对问题有正确的认识。此外，由于涉及的内容较多，学生的训练量也较大，考虑利用实物投影器等媒体来辅助教学，一方面能弥补在黑板上板演耗时多的不足，另一方面可以让学生一边演示自己的"成果"，一边进行介绍说明，有利于激发更多的学生主动参与，真正成为学习的主体。

【学情预设】估计多数学生能够很快回答出正确答案，但是部分学生对于圆锥曲线的定义可能并未真正理解，因此，在学生们回答后，我将要求学生接着说出：若想答案是其他选项的话，条件要怎么改？这对于已学完圆锥曲线这部分知识的学生来说，并不是什么难事。但问题（2）可能让学生们费一番周折。

如果有学生提出，可以利用变形来解决问题，那么我就可以循着他的思路，先对原等式做变形：$\dfrac{\sqrt{(x-1)^2+(y-2)^2}}{\dfrac{|3x+4y|}{5}}=5$ ，这样，很快就能得出正确结果。如若不然，我将启发他们从

等式两端的式子入手，考虑通过适当的变形，转化为学生们熟知的两个距离公式。

在对学生们的解答作出判断后，我将把问题引申为：该双曲线的中心坐标是_____，实轴长为_____，焦距为_____，以深化对概念的理解。

（二）理解定义，解决问题

例2 （1）已知动圆 A 过定圆 $B:x^2+y^2+6x-7=0$ 的圆心，且与定圆 $C:x^2+y^2-6x-91=0$ 相内切，求面积的最大值。

（2）在（1）的条件下，给定点 $P(-2,2)$ ，求 $|PA|+\dfrac{5}{3}|AB|$ 的最小值。

（3）在（2）的条件下求 $|PA|+|AB|$ 的最小值。

【设计意图】运用圆锥曲线定义中的数量关系进行转化，使问题化归为几何中求最大（小）值的模式，是解析几何问题中的一种常见题型，也是学生们比较容易混淆的一类问题。例2的设置就是为了方便学生的辨析。

【学情预设】根据以往的经验，多数学生看上去都能顺利解答本题，但真正能完整解答的

可能并不多。事实上，解决本题的关键在于能准确写出点 A 的轨迹，有了练习题 1 的铺垫，这个问题对学生来讲就显得颇为简单，因此面对例 2（1）（2），多数学生应该能准确给出解答，但是对于例 2（3）这样比较陌生的问题，学生要么就卡壳了，要么可能得出错误的解答。我准备在学生都解答完后，选择几份有"共性"错误的练习，借助于实物投影仪与电脑，加以点评。这时，也许会有学生说应当是 P,A,B 三点共线时取最小值。那么，我应该鼓励学生进行大胆构想，同时不急于给出标准答案，而是打开几何画板，利用其能够准确测量线段的特点，让学生自己发现错误，在电脑动画的帮助下，让学生寻找到点 B 所在的正确位置后，叫学生演练出正确的解题过程，并借助实物投影加以演示。在学生们得出正确解答后，由一位学生进行归纳小结：在椭圆中，当定点 A 不在椭圆内部时，A,F 的连线与椭圆的交点 M 就是使 $|BA|+|BF|$ 最小的点；当定点 A 在椭圆内部时，点 A 与另一焦点 F' 的连线的延长线与椭圆的交点 B 即为所求。

（三）自主探究，深化认识

如果时间允许，练习题将为学生们提供一次数学猜想、试验的机会。

练习　如图 3-45 所示，设点 Q 是圆 $C:(x+1)^2+y^2=25$ 上的动点，点 $A(1,0)$ 是圆内一点，AQ 的垂直平分线与 CQ 交于点 M，求点 M 的轨迹方程。

引申　若将点 A 移到圆 C 外，点 M 的轨迹会是什么？

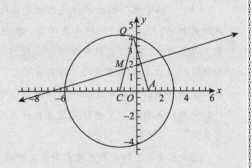

【设计意图】练习题设置的目的是为学生课外自主探究学习提供平台，当然，如果课堂上时间允许的话，可借助多媒体课件，引导学生对自己的结论进行验证。

图 3-45　练习图

【知识链接】

（一）圆锥曲线的定义

（1）圆锥曲线的第一定义。

（2）圆锥曲线的统一定义。

（二）圆锥曲线定义的应用举例

（1）双曲线 $\dfrac{x^2}{16}-\dfrac{y^2}{9}=1$ 的两焦点为 F_1,F_2，P 为曲线上一点，若点 P 到左焦点 F_1 的距离为 12，求点 P 到右准线的距离。

（2）P 为等轴双曲线 $x^2-y^2=a^2$ 上一点，F_1,F_2 为两焦点，O 为双曲线的中心，求 $\dfrac{|PF_1|+|PF_2|}{|PO|}$ 的取值范围。

（3）在抛物线 $y^2=2px$ 上有一点 $A(4,m)$，点 A 到抛物线的焦点 F 的距离为 5，求抛物线的方程和点 A 的坐标。

（4）①已知点 F 是椭圆 $\dfrac{x^2}{25}+\dfrac{y^2}{9}=1$ 的右焦点，M 是椭圆上的动点，$A(2,2)$ 是一个定点，求 $|MA|+|MF|$ 的最小值。

②已知 $A\left(\dfrac{11}{2},3\right)$ 为一定点，F 为双曲线 $\dfrac{x^2}{9}-\dfrac{y^2}{27}=1$ 的右焦点，M 在双曲线右支上移动，

当 $|AM| + \frac{1}{2}|MF|$ 最小时，求 M 点的坐标。

③ 已知点 $P(-2,3)$ 及焦点为 F 的抛物线 $y = \frac{x^2}{8}$，在抛物线上求一点 M，使 $|PM| + |FM|$ 最小。

（5）已知 $A(4,0), B(2,2)$ 是椭圆 $\frac{x^2}{25} + \frac{y^2}{9} = 1$ 内的点，M 是椭圆上的动点，求 $|MA| + |MB|$ 的最小值和最大值。

七、教学反思

本课将借助于 PowerPoint 课件，利用两个例题及其引申，通过一题多变，层层深入地探索，并对猜测结果进行检测研究，培养学生思维的深刻性、创造性、科学性和批判性，使学生学会从一个问题的求解到掌握一类问题的解决方法，领略数学的统一美。电脑多媒体课件的介入，使全体学生参与活动成为可能，使原来令人难以理解的抽象的数学理论变得形象、生动且通俗易懂，同时节省了板演的时间，给学生留出更多的时间自悟、自练、自查，充分发挥学生的主体作用，这充分显示出多媒体课件与探究合作式教学理念的有机结合的教学优势。

（1）"满堂灌"的教学方式已被越来越多的教师所摒弃，"满堂问"的教学方式形似启发式教学，实则为"教师牵着学生，按教师事先设计的讲授程序"所进行的接受性学习。基于以上考虑，期望在教学中能尝试使用"探究—合作"式教学模式进行教学，使学生的知识获得过程不再是简单的"师传生受"，而是让学生依据自己已有的知识和经验主动地加以建构。在这个建构过程中，学生应是教师主导下的主体，是知识的主动建构者。所设计的问题以及引导学生进行探究过程的发问，都力求做到"把问题定位在学生认知的最近发展区"。

（2）在有限的时间内应突出重点，突破难点，给学生留有自主学习的空间和时间。

为了在课堂上留给学生足够的空间，将几类题型作了处理——将"定义法求轨迹问题"分置于例2（1）和练习中，循序渐进地让学生把握这类问题的解法；将学生容易混淆的两类求"最值问题"并为一道题，方便学生进行比较、分析。虽然从表面上看，这一堂课的教学容量不大，但事实上，学生的思维运动量并不小。

（3）现代教育技术的发展为我们提供了丰富的媒体条件，教师所编导的教学活动应该随着整体环境的变化、学生群体的变更而变化。

本节课只是根据需要制作了一个较为简单的"小课件"，并在其中作了多个按钮，以便根据学生的上课情况及时对教程进行调整。

总之，如何更好地选择符合学生具体情况、满足教学目标的例题和练习，灵活把握课堂教学节奏，仍是今后工作中的一个重要研究课题。而要能真正进行素质教育，培养学生的创新意识，必须更新观念——在教学中适度使用多媒体技术，让学生有参与教学实践的机会，能够使学生在学习新知识的同时，激发其求知的欲望，在寻求解决问题的方法的过程中获得自信和成功的体验，于不知不觉中改善其的思维品质，提高其数学思维能力。

案例点评如下。

本节课是在学习了椭圆、双曲线和抛物线后的一节习题课，主要利用两个例题及其引申，通过一题多变，层层深入地探索、强化对圆锥曲线定义的理解。

本节习题课的选题具有明显的层次性，由浅入深，所设计的问题以及引导学生进行探究过程的发问，都力求做到"把问题定位在学生认知的最近发展区"。教师通过对问题的引申、变化，引起学生新的认知冲突，将对问题的讨论层层引向深入，重点突出，分析到位，基本实现了预期目标。在此过程中，学生对圆锥曲线定义的认识不断深化，而且思维深刻性、创造性、科学性和批判性等良好品质得到了很好的训练，分析问题、解决问题的能力大大提高。

教学方式的选择合理、高效，符合新课程理念。设计的问题强调了基础性、探究性和层次性。这种"探究—合作"式教学模式，使学生在知识的获得过程上不再是简单的"师传生受"，而是让学生依据自己已有的知识和经验主动建构，实现了教师主导下的主体建构。

这节课还能充分显示出多媒体课件与探究合作式教学理念的有机结合的教学优势。借助于电脑多媒体课件，全体学生参与空间增大；难以理解的抽象的数学理论变得形象、生动且通俗易懂，学生拥有更多的时间自悟、自练、自查，充分发挥主体作用。

第八节　数学测试讲评课的教学设计及案例分析

数学测验（或称考试）是对学生数学学习阶段结果是否达到预期教学目标的一种评价方法。在测验之后，需要把测评的结果反馈给学生，这就需要有测验讲评课。数学测试讲评课上"讲评什么"和"如何讲评"令不少教师深感困惑。教学实践中，"核对答案，逐题讲解"的讲评方式十分盛行。这种讲评方式，忽视了学生的主体性和学习行为的矫正，缺乏有效的激励与反馈，教师独揽讲评大权，机械地让学生对答案，面面俱到而不突出重点，导致课堂气氛沉闷，学生参与意识淡薄，测试讲评效果较差。

测试讲评课也是诸多学者和教师都比较关注的一类课型[116-124]，具有时效性、反馈性、矫正性、针对性和激励性的课型特点。为了提高讲评的有效性，教师要掌握试卷讲评课的有效教学策略和操作要领。

首先，要讲时效。测试完，教师要以最快的速度批阅试卷，在尽可能短的时间内讲评，这样不仅可以减少学生的遗忘，而且可以增加学生的兴趣和关注度。

其次，做足"评"的功夫。上好讲评课的关键在于"评"字，而且要把它作为对教学过程的一种调控手段。切不可把测验题的解法由教师逐一讲解，让学生对一对正确答案，而是要根据这个阶段的教学目标做出评估。对学生的成功，特别是有创新的解答，应给予展示，以利鼓励和强化；对普遍存在的失误和不足，可通过课堂讨论或由教师作重点评析，以利纠正；对于学有余力的学生还可以增加写出学习心得或对试题作变式研究的要求。

最后，矫正加巩固。在试卷评析后，趁热打铁，再布置一些针对性、反馈性的练习题，既可以使犯错的学生对测试相关内容得到矫正，又可使得没犯错的学生对测试相关内容得到加强和巩固。

在初三、高三复习备考过程中，几乎没有新课教学，测试讲评课占据很大的比重，如周考、月考、模拟考，以及当堂测试的试卷讲评等。测试讲评课的作用是多方面的，它不仅起到对课外作业或考试情况进行信息反馈的作用,更是学生查漏补缺、纠正存在的问题、巩固提高的重要途径。

一、数学测试讲评课的设计

数学测评课的设计,可分为充分做好讲评前的设计、选择恰当的讲评方式,以及做好讲评后的延伸工作三个阶段。

(一) 充分做好讲评前的设计

1. 做好测试情况的统计与分析

讲评课前教师首先必须对测试成绩进行统计分析,这是讲评课的基础准备工作;然后应认真统计每道题的错误人数和得分率,记录典型试题的几种典型错误和某些灵活题的奇思妙解(可编成讲义或制成投影片),并调查分析不同层次学生做错的原因。教师应分析试卷结构,领会命题思路;最后仔细核查测试考查了哪些知识点和基本能力,并依据考试大纲核对相关章节范围内未考到的知识点,解决好知识的覆盖问题,做到心中有数,这样可显著提高讲评课的效率。

2. 试题重组,建构知识网络

不论选教什么学科,教师务必使学生理解该学科的基本结构,学习结构就是学习事物是怎样相互联系的。学生掌握学科的基本结构,有利于加强对知识的理解和记忆,有利于促进知识的迁移,能够缩小高级知识与低级知识之间的差距。数学知识是由数学概念和数学命题等组成的严密的逻辑体系,其知识结构的形成和发展是一个知识积累和梳理的过程。但学生在订正过程中,习惯于按题号进行,很少主动整理知识点,这就影响了查漏补缺的功效,也不利于整体把握知识结构。部分教师为节省时间往往按顺序就题论题,这种做法极易造成学生心理疲劳,使课堂气氛沉闷,影响讲评效果。为避免产生这一弊端,不妨采用合理重组试题的方法。教师可把考查的相关知识点和未考查的知识点进行适当的整理,以主干知识和核心知识为生长点,把有关知识按照其内在逻辑关系,用比较合理的顺序串成一条线,这样能帮助学生整理知识点,把握知识结构,体会不同数学内容之间的联系,建构知识网络,感受数学的整体性;同时,引导学生挖掘出知识点之间成链、成网的依据,进而归纳总结出潜在的数学规律,从而提高学生的综合素质和创新能力。

3. 抓住重点,突破难点

试卷讲评课与一般概念规律课有同样的目的,即让学生的思维能力得到发展,所以教师应确定讲评的重点及必须解决的难点,切忌平均使用力量。一般来说,试卷中错误较多的、与重要知识点相关的试题应是讲评重点。教师要舍得花时间分析、引导推理过程,选定解题的切入点或突破口,让学生理解每一步推理的依据,透彻掌握概念,达到对重点知识的深层次理解,并以一定的数学内容为载体,与其他数学思想方法相联系,进行适当的拓展。对疑难的问题，应适当留有学生主动探索和交流的时间，让学生充分经历探索事物的数量关系和变化规律的过程。例如，在立体几何知识的测试讲评中，不但要对知识进行梳理，而且还要对重要的研究方法和数学思想进行归纳、总结。所以在讲评课前精心设计教学方案，做到重点突出、难点有所突破，这是讲评课成功的关键。

（二）选择恰当的讲评方式

确定试题讲评的形式，通常分为诊断性讲评、发散性讲评和探索性讲评。

1. 诊断性讲评

针对测试中出现的典型错误，通过讲评诊断"病情"可以提高学生的辨析能力。根据讲评前教师收集整理的典型错误解答，用实物投影打出或用讲义编录，让学生纠错，也可让部分学生说明思维过程。通过对解题思路的分析、质疑和评价，引导学生进行合理的扬弃，实现知识的升华。诊断性评价可帮助学生弄明错解的原因，从而疏通思路。

2. 发散性讲评

发散性评价是针对具有较大思维灵活性的典型试题作进一步的发挥。这类题型由于出题灵活、解题方法较多，在课堂上适当发挥，可促使学生对问题进行多角度、多侧面的思考，优化解题过程，形成发散的思维习惯。教师在课前应整理归纳学生的奇思妙解，尽可能地思考多种解题方法。在课堂中，适当进行发散性变式训练（一题多变、一题多解、多题归一），从多角度归纳总结解决问题的思路、方法、规律，可及时拓宽学生的视野，加深学生对概念的理解，起到激活他们思维的作用。讲评不仅就题论题，更要借题发挥，讲这个题的规范解答，讲这个题的深化变形，讲这个题与同类型题目的联系等，使讲评取得事半功倍的效果。

3. 探索性讲评

对某些题型的背景学生比较陌生，普遍感到难以下手的问题。这类题型的讲评应充分注意到学生的认知基础，可适当组织类似背景的问题，教给一些必要的思考方法，进行适当的点拨，要舍得花时间并鼓励学生再思考，适当地拓展他们的探索活动，从而丰富学生的知识面，形成实践—认识—再实践—再认识的循环。

（三）做好讲评后的延伸工作

讲评后，应利用学生的思维惯性，让学生反思、总结错误的原因。教师可布置针对性的练习或探究型的小课题，培养学生的探索精神，加深学生对数学原理和规律的认识，让数学知识、思想和方法更好地内化到学生自己的知识结构中去，提高其思维水平，增强其学习能力。讲评课能帮助学生总结、提高、发展，也能充分体现出一个教师的综合素质，它不应该被师生忽视，值得师生共同探索。

开设数学测试讲评课最多的是初三、高三年级，它依据学生测试反映出的主要信息设计教学，有针对性地帮助学生分析和纠正错误、巩固知识和技能、提高数学能力和应试能力。要想提高讲评课教学的实效，就必须在坚持讲评课教学目标、内容、教学和评价等基本要求的前提下，探索出一条新的实施途径。从教学目标看，通过数学测试讲评课的教学，填补学生的遗漏，纠正模糊的认识，完善学生的知识体系；示范矫正，跟踪练习，巩固学生解决问题的技能；优化、拓展解题思路，提高学生总结和发现规律的思维能力；关注学习差异，发挥讲评的激励功能，激发和强化学生的学习动力。因此，诊断和填补、矫正和巩固、优化和拓展、激励和强化是对数学测试讲评课在教学目标上的要求。从教学内容看，有易混淆、模糊的知识点导致的审题、运算发生的错误；有典型思路和通常的解法导致的失误；有拓展思路、培养探究能力的一题多解、多问、多变的问题；有保障矫正、填补和巩固效果的针对性训练题等。因此，知识、技能上的通病和典型错误的纠正，解题的方法与典型思路，拓展探究的问题以及巩固性训练题是对数学测试讲评课所应包含的教学内容的要求。数学测试讲评课的教学应该关注全体、效益和过程，发挥学生的主体性，对于极少数人发生的错误由个人自主纠正；较少数人发生的错误通过小组合作纠正；多数人发生的错误或感到困难的问题由师生共同解决。评价方式上，重视学生的情感引导，帮助学生对自己的试卷进行自主评价和反思；鼓励学生多角度、多层面表达自己的见解，展示自己的思维过程，让学习上有差异的学生都能增强信心；针对讲评的重点、难点采取适时提问的方式，从审题、思路、过程、结果的表达等方面进行及时反馈。引导、激励和及时反馈是对数学测试讲评课的教学评价方式的基本要求。

数学测试讲评存在的一些问题。测试讲评应突出基础知识的核心地位，通过引导学生从基础知识出发进行联系与拓展，不断完善知识体系，实现优化认知结构、逐步提升智慧并形成能力的目的。一直以来，不少教师对数学试卷讲评缺乏重视，认为随便讲讲、对对答案就可以了。但是如果准备不充分，就会出现不少问题，常见的有下列几种。

（1）公布答案而不讲评。教师让课代表抄答案或印发答案，公布答案而不讲评，这样会导致大部分学生对小题只知道答案而不知道解题思路；有些大题就算知道解题过程，也弄不懂具体的解题思路。

（2）试卷讲评不够及时。有些教师考完试后，试卷讲评不够及时，讲评课上，有些学生对部分题目都忘记了，甚至连自己当时的做题思路都不能回忆起来。

（3）试卷的所有题目都评讲。教师对测试试卷的每一题都进行评讲，往往会花几个课时才讲完一张试卷。这样既浪费时间，更容易让学生产生厌烦心理，收益甚微。

（4）缺乏变式训练。教师只对试卷上题目进行评讲，对题目讲评不够深入。对出错率较高的题目，没有安排相应的变式训练，使学生只会解一题，而不会解一类题。

（5）把讲评课变成批评课。由于班级的成绩不够理想，教师不顾学生个体心理和实际情况，不恰当地责备与施压，把讲评课变成批评课，使得学生精神紧张、思想抵触、无心听课，造成师生关系紧张。

如何优化数学测试讲评课教学，要注意以下几点。

（1）在评讲课中引导学生正确看待成绩。试卷评讲中应教育学生正确看待考试，正确对待分数。平时的考试只是检测，而不是高考。考试分数只代表过去，不代表未来。要从分数背后发现自己的不足，不断完善自我。一堂好的讲评课，应该是发现学生已经会了什么，并肯定学生的成绩，鼓励和表扬学生的进步，激发学生的干劲。

（2）在讲评课中确立学生的主体地位。数学试卷讲评课要给学生表达自己想法的机会，可以当堂提问或学生小组讨论的形式，增加教师与学生、学生与学生讨论的时间，针对讨论结果，教师当堂点评，肯定思路中的正确部分，指出不足之处。在这样的交流中，学生得到肯定，积极性得到提高，会有很大收获。

（3）在评讲中对学生的启发。评讲是考试的后续，评讲时教师应根据学生答题中暴露出的实际问题，精心设疑、巧妙提问、恰当引导，让学生通过独立思考，得出正确答案，从而获得知识和方法。在这一过程中，讲究对学生的启发，避免把答案直接塞给学生。

（4）在评讲中注重对学生思想方法的渗透。学生解题本领不高的重要原因之一便是数学思想掌握不够好，一套数学试题处处都体现了数学思想（四大基本数学思想：函数思想、数形结合思想、分类讨论思想、转化与化归思想；重要的数学思想方法：换元、引参、类比、联想、归纳、演绎等）。如果学生在考试中考虑到数学思想的运用，解题时就会少走弯路，必须将数学思想有意识地贯穿在试卷评讲中。

（5）讲评试卷后注重试卷的延伸。一堂讲评课的结束，并不是试卷评讲的结束。教师应利用学生的思维惯性，扩大"战果"，针对性地布置一定量的作业，作业的来源可对某些试题进行多角度改造，使旧题变新题。讲评课课外作业的布置，有利于学生巩固、提高，有利于反馈教学信息。

总之，上好数学讲评课不仅可以巩固、深化所学知识，发现、解决教学疑难，改进教学，而且可以促使学生不断总结吸收前面各阶段学习的经验和教训，开阔思路，启发思维，激发兴趣，培养能力。

二、数学测试讲评课设计案例

本节选取了河南省商水县张庄二中许春蕾教师设计的一堂初三数学测试讲评课和海口市琼山中学冯芳弟教师设计的高三数学阶段测试讲评教案，都比较规范，引用如下，供读者参阅。

案例 3-8-1

初三数学试卷讲评课教学设计

一、试卷讲评课目标设计依据

（一）教研室制定的九年级数学试卷讲评课要求

了解学情、掌握题情、深入切分对错点、严格把控训练关。

（二）试卷分析

2015 河南省初中毕业生学业考试数学说明与检测上册综合测试（一）是 2014 年河南中考原题，个人认为，没有比上年的中考更具有仿真性的模拟试题了。所以以这套试卷为重点模拟题，让学生做到全方位体会、感悟河南中考试题，明确自身距离中考的差距，确定三轮复习的方向。

（三）学情分析

本试题题型新颖，覆盖面全，对学生而言，运用平时做各类模拟试卷所形成的答题能力来解决一次中考真题，在二轮复习即将结束、三轮复习开始之际，其作用不亚于一次真的数学中考。

二、学习目标

（1）全方位体会、感悟河南中考试题，明确自身距离中考的差距，确定三轮复习的方向。

（2）规范做题格式流程，打造精读、良思、慎写三步解题法。

（3）对所学过的知识进行归纳总结，提炼升华，提高分析、综合和灵活运用的能力。

（4）树立解数学题四个层次目标：会做、做对、得分、得满分。

三、教学方法

（1）学生自我分析、纠正问题。

（2）学生之间相互讨论错误原因。

（3）教师引导、分析问题，纠正错误。

（4）拓展练习，开拓思维，巩固知识点。

四、评价任务

（1）能依据本讲评课掌握规范的做题方法与格式，经历从会做到做对、从做对到得分、从得分到得满分的转变，使每一位参与本课学习的同学都能在现有的学习层次上得到提高。

（2）对于错误量较大的题，能重新定位它在初中数学知识体系中的位置，找到基本知识考点，为以后的训练指明解题方向。

五、教学过程

（一）答案展示

（课前进行，将答案展示给学生）

（二）个人自查与自主纠错

（课前完成）课前让学生认真分析试卷，自查自纠，分析每道题的出错原因，把做错的题进行错因归类，初步订正错题，并完成下面的考试反思诊断表。

姓名：_____分数：_____

失分原因		知识遗忘	审题失误	粗心大意	解题不规范	计算失误	速度慢时间不够	难题放弃	其他
失分情况	题号								
	分数								

（三）试题情况简析

本张试卷全面考查学生所学的基础知识与基本技能、数学活动过程、数学思考以及解决问题能力；此试卷难度适中，考查内容为初中数学全部内容。

（四）学生存在的主要问题

（1）审题不清、格式不明、解答不准、会而不对、得不全分。

（2）基础知识掌握不牢，不会分析问题或没有基本的解题思路。

（3）知识迁移能力较差，缺乏分析和解决问题的能力，不能正确把握题中的关键词语。

（4）计算能力较差。

（五）试卷讲评（错题归类、纠错、变式训练、反思）

教学环节	教学活动	评价要点	两类结构
环节一 选择题、填空题解题策略	**1. 自我纠错（要求 Who？Why？What？）** 应用：粗心大意、计算失误、速度慢时间不够而出现的失分题。 方式：自己独立完成。 内容：改正错误、重点标识、课后执行惩罚、以做效尤。 **2. 小组合作纠错** 应用：自我纠错不能解决问题；知识遗忘、审题失误、解题不规范。 方式：小组合作交流。 内容：改正错误、明确考点、分析丢分原因、整理解题思路。 **3. 出错率高的共性问题分析** 应用：自我诊断中难题放弃类失分题型。 方式：共性问题统计、教师引导式分析、学生试做、强化训练、总结整理形成解题策略。 问题诊断：双基不牢，运算能力极差，读题不精，缺乏良性思维，思路不清、格式不明、答题不全、描述不准。 内容：第8题、第15题作为预设共性问题。 如图所示，矩形 $ABCD$ 中，$AD=5$，$AB=7$。点 E 为 DC 上一个动点，把 $\triangle ADE$ 沿 AE 折叠，当点 D 的对应点 D' 落在 $\angle ABC$ 的角平分线上时，DE 的长为_____. 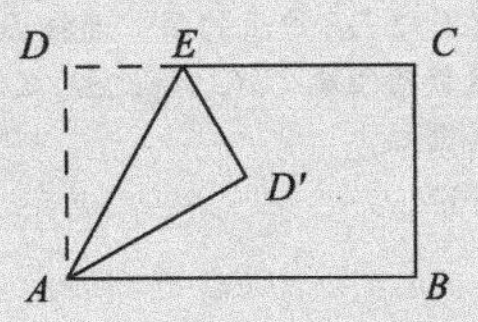 **【引导路径】** （1）归类。本题属于折叠问题。 （2）回顾。折叠问题考查知识点为轴对称变换。轴对称性质将成为本题的切入点。 （3）归纳。折叠分为三角形折叠和矩形折叠两种出题形式。其中，矩形折叠又分为折痕过顶点、折痕交对边、折痕交邻边三种基本图形存在形式。 （4）问题解决。 定方向：折叠问题中的矩形折叠中的折痕过顶点问题模式。 定路程：画出矩形折叠草图分析问题。 分类讨论：不可丢掉任何一种情况，如图所示。 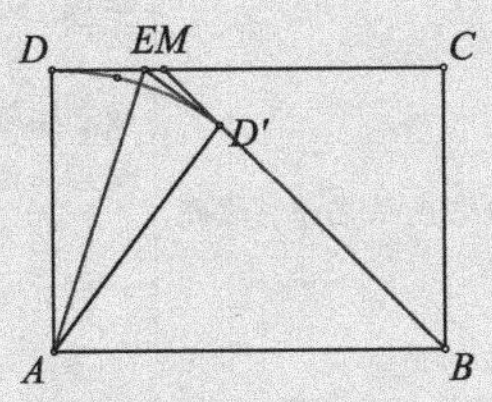 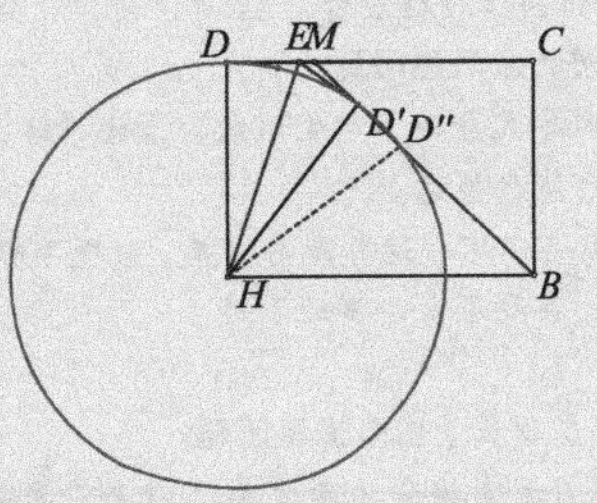 **解** 过 D' 作平行于 AD 的直线交矩形两边于点 K,F，如图所示。 依题意列方程得 $$(FD')^2+(AB-FB)^2=AD^2,$$ 解之得 $FD'=3$ 或 4，即 $DK=4$ 或 3。 利用勾股定理可求出 $DE=\dfrac{5}{3}$ 或 $\dfrac{5}{2}$。 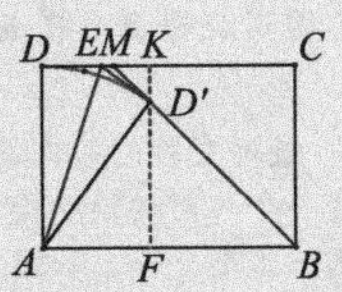 （5）强化训练。 如图所示，折叠矩形纸片 $ABCD$，使点 B 落在边 AD 上，折痕 EF 的两端分别在 AB、BC 上（含端点），且 $AB=6$ cm，$BC=10$ cm，则折痕 EF 的最大值是_____cm。 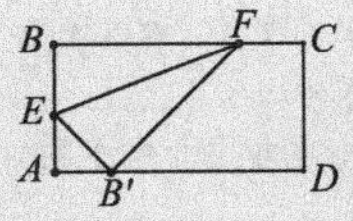	小题不可大做	选择题、填空题解题策略： ①小题不可大做； ②归类； ③定做题方向④选路径；⑤分类讨论思想的应用；⑥完成答案。

教学环节	教学活动	评价要点	两类结构
环节一 选择题、填空题解题策略	如图所示，矩形 $ABCD$ 中，$AB=3$，$BC=4$，点 E 是 BC 边上一点，连接 AE，把 $\angle B$ 沿 AE 折叠，使点 B 落在点 B' 处，当 $\triangle CEB'$ 为直角三角形时，BE 的长为_____。 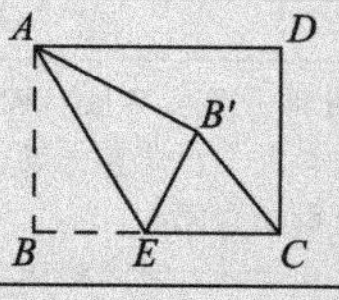 	—	—
环节二 图形变换题解题策略	解答题第22题（10分）： （1）问题发现。 如图所示，$\triangle ACB$ 和 $\triangle DCE$ 均为等边三角形，点 A，D，E 在同一直线上，连接 BE。 ①$\angle AEB$ 的度数为_____； ②线段 BE 与 AD 之间的数量关系是_____。 （2）拓展探究。 如图所示，$\triangle ACB$ 和 $\triangle DCE$ 均为等腰三角形，$\angle ACB=\angle DCE=90°$，点 A，D，E 在同一直线上，CM 为 $\triangle DCE$ 中 DE 边上的高，连接 BE。请判断 $\angle AEB$ 的度数及线段 CM，AE，BE 之间的数量关系，并说明理由。 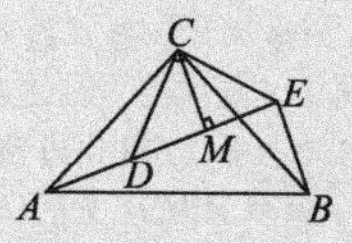 （3）解决问题。 如图所示，在正方形 $ABCD$ 中，$CD=\sqrt{2}$。若点 P 满足 $PD=1$，且 $\angle BPD=90°$，请直接写出点 A 到 BP 的距离。 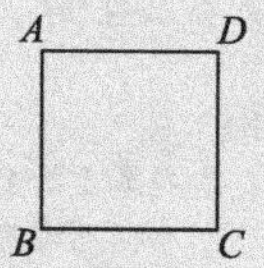 **1. 自我纠错** 内容：第一问中的两个填空题。 **2. 小组合作纠错** 应用：第二问的有限拓展探究题。 方式：小组合作交流。 内容：改正错误、明确考点、分析丢分原因、整理解题思路。 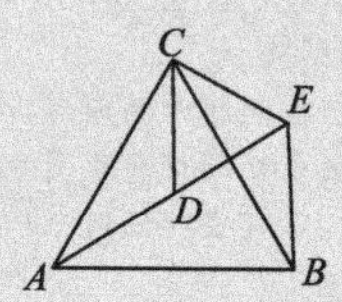 **3. 出错率高的共性问题分析** 应用：第三问的应用型问题。 方式：教师引导式分析、学生试做、强化训练、总结整理形成解题策略。 问题诊断：双基不牢，运算能力极差，读题不精，缺乏良性思维，思路不清、格式不明、答题不全、描述不准。 [引导路径] （1）归类。本题属于图形变换问题。 （2）回顾。图形变换分为两大类，即全等变换和相似变换。全等变换中又包括平移、旋转、轴对称、中心对称四小类，本题属于全等变换中的旋转变换。图形旋转性质将成为本题的切入点。 （3）归纳。旋转变换的基本图形为两个等边三角形绕一个共同的顶点旋转任意角度，其结论为三角形全等，如图所示。 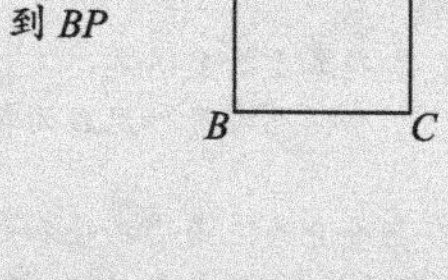 [发展方向] 全等三角形可变为等腰直角三角形、正方形、正多边形，都以找两个三角形对应全等为切入点。 等边三角形也可变为两个相似的等腰三角形，以找两个相似的三角形为切入点。	学会快速绘制草图、找出点线间的关系；从特殊到一般，找到规律方可游刃有余；复杂问题简单做、简单问题用心做；拓展问题回头做。	图形变换问题解题策略：①分类别：知道自己在做什么题，知己知彼，方能百战不殆；②找出基本图形、即遍根求源，任何复杂的图形变换都是由最基本的图形构造而成的；③第一步认真做，不但要结果、还要过程。只为下一步确立方向；④拓展问题不细做、只需在前面简单处找结论；⑤做完之后切记要回头，检验自己是否偏离了方向。

教学环节	教学活动	评价要点	两类结构
环节二 图形变换题解题策略	**4. 问题解决** 定方向：全等三角形旋转向等腰直角三角形旋转发展。 定路程：画出两种旋转草图分析问题，如图所示。 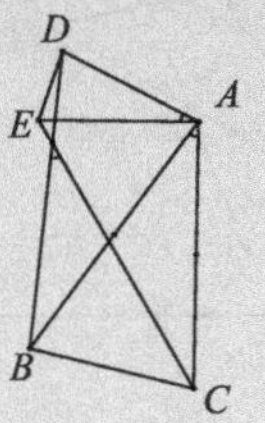 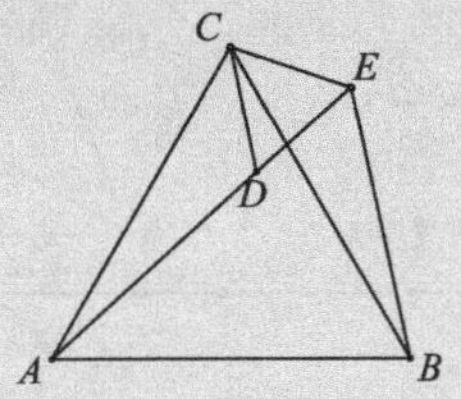 （1）填空。 ①∠AEB 的度数为＿＿＿＿＿＿； ②线段 BE 与 AD 之间的数量关系是＿＿＿＿＿＿。 分析：△ACD 与 △BCE 关系？ （2）拓展探究。 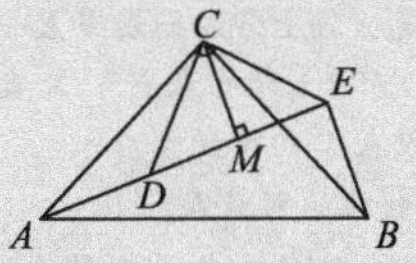 　　如图所示，△ACB 和 △DCE 均为等腰三 角形，∠ACB＝∠DCE＝90°，点 A, D, E 在 同一直线上，CM 为 △DCE 中 DE 边上的高， 连接 BE。请判断∠AEB 的度数及线段 CM, AE, BE 之间的数量关系，并说 明理由。 　　分析：△ACD 与 △BCE 关系？ 　　对顶三角形结论的应用。 　　结论：∠AEB＝90°；AE＝2CM＋BE 　　理由：∵△ACB 和 △DCE 均为等腰直角三角形，∠ACB＝∠DCE＝90°， ∴AC＝BC，CD＝CE，∠ACB＝∠DCB＝∠DCE－∠DCB， 即∠ACD＝∠BCE， ∴△ACD≌△BCE。 ∴AD＝BE，∠BEC＝∠ADC＝135°。 ∴∠AEB＝∠BEC－∠CED＝135°－45°＝90°。 在等腰直角三角形 DCE 中，CM 为斜边 DE 上的高， ∴CM＝DM＝ME，∴DE＝2CM。 ∴AE＝DE＋AD＝2CM＋BE。 （3）解决问题 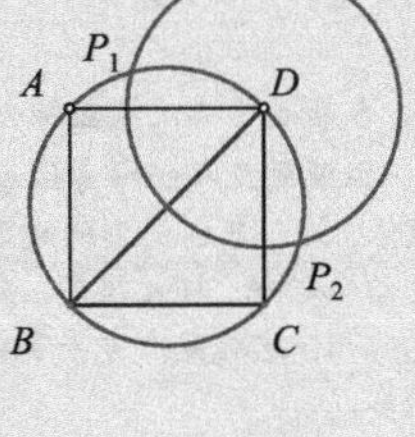 　　如图所示，在正方形 $ABCD$ 中，CD＝$\sqrt{2}$。 若点 P 满足 PD＝1，且∠BPD＝90°，请直接写 出点 A 到 BP 的距离。 　　分析：由已知条件知：P 在以 D 为圆心、 1 为半径的圆上，且 P 在以 BD 为直径的圆上。 如图所示，有两个符合条件的点 P。 　　找与图的关系。 　　如图所示，可解决 A 到 BP_1 的距离问题。 △ABF 与 △ADP_1 的全等关系。 　　如图所示，可解决 A 到 BP_2 距离问题。 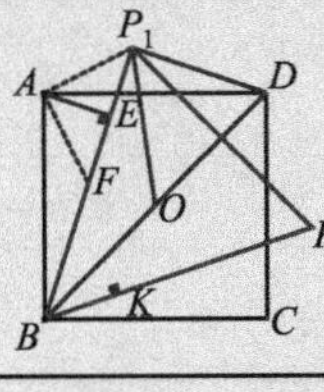 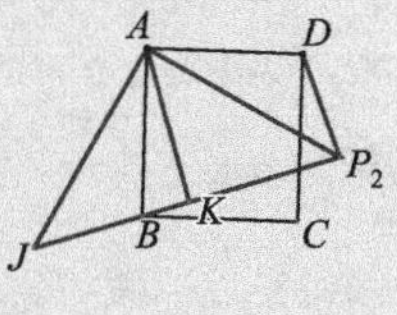 	—	—

教学环节	教学活动	评价要点	两类结构
环节二 图形变换题解题策略	**5. 强化训练** 如图所示，△ABC 中，AB = AC，∠BAC = 40°，将 △ABC 绕点 A 按逆时针方向旋转 100° 得到 △ADE，连接 BD、CE 交于点 F。 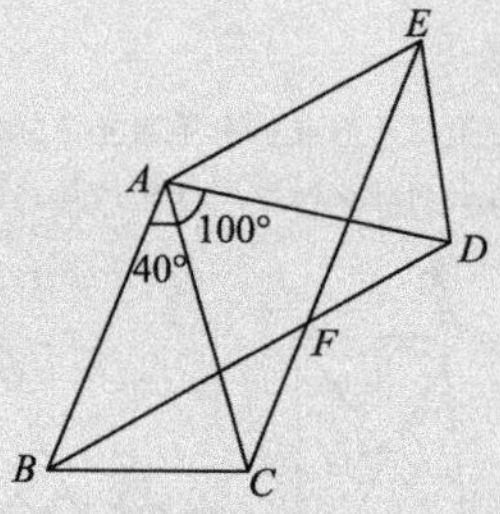 （1）求证：△ABD≌△ACE； （2）求∠ACE 的度数； （3）求证：四边形 ABFE 是菱形。 	—	—
环节三 二次函数与几何动态图形综合题解题策略	解答题第 23 题。 如图所示，抛物线 $y = -x^2 + bx + c$ 与 x 轴交于 $A(-1,0), B(5,0)$ 两点，直线 $y = -\frac{3}{4}x + 3$ 与 y 轴交于点 C，与 x 轴交于点 D，点 P 是 x 轴上方的抛物线上一动点，过点 P 作 $PF \perp x$ 轴于点 F，交直线 CD 于点 E。设点 P 的横坐标为 m。 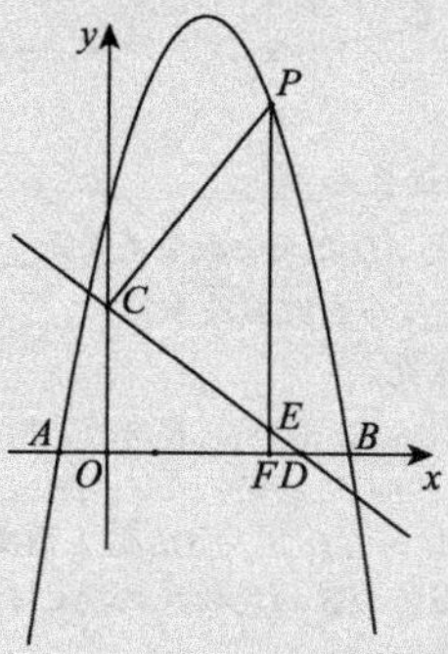 （1）求抛物线的解析式。 （2）若 $PE = 5EF$，求 m 的值。 （3）若点 E' 是点 E 关于直线 PC 的对称点，是否存在点 P，使点 E' 落在 y 轴上？若存在，请直接写出相应的点 P 的坐标；若不存在，请说明理由。 **1. 自我纠错** 内容：第一问求解析式问题。其实质就是解方程组问题。 **2. 小组合作纠错** 应用：第二问的有限拓展探究题。 方式：小组合作交流。 内容：改正错误、明确考点、分析丢分原因、整理解题思路。 **3. 出错率高的共性问题分析** 应用：第三问的应用型问题。 方式：教师引导式分析、学生试做、强化训练、总结整理形成解题策略。 问题诊断：双基不牢；运算能力极差；读题不精；缺乏良性思维；思路不清、格式不明、答题不全、描述不准。 [引导路径] （1）归类：本题属于二次函数综合问题。 （2）回顾：纵观近几年的中考试卷，在压轴题里面，以函数（特别是二次函数）为载体，综合几何图形的题型是中考的热点和难点，这类试题常常需要用到数形结合思想，转化思想，分类讨论思想等，这类试题具有拉大考生分数差距的作用。它既突出考查了初中数学的主干知识，又突出了与高中衔接的重要内容。 （3）归纳：本题型主要研究抛物线与等腰三角形、直角三角形、相似三角形、平行四边形的综合问题，解决这类试题的关键是弄清函数与几何图形之间的联系，在解题的过程中，将函数问题几何化。同时能够学会将大题分解为小题，逐个击破。 [问题解决] （1）∵ 抛物线 $y = -x^2 + bx + c$ 与 x 轴交于 $A(-1,0), B(5,0)$ 两点， ∴ $\begin{cases} 0 = -(-1)^2 - b + c, \\ 0 = -5^2 + 5b + c, \end{cases}$ 故 $\begin{cases} b = 4, \\ c = 5。 \end{cases}$ 即抛物线的解析式为 $y = -x^2 + 4x + 5$。	达成认知目标：①不可不做：克服对本题畏惧心理坚信基础知识是构建一切综合题的元素；②不可强做：在思维过程没有完美收官之前，万不可提笔做答，综合题的特征决定了它思维过程的全面性和严谨性；③分步解决、各个击破。把综合问题细化、把复杂图形简单化、把做题过程格式化。	二次函数综合题解题策略：①轻松解决第一问注意格式的完整性；②切记画简图，不可在原图上分析问题，只有认真追查了每个点、每条线、每个图的来源，方能做到临危不乱、游刃有余；③掌握二次函数图像中几个基本结论的应用：如水平距离用横坐标之差，竖直距离用纵坐标之差等。

教学环节	教学活动	评价要点	两类结构
环节三 二次函数 与几何动 态图形综 合题解题 策略	（2）点 P 横坐标为 m ，则 $P(m,-m^2+4m+5)$ ， $E\left(m,-\dfrac{3}{4}m+3\right)$ ， $F(m,0)$ 。 $\because$ 点 P 在 x 轴上方，要使 $PE=5EF$ ，点 P 应在 y 轴右侧， $\therefore$ $0<m<5$ 。 又 $PE=-m^2+4m+5-\left(-\dfrac{3}{4}m+3\right)=-m^2+\dfrac{19}{4}m+2$ 。 分两种情况讨论： ①当点 E 在点 F 上方时， $EF=-\dfrac{3}{4}m+3$ 。 $\because$ $PE=5EF$ ， $\therefore$ $-m^2+\dfrac{19}{4}m+2=5\left(-\dfrac{3}{4}m+3\right)$ ，即 $2m^2-17m+26=0$ ， 解得 $m_1=2$ ， $m_2=\dfrac{13}{2}$ （含去）。 ②当点 E 在点 F 下方时， $EF=\dfrac{3}{4}m-3$ 。 $\because$ $PE=5EF$ ， $\therefore$ $-m^2+\dfrac{19}{4}m+2=5\left(\dfrac{3}{4}m-3\right)$ ，即 $m^2-m-17=0$ ， 解得 $m_3=\dfrac{1+\sqrt{69}}{2}$ ， $m_4=\dfrac{1-\sqrt{69}}{2}$ （含去）。 所以 m 的值为 2 或 $\dfrac{1+\sqrt{69}}{2}$ 。 （3）点 P 的坐标为 $P_1\left(-\dfrac{1}{2},\dfrac{11}{4}\right)$ ， $P_2(4,5)$ ， $P_3(3-\sqrt{11},2\sqrt{11}-3)$ 。 **提示** $\because E$ 和 E' 关于直线 PC 对称， $\therefore\angle E'CP=\angle ECP$ ； 又 $\because PE\parallel y$ 轴， $\therefore\angle EPC=\angle E'CP=\angle PCE$ ，从而 $PE=EC$ ， 又 $\because CE=CE'$ ， $\therefore$ 四边形 $PECE'$ 为菱形。 过点 E 作 $EM\perp y$ 轴于点 M ，有 $\triangle CME\backsim\triangle COD$ ， $\therefore CE=\left|\dfrac{5}{4}m\right|$ 。 $\because PE=CE$ ， $\therefore$ $-m^2+\dfrac{19}{4}m+2=\dfrac{5}{4}m$ 或 $-m^2+\dfrac{19}{4}m+2=-\dfrac{5}{4}m$ ， 解得 $m_1=\dfrac{1}{2},m_2=4,m_3=3-\sqrt{11},m_4=3+\sqrt{11}$ （含去）。 可求得点 P 的坐标为 $P_1\left(-\dfrac{1}{2},\dfrac{11}{4}\right)$ ， $P_2(4,5)$ ， $P_3(3-\sqrt{11},2\sqrt{11}-3)$ 。 [强化训练]如图所示，在平面直角坐标系中，顶点为 $(3,4)$ 的抛物线交 y 轴于 A 点，交 x 轴于 B,C 两点（点 B 在点 C 的左侧），已知 A 点坐标为 $(0,-5)$ 。 （1）求此抛物线的解析式。 （2）过点 B 作线段 AB 的垂线交抛物线于点 D ，如果以点 C 为圆心的圆与直线 BD 相切，请判断抛物线的对称轴 l 与 OC 的位置关系，并给出证明。 （3）在抛物线上是否存在一点 P ，使△ ACP 是以 AC 为直角边的三角形，若存在，求出点 P 的坐标；若不存在，请说明理由。 	—	—

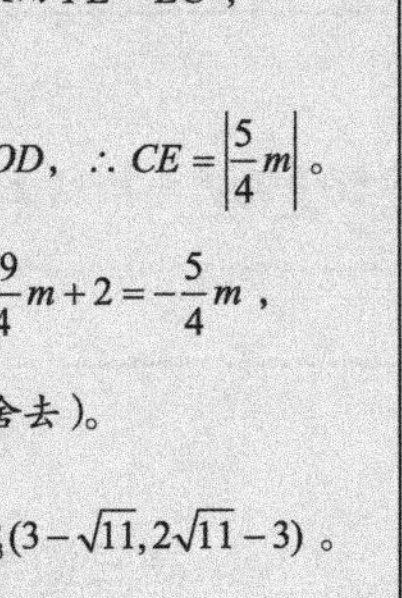

教学环节	教学活动	评价要点	两类结构
环节四 反思与 小结	一、小结归纳 （1）错误类型：①审题不清类；②知识缺陷类；③书写错误类。 （2）纠错策略：①精读；②良思；③慎写。 （3）目标达成：①会；②对了；③得分；④得满分。 二、本试题总体失误表现 　总结试卷反映的问题： 　①基础知识方面：掌握不牢，基础不扎实。 　②审题方面：阅读能力差，粗心大意，审题不清。 　③解题方面：解题能力不强，学生的类比能力以及知识迁移能力有待进一步培养。 　八点注意：审题再细致一点，基础再牢固一点，思路再宽广一点，方法再灵活一点，解题再规范一点，心态再改善一点，信心再提高一点，成绩再进步一点。 三、反思 　强化知识点的落实，讲清知识点的本质含义及如何运用知识点去解决问题。注重学法指导，切实提高课堂教学的效益。 　引导学生多方面去发现问题，分析问题，寻找解决问题的办法；注重数学思想方法的运用，善于归纳总结解题方法，让学生达到"举一反三，触类旁通"。训练解答过程的规范性。 　告诫学生"谋思路而后动，规范解答不失分，解后反思收获大"。让学生养成不断总结，复习的习惯。通过总结和复习，将所学的知识系统化，完善自身的知识体系；在练习过程中，一定要多思考，多大胆尝试，审题要严谨，解题要完善，弄清各模块知识之间的衔接点；解题过程中，需要注意数学思想方法和综合能力的培养；在实践与操作，探究与综合，以及探究规律，归纳与概括等类型的题目上，好好学习，积累丰富的经验，提高解题的灵活性。 　教给学生考场答题的技巧，在平时培养他们的"考试能力"。	数学题解题四个层次：①会了；②对了；③得分；④满分。	牢记答卷三大要素：①精读；②良思；③慎写。

（六）补救训练

2015 年河南中考数学说明与检测上册综合试二：第 14、15、18、22、23 题。

案例 3-8-2

高三数学阶段测试试卷讲评教案

一、教学目标

（1）通过讲评，进一步巩固相关知识点。

（2）通过对典型错误的剖析、矫正，帮助学生掌握正确的思考方法和解题策略。

二、教学重点

第 3、9、13、18、20、21、22 题的错因剖析与矫正。

三、教学过程

（一）考试情况分析

（1）试题知识点分布情况如表 3-3 所示。

表 3-3　试题知识点分布

考查内容	集合	常用逻辑用语	函数与导函数	三角	向量
分值	32	10	39	25	44
所占比例	21.3%	6.7%	26%	16.7%	29.3%

（2）试卷得分情况如表 3-4 所示。

表 3-4　考试得分统计情况

题号	1	2	3	4	5	6	7	8	9	10	11
平均分	3.1	3.9	0.8	3.7	3.7	3	2.8	2.3	0.4	4.1	2.3
难度系数	0.6	0.8	0.2	0.7	0.7	0.6	0.6	0.5	0.1	0.8	0.5

平均分 68.3

题号	12	13	14	15	16	17	18	19	20	21	22
平均分	2.7	1.1	3.7	2.6	1.9	6.8	4.2	4.3	4	3.3	3.4
难度系数	0.5	0.2	0.7	0.5	0.4	0.7	0.3	0.4	0.3	0.3	0.3

分数段	30 以下	30～59	60～89	90～119	120 以上
人数	6	21	17	16	2

（3）存在问题。

① 答题不规范。投影学生试卷：第 19 题。

② 运算不过关。投影学生试卷：第 17、18 题。

③ 考虑不全面。投影学生试卷：第 22 题。

④ 概念不清晰。投影学生试卷：第 20 题。

⑤ 审题不严谨。投影学生试卷：第 21 题。

（二）典型错误剖析与修正

例 1　已知全集 $U=\mathbf{R}$，不等式 $\dfrac{x-2}{x+2}<0$ 的解集为 A，不等式 $|x-2|<1$ 的解集为 B。

（1）求 A,B；

（2）求 $(C_U A)\bigcap B$。

【错解展示】

解　（1）由 $\dfrac{x-2}{x+2}<0$，得 $-2<x<2$，$\therefore A=\{x|-2<x<2\}$；

由 $|x-2|<1$，得 $1<x<3$，$\therefore B=\{x|1<x<3\}$。

（2）由（1）得 $C_U A=\{x|x<-2$ 或 $x>2\}$，$\therefore (C_U A)\bigcap B=\{x|2<x<3\}$。

【解法修正】

解　（1）由 $\dfrac{x-2}{x+2}<0$，得 $-2<x<2$，$\therefore A=\{x|-2<x<2\}$；

由 $|x-2|<1$，得 $1<x<3$，$\therefore B=\{x|1<x<3\}$。

（2）由（1）$\because A=\{x|-2<x<2\}$，$U=\mathbf{R}$，$\therefore C_U A=\{x|x<-2 \text{ 或 } x>2\}$。

$\therefore (C_U A)\cap B=\{x|2\leqslant x<3\}$。

【错误归因】集合的交并补运算的知识的缺陷。

例 2　函数 $y=\log_2(x^2-3x-4)$ 的单调增区间是＿＿＿＿＿＿＿＿。

【错解展示】错解 1：$\left[\dfrac{3}{2},+\infty\right)$；错解 2：$(-\infty,1)\cup(4,+\infty)$。

【解法修正】$(4,+\infty)$。

【错误归因】对数函数的定义域理解的欠缺。

例 3　已知实数 $a>0$ 且 $a\neq 1$，函数 $f(x)=\log_a x$ 在区间 $[a,2a]$ 上的最大值比与最小值大 $\dfrac{1}{2}$，求实数 a 的值。

【错解展示】

解　当 $a>1$ 时，$f(x)=\log_a x$ 在区间 $[a,2a]$ 上是增函数，故最大值为 $f(2a)$，最小值为 $f(a)$，所以 $\log_a 2a-\log_a a=\dfrac{1}{2}$，得 $a=4$，满足 $a>1$。

当 $0<a<1$ 时，$f(x)=\log_a x$ 在区间 $[a,2a]$ 上是减函数，故最大值为 $f(a)$，最小值为 $f(2a)$，所以 $\log_a a-\log_a 2a=\dfrac{1}{2}$，得 $a=\dfrac{1}{4}$，满足 $0<a<1$。

综上所述，$a=4$ 或 $a=\dfrac{1}{4}$。

【解法修正】

解　当 $a>1$ 时，$f(x)=\log_a x$ 在区间 $[a,2a]$ 上是增函数，故最大值为 $f(2a)$，最小值为 $f(a)$，所以 $\log_a(2a)-\log_a a=\dfrac{1}{2}$，得 $a=4$，满足 $a>1$。

当 $0<a<1$ 时，$f(x)=\log_a x$ 在区间 $[a,2a]$ 上是减函数，故最大值为 $f(a)$，最小值为 $f(2a)$，所以 $\log_a a-\log_a(2a)=\dfrac{1}{2}$，得 $a=\dfrac{1}{4}$，满足 $0<a<1$。

综上所述，$a=4$ 或 $a=\dfrac{1}{4}$。

【错误归因】数学符号书写不规范。

例 4　设 $f'(x)$ 是函数 $f(x)$ 的导函数，将 $y=f(x)$ 和 $y=f'(x)$ 的图像画在同一个直角坐标系中，不可能正确的是（　　　）。

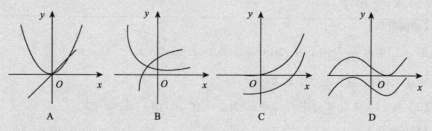

【错解展示】错解 1：A；错解 2：B；错解 3：C。

【解法修正】D。

【错误归因】导函数与函数之间的联系知识的欠缺。

变式演练　如果函数 $y=f(x)$ 的图像如图 3-46 所示，那么导函数 $y=f'(x)$ 的图像可能是（　　）。

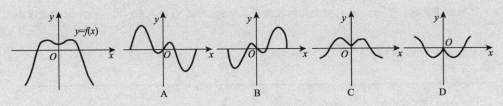

图 3-46　变式图

例 5　设函数 $f(x)=ax^3+bx^2+cx+d\ (a,b,c,d\in\mathbf{R})$ 满足：$\forall x\in\mathbf{R}$ 都有 $f(x)+f(-x)=0$，且 $x=1$ 时，$f(x)$ 取极小值 $-\dfrac{2}{3}$。

（1）求 $f(x)$ 的解析式。

（2）求函数 $y=f(x)$ 的图像在 $x=2$ 处的切线方程。

【错解展示】

解　依题意得 $\begin{cases}2bx^2+d=0,\\a+b+c+d=-\dfrac{2}{3}。\end{cases}$

【解法修正】

解　（1）因为 $\forall x\in\mathbf{R},f(-x)=-f(x)$ 成立，所以 $b=d=0$。

由 $f'(1)=0$，得 $3a+c=0$；由 $f(1)=-\dfrac{2}{3}$，得 $a+c=-\dfrac{2}{3}$，解之得 $a=\dfrac{1}{3},c=-1$，从而，函数解析式为 $f(x)=\dfrac{1}{3}x^3-x$。

（2）由 $f'(x)=x^2-1$，当 $x=2$ 时，$y'=3$。又 $x=2$ 时，$f(2)=\dfrac{1}{3}\times 2^3-2=\dfrac{2}{3}$。因此所求切线方程为 $y-\dfrac{2}{3}=3(x-2)$。

【错误归因】函数的奇偶性及极值知识的欠缺。

变式演练　函数 $f(x)$ 的定义域为开区间 (a,b)，导函数 $f'(x)$ 在 (a,b) 内的图像如图 3-47 所示，则函数 $f(x)$ 在开区间 (a,b) 内的极小值点有（　　）。

A.1 个　　B.2 个　　C.3 个　　D.4 个

例 6　已知函数 $f(x)=x^4+ax^3+2x^2+b$ $(x\in\mathbf{R})$，其中 $a,b\in\mathbf{R}$。

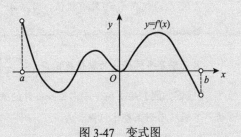

图 3-47　变式图

（1）当 $a=-\dfrac{10}{3}$ 时，讨论函数 $f(x)$ 的单调性。

（2）若函数 $f(x)$ 仅在 $x=0$ 处有极值，求 a 的取值范围。

【错解展示】

解　（1）$f'(x)=4x^3+3ax^2+4x=x(4x^2+3ax+4)$。

当 $a=-\dfrac{10}{3}$ 时，$f'(x)=x(4x^2-10x+4)=2x(2x-1)(x-2)$。

令 $f'(x)=0$，解得 $x_1=0,x_2=\dfrac{1}{2},x_3=2$。

当 x 变化时，$f'(x)$，$f(x)$ 的变化情况如下表所示。所以 $f(x)$ 在 $\left(0,\dfrac{1}{2}\right)$，$(2,+\infty)$ 内是增函数，在 $(-\infty,0)$，$\left(\dfrac{1}{2},2\right)$ 内是减函数。

x	$(-\infty,0)$	0	$\left(0,\dfrac{1}{2}\right)$	$\dfrac{1}{2}$	$\left(\dfrac{1}{2},2\right)$	2	$(2,+\infty)$
$f'(x)$	$-$	0	$+$	0	$-$	0	$+$
$f(x)$	↘	极小值	↗	极大值	↘	极小值	↗

（2）$f'(x)=x(4x^2+3ax+4)$，显然 $x=0$ 不是方程 $4x^2+3ax+4=0$ 的根。

为使 $f(x)$ 仅在 $x=0$ 处有极值，必须 $4x^2+3ax+4>0$ 恒成立，即有 $\Delta=9a^2-64<0$。

解此不等式，得 $-\dfrac{8}{3}<a<\dfrac{8}{3}$。这时，$f(0)=b$ 是唯一极值。

因此满足条件的 a 的取值范围是 $\left(-\dfrac{8}{3},\dfrac{8}{3}\right)$。

【解法修正】

解　（1）$f'(x)=4x^3+3ax^2+4x=x(4x^2+3ax+4)$。

当 $a=-\dfrac{10}{3}$ 时，$f'(x)=x(4x^2-10x+4)=2x(2x-1)(x-2)$。

令 $f'(x)=0$，解得 $x_1=0,x_2=\dfrac{1}{2},x_3=2$。

当 x 变化时，$f'(x)$，$f(x)$ 的变化情况如上表所示。

所以 $f(x)$ 在 $\left(0,\dfrac{1}{2}\right)$，$(2,+\infty)$ 内是增函数，在 $(-\infty,0)$，$\left(\dfrac{1}{2},2\right)$ 内是减函数。

（2）由 $f'(x)=x(4x^2+3ax+4)$，显然 $x=0$ 不是方程 $4x^2+3ax+4=0$ 的根。

为使 $f(x)$ 仅在 $x=0$ 处有极值，必须 $4x^2+3ax+4\geqslant0$ 恒成立，即有 $\Delta=9a^2-64\leqslant0$。

解此不等式，得 $-\dfrac{8}{3}\leqslant a\leqslant\dfrac{8}{3}$。这时，$f(0)=b$ 是唯一极值。

因此满足条件的 a 的取值范围是 $\left[-\dfrac{8}{3},\dfrac{8}{3}\right]$。

【错误归因】 缺少综合考虑已知条件的策略，体现在对条件"为使 $f(x)$ 仅在 $x=0$ 处有极值"不能从图形上整体把握。

（三）教学反思

（1）试卷评讲课上就有关问题研讨处理之后，教师要针对该题所涉及的有关知识内容、技巧、技能、思想、方法，多角度、全方位地精心编制一些变式练习，使学生从各个角度来加深对该问题的理解和掌握。

（2）引导学生反馈与总结，给学生总结和反思的机会，引导总结原来做错的原因。

第四章　讲课、说课与评课

前面三章讨论数学教学设计的理论与实践，而教学设计只有付诸实施，得以检验，才能实现它的价值。所以这一章，我们介绍基于教学设计的讲课，教学研究和教学交流形式的说课，以及教学的重要组成部分——评课。

第一节　讲　　课

本节讨论的讲课指的是狭义的教师课堂讲解，依据课前的教学设计，条理清晰地有序讲述，合理恰当地使用教学语言、板书，借助多媒体辅助教学，引起学生的兴趣，最好引人入胜，独具风格。

一、基于教学设计的讲课

依照课前教学设计的教学流程，教师将教学设计付诸行动，开展教学活动，最终教学效果除了与教学设计有关，还受到教师各课堂教学中导课、讲解、反馈与强化、结课等能力的影响，以及诸如教学语言、提问、板书、组织管理课堂、多媒体运用等教学基本功因素的影响。下面从导课、讲解、反馈与强化、结课等能力介绍基于教学设计的讲课。

（一）导课

在教学中，导课是指教师结合科目特点、学生实际和课程内容等多方面的因素，在进入新课题前，运用多种手段，引起学生注意，激发学生兴趣，产生学习动机，明确学习目标及建立知识之间联系，设计恰当且艺术的方式方法把学生引进一种课堂氛围，达到良好的学习效果。导课是引导进入新课，也称为开讲，属于课堂导入环节，本质上包括教师引导和学生进入，即教师引导学生进入某种教学情境，故也称导课为情境引入。

导课是课堂教学的开端或序幕，虽然在一堂课中只占很少的时间，但它是课堂教学的重要环节，它关系到整个课堂教学的效果。俗话说："良好的开端是成功的一半。"因此，精心研究导课的方法，是每个教师都要重视的问题。导课是基于教师对整个教学过程和学生实际认知水平及数学理解的全盘考虑，熔铸了教师的教学风格、智慧和修养，体现了教师的数学教学观念。

典型的导课由引起学生注意、激发学生兴趣、启迪学生思维、让学生明白目的、引导学生进入新课题等要素构成。可以采取直接导入法、生活实例导入法、数学史导入法、复习旧知导入法、实验导入法、问题导入法、经验导入法、游戏导入法、故事导入法等进行导课。

（二）讲解

课堂讲解也称为讲授，是教师给学生传授知识的主要手段。从两千多年前孔子的"私学"和柏拉图的"学园"至当今课堂，教师通过语言（包括肢体语言）讲解知识并进行分析、综合、抽象、概括，进而启发学生思维，跟学生进行思想和情感交流，学生听取、接受知识的方式，仍然是最广泛的教学形式。讲解之所以一直受到教师尤其是数学教师的偏爱，是因为它为教师传授知识提供了充分的主动权和控制权，能在较短的时间内，高效传授数学知识，提高思维能力，渗透数学文化价值，培养学生学习兴趣。

课堂讲解要思路清析、表达清晰、适时概括；要有突出重点和突破难点的讲解策略。讲解过程中，运用强调语言，但慎用重复语言，借用板书中彩色粉笔标注突出教学重点；设计相关知识的回顾，设计梯度问题串拾阶而上，辅以多媒体信息技术直观呈现、数学阅读化繁为简的信息量提取等方法帮助讲解，更有助于学生的理解和掌握。

（三）反馈与强化

控制系统中，将系统以往控制作用的结果再送入系统中，使其作为评价系统状态和调节以后控制的根据，这一信息传递过程称为反馈。课堂教学中的反馈是指师生之间的相互沟通、相互作用、信息往返交流的过程，包含学生对来自教师的信息的接受反馈和教师接受学生的反馈信息两方面。在讨论教师讲课时，强调的是教师接受学生的反馈信息。教师要根据学生的反馈信息及时做出应对，调整信息量的输出，进而有效地控制教学正常运行。数学课堂教学中，教师在传授数学知识后，通过课堂教学的反馈，包括课堂观察、课堂提问、课堂考察等方式，获取来自学生有关教学效果的反应。

强化是学习心理学（特别是行为主义学习心理学）中课堂教学重要的概念和心理学原理，是教师的主导作用在学生学习活动中的体现，它使学生在学习过程中增强某种反应重复可能性的力量。强化是塑造行为和保持行为强度不可缺少的关键因素。在数学教学中，强化是指教师为鼓励学生在数学学习中的某种行为，而做出的诸如奖励或鼓励性的积极反应，使实际的教学效果与所期望的学生反应之间建立起稳固的联系，帮助学生形成正确的思维方式，促进数学思维的进一步发展。

（四）结课

完美的教学要做到善始善终，故结课与导课一样重要，也是衡量教师教学水平的重要标志之一。数学课的结课是指教师在完成一项教学内容或活动时，对所传授的知识和技能进行及时系统化归纳总结，使学生对所学知识形成系统，从而巩固和掌握教学内容的教学行为方式。

结课主要由"给出信号，心理准备""概括要点，提示关键""沟通知识，深化拓展""归纳总结，分析评估""布置作业，练习巩固"等要素构成。可以采取总结归纳法、拓展延伸法、分析比较法、练习评估法和悬念探究法等进行结课。

一堂好的授课，前面的导课，体现好的开头是成功的一半，"起调"动人心弦；中间的讲解、反馈与强化是一堂课的关键，"主旋律"引人入胜；而后面的结课，则是一堂课的点睛之笔，"终曲"余音绕梁。

二、讲课要注意的问题及策略

上一小节对讲课基本内容和要求作了综合性介绍。本小节主要就数学课中比较突出也是受到广泛关注和意见分歧较大的两个问题——数学教学语言和数学教学中的多媒体信息技术进行探讨。

（一）数学教学语言

苏霍姆林斯基说过：教师的语言是教师作用于学生精神世界的最重要的工具。教师的语言是一种什么也代替不了的影响学生心灵的工具[125]。教学过程中，教师与学生之间的知识传递、信息反馈及情感交流都是借助于教学语言来进行的。而数学教学语言更是以经过精心选择，用来解释、提炼加工和过渡的自然语言为基础，以可以符号化、精确定义的纯数学语言为载体，两者兼有的混合型的特有语言。

数学语言是以数学符号为主要词汇，以数学公理、定理、公式等语法规则构成的一种科学语言，它和自然语言一样是人类思维长期发展的成果。数学语言是在数学知识的产生、发展和运用过程中逐渐形成的，是数学内容经过归纳、概括、抽象的一种表达形式。数学语言对数学教学的重要性引起很多研究者的关注和探究[126-130]。

教学语言与教学效果有着密切联系。第一，语言是信息的载体，是交流的工具，教学语言的质量直接影响着学生对数学知识、思想和方法的掌握以及数学能力的发展；第二，语言是思想的直接现实，数学事实要用数学语言表达，从而学习数学也就是对数学语言的学习。因此，教师数学语言的使用，对学生数学语言的形成起着至关重要的作用。苏霍姆林斯基谈到教师语言时强调：教师的语言修养在极大程度上决定着学生在课堂上脑力劳动的效率。我们深信，高度的语言修养是合理利用时间的重要条件。强调教师的授课技能，从根本上说，是强调教师的语言表达技能。想起原来听一些学生试讲之后的感触："也许这节课，你只告诉学生今天我们学习哪一节内容，请同学们自学，要比你这样讲这节课的效果好！为什么呢？因为本来简单明了的数学被你左绕右绕，学生清醒的头脑被搅糊涂了，完全不是数学教学语言！"

数学学科的专业特点，决定了数学教学语言的专业性，主要体现在以下几点。

（1）科学性。数学教学语言的科学性主要体现在准确性、逻辑性和严谨性。数学概念的引入和使用，数学命题的论证，公式的推导与归纳，都要求教师使用的语言准确无误、清楚明白、条理清楚、层次分明、叙述严密、论据充分，有鲜明的系统性、连贯性和严谨性。

（2）抽象性。与数学思维的抽象性相对应，数学语言也具有抽象性。抽象化是数学语言中最集中、最突出、最体现数学学科个性的特点。

（3）启发性。启发性是数学教学的一个指导思想和教学原则，教师启发性的教学语言可以激起学生强烈的探究反射，促使学生的求知欲由潜伏状态转入活动状态，使学生的主动性得到激发，注意力和潜在能力得到充分发挥，也体现在课堂上教师为主导、学生为主体的地位。教师用语言联系新旧知识，将抽象的概念具体化，深奥的道理形象化。正如张奠宙先生所说的：将知识的学术形态转化为教育形态。

（4）简洁性。数学语言与自然语言不同，要求开门见山，一语点破，以数、形、结构等数学模型为对象，直接揭示事物的本质，使得数学知识的表达从冗长烦琐的自然语言中解放出来。

（5）生动性、趣味性。数学教学语言具有科学性和抽象性，使得教学知识表面上显得"枯燥"，所以教师适当使用诙谐、幽默的语言，可以使学生阐述联想，吸引学生注意力，增强学习兴趣，更能调节人的大脑注意力，使逻辑思维和形象思维交互进行，减少疲劳，有利于以表象为主要形式的感性思维与以逻辑推理为主要形式的理性思维更好地结合，产生创造力。教师语言的生动性和趣味性，还表现在语气语调上，随着教学内容的变化，教师使用轻重缓急不同的语调，营造教学过程中的节奏感和协调气氛，使学生在轻松愉快的氛围中进行数学思维活动。

（二）数学教学中的多媒体信息技术

多媒体教学指的是，在教学过程中，根据教学目标和学生特点，通过教学设计，合理选择和运用现代教学媒体和数学教学软件，并与传统数学教学手段有机结合，共同参与数学教学全过程，以多种媒体信息作用于学生，形成合理的数学教学过程结构，以达到最优化的数学教学效果。

关于数学教学中的多媒体信息技术的应用，一直有分歧，主要有两种观点：一种认为数学学科需要严密的逻辑推理，体现思维的过程，认为多媒体教学就像放电影一样，一晃而过，对于学生掌握数学学科知识不利，还是使用传统讲解加黑板板书的形式，更有利于展示思维过程，便于学生数学知识的掌握和数学思维的培养。中老年教师中持这种观点的偏多。另一种则认为，使用多媒体信息技术，可以通过声音、图像、动画、视频等方式全方位地展示数学知识和数学思维的多层次和多方面，可以扩大知识的广度和深度，仅仅依赖讲解和板书很难达到使用多媒体信息技术来讲授时知识的容量和教学的效果。广大青年教师大多数多媒体信息技术掌握较好，他们相对支持多媒体信息技术融入数学教学。多媒体信息技术一直以来受到研究者和教师的关注，对其在不同学段数学教学中的应用有较多的成果[131-140]。

《义务教育数学课程标准》中指出：信息技术的发展对数学教育的价值、目标、内容以及教学方式产生了很大的影响。数学课程的设计与实施应根据实际情况合理地运用现代信息技术，要注意信息技术与课程内容的整合，注重实效。要充分考虑信息技术对数学学习内容和方式的影响，开发并向学生提供丰富的学习资源，把现代信息技术作为学生学习数学和解决问题的有力工具，有效地改进教与学的方式，使学生乐意并有可能投入现实的、探索性的教学活动中去。而最新版《普通高中数学课程标准》中对数学教学的建议是：重视信息技术运用，实现信息技术与数学课程的深度融合。在"互联网＋"时代，信息技术的广泛应用正在对数学教育产生深刻影响。在数学教学中，信息技术是学生学习和教师教学的重要辅助手段，为师生交流、生生交流、人机交流搭建了平台，为学习和教学提供了丰富的资源。因此，教师应重视信息技术的运用，优化课堂教学，转变教学与学习方式。例如，为学生理解概念创设背景，为学生探索规律启发思路，为学生解决问题提供直观，引导学生自主获取资源。在这个过程中，教师要有意识地积累教学活动案例，总结出生动、自主、有效的教学方式和学习方式。由此可见，整个基础教育阶段，对多媒体信息技术应用于数学教学给予了肯定的态度。

现阶段教师中存在的两种观点都太绝对，正所谓"教学有法，教无定法"，我们不应该将其对立起来，应该取长补短，结合各自优势，在数学教学中，适当应用多媒体技术和数学软件，采用多种方式更形象更直观地多途径向学生展示所学知识，对于难度大、抽象性强的概念或证明推导过程、重要的方法总结等，结合适当板书演示，给予学生思考时间，这样既发挥了多媒体教学的呈现力、重现力、传递能力、可控性和参与性，也提高了趣味性，激发学生的兴趣，吸引学生主动参与，更能准确反馈教学信息，有效调控课堂，优化课堂教学结构，提高教学效率，又可以适当使用板书兼顾数学学科抽象性和逻辑性的思维过程、思想方法提炼的展示。所以，掌握好多媒体信息技术，并恰当利用，结合传统教学的板书讲解、展示的优势，相辅相成，取长补短地展开教学，会有效提高教学效果。

三、讲课案例及其分析

下面的案例是 2015 年全国第三届大学生教学技能竞赛中第一天下午数学组 17 号和 24 号选手对同一课题《等比数列的前 n 项和》的讲课设计，读者可以将两位选手的设计进行对比分析。

案例 4-1-1

等比数列的前 n 项和

一、前期分析

（一）学习任务分析

本节课选自北京师范大学出版社普通高中《数学》必修五，主要内容为等比数列前 n 项和公式及其推导过程。等比数列是在学习了等差数列之后学生遇到的又一个常见数列，等比数列前 n 项和公式的推导方法与等差数列前 n 项和的推导也有相似之处，同样需要寻找数列各项之间的关系，并对 S_n 进行变形。错位相减法是最常用的推导等比数列前 n 项和的方法，对于探究其他数列的前 n 项和具有借鉴作用，因此该方法在数列内容的学习中具有重要地位。同时，可以鼓励学生对于其他的推导方法进行探究学习，拓展学生思维。在求和公式的推导中，对于公比是否等于 1 的讨论也充分体现出了分类讨论的思想，具有重要的意义。

（二）学情分析

本节课的教学对象为高二年级学生，该阶段学生已经学习了等差数列前 n 项和的公式及其推导方法，对于数列前 n 项和的探究具有一定的经验；同时，在上节课中学生已经学习了等比数列及其通项公式，对于等比数列各项之间的特征具有较深的认识；他们已经具备一定的推导概括能力。但是该阶段学生思维存在一定的局限性，分类讨论的意识较为薄弱，因此学生很容易疏漏公比等于 1 这一特殊情况，教师在教学中需要特别注意强调。

（三）教学重难点

教学重点：等比数列前 n 项和公式及其应用。

教学难点：等比数列前 n 项和公式的推导方法。

二、教学目标分析

（一）知识与技能

（1）知道等比数列前 n 项和公式。

（2）能运用错位相减法推导等比数列前 n 项和公式。

（3）能运用等比数列前 n 项和公式解决实际问题。

（二）过程与方法

（1）经历发现问题、提出方法、解决问题、验证结论、拓展应用的数学探究过程。

（2）掌握错位相减法这一解决数列求和问题中常用的方法。

（3）感受分类讨论这一重要的数学思想在数列问题中的应用。

（三）情感态度与价值观

（1）感受等比数列在日常生活中广泛的应用，体会数学的重要性。

（2）感受探究求和问题中多样化的探究方法，注意培养创新意识，拓展思维。

三、教学过程

（一）情景引入，温故知新

有一款小游戏曾风靡一时，它称为"2048"，在这款游戏中通过移动界面上的数字方块，将相邻相同的数字相加得到一个新的数字，直到得到2048这一数字则游戏成功。在游戏中出现的数字有 $2, 4, 8, 16, 32, \cdots$

问题1 观察这些数字，由这些数字所组成的数列是一个什么数列？

学生不难发现这是一个首项为2、等比也为2的等比数列，其通项公式为 $a_n = 2^n$。

问题2 这个数列就可以写成是 $2^1, 2^2, 2^3, \cdots, 2^n$，那么这个数列前 n 项的和等于多少？

（二）合作学习，探索新知

将等比数列前 n 项和记为 $S_n = 2^1 + 2^2 + 2^3 + \cdots + 2^n$。

问题3 计算一下前 n 项和为多少，即 $S_n = 2^1 + 2^2 + \cdots + 2^n$。

学生不难发现：

$$S_n = 2^1 + 2^2 + \cdots + 2^n = 2(2^1 + 2^2 + \cdots + 2^{n-1}) = 2(S_n - 2^n)$$

$$S_n - 2S_n = -2^{n+1}$$

$$S_n = 2^{n+1}$$

问题4 模仿上述过程，计算一般等比数列前 n 项和 $S_n = q^1 + q^2 + q^3 + \cdots + q^n$。

我们将上述方法推广到一般等比数列求和。设

$$S_n = a_1 + a_1 q + a_1 q^2 + \cdots + a_1 q^{n-1} \qquad ①$$

①式两边同时乘 q，得

$$q S_n = a_1 q + a_1 q^2 + \cdots + a_1 q^{n-1} + a_1 q^n \qquad ②$$

①−②，得 $S_n - q S_n = a_1(1 - q^n)$，即

$$(1-q)S_n = a_1(1 - q^n) \qquad ③$$

问题5 能否直接对等号两边同除以 $1-q$？

当 $q \neq 1$ 时，由③式得到等比数列前 n 项和公式为

$$S_n = \frac{a_1(1 - q^n)}{1 - q}$$

因为 $a_1 q^n = (a_1 q^{n-1})q = a_n q$，所以上面的公式还可以写成

$$S_n = \frac{a_1 - a_n q}{1 - q}$$

很明显，当 $q=1$ 时，从①式可得 $S_n = na_1$。

从而，等比数列前 n 项和公式为

$$S_n = \begin{cases} na_1, & q=1 \\ \dfrac{a_1(1-q^n)}{1-q} = \dfrac{a_1 - a_n q}{1-q}, & q \neq 1 \end{cases}$$

问题 6　在等比数列前 n 项和的有关公式中共涉及哪几个基本量？这些量的实际意义是什么？

教师引导学生观察求和公式中的各个字母所代表的具体量，并且思考，利用该公式可以知道其中几个基本量求出另外几个基本量。

（三）练习巩固，应用深化

例 1　（1）已知等比数列 $\{a_n\}$ 中，$a_1=2, q=3$，求 S_3。

（2）求等比数列 $1, \dfrac{1}{2}, \dfrac{1}{4}, \dfrac{1}{8}, \cdots$ 的前 10 项的和。

解　（1）由等比数列的求和公式得

$$S_3 = \frac{2 \times (1-3^3)}{1-3} = 26$$

（2）由题意得 $a_1 = 1, q = \dfrac{1}{2}$，再由等比数列的求和公式得

$$S_{10} = \frac{1 \times \left[1 - \left(\dfrac{1}{2} \right)^{10} \right]}{1 - \dfrac{1}{2}} = \frac{1023}{512}$$

例 2　五洲电扇厂去年实现利税 300 万元，计划在以后 5 年中每年比上一年利税增长 10%。问今年起第 5 年的利税是多少？这 5 年的总利税是多少？（结果精确到万元）

解　每年的利税组成一个首项 $a_1 = 300$，公比 $q = 1 + 10\%$ 的等比数列。从今年起，第 5 年的利税为

$$a_6 = a_1 q^5 = 300 \times (1 + 10\%)^5 = 300 \times 1.1^5 \approx 483 \text{（万元）}$$

这 5 年的总利税为

$$S = \frac{a_2(q^5 - 1)}{q - 1} = 300 \times 1.1 \times \frac{1.1^5 - 1}{1.1 - 1} \approx 2015 \text{（万元）}$$

（四）课堂小结，认识升华

（1）等比数列求和公式

$$S_n = \begin{cases} na_1, & q=1 \\ \dfrac{a_1(1-q^n)}{1-q} = \dfrac{a_1 - a_n q}{1-q}, & q \neq 1 \end{cases}$$

（2）数列求和常用方法：错位相减法。

四、形成性评价

（1）求下列等比数列 $\{a_n\}$ 前 n 项和。

① $a_1 = 1, q = 3, n = 10$；　② $a_1 = \dfrac{1}{2}, q = -\dfrac{1}{3}, n = 6$。

（2）求下列等比数列 $\{a_n\}$ 的项数 n。

①$a_1 = \dfrac{1}{3}, q = \dfrac{1}{3}, S_n = \dfrac{121}{243}$；　②$a_1 = 6, q = 2, S_n = 378$。

（3）某超市去年的销售额为 a 万元，计划在今后 10 年内每年比上一年增加 10%，从今年起 10 年内这家超市的总销售额为（　　）万元。

A. $1.1^9 a$　　　　　B. $1.1^5 a$　　　　　C. $10 \times (1.1^{10} - 1)a$　　D. $11 \times (1.1^{10} - 1)a$

五、板书设计

等比数列前 n 项和		
1. 等比数列通项公式　等比数列前 n 项和推导过程		例 1
2. 等比数列前 n 项和		例 2

案例 4-1-2

等比数列的前 n 项和

一、教材

北师大版普通高中实验教材高中数学必修五第三章第二部分第 1 节。

二、教学内容分析

（一）章节的地位

在了解等比数列的概念的基础上进行学习，可类比等差数列前 n 项和的求解过程。

（二）教材分析

以一个有趣的故事情境引入，让学生感受等比数列前 n 项和公式在实际生活中的强大应用和简化运算的作用。

三、学情分析

（一）学生认知基础

已经学习了等差数列的前 n 项和的求解过程和等比数列的概念，具备推导等比数列前 n 项和公式的知识基础。

（二）学生认知障碍

（1）感受等比数列前 n 项和公式与实际生活的紧密联系。

（2）推导等比数列前 n 项和的过程。

（3）理解等比数列前 n 项和公式的成立条件、限制范围、结构的稳定性和字母的可变性。

四、教学目标

（一）知识与技能

（1）掌握等比数列前 n 项和公式，能运用公式解决简单的纯数学问题和实际问题。

（2）理解公式的推导过程。

（二）过程与方法

在推导公式的过程中，体验错位相减法的简便之处和分类讨论的严谨性。

（三）情感态度价值观

以国王和象棋发明者的故事为整堂课的线索，让学生感受数学课堂的趣味性和喜欢上等比数列的前 n 项和公式。

五、教学重难点

（一）教学重点

（1）等比数列前 n 项和公式，能用公式解决简单的纯数学问题和实际问题。

（2）等比数列前 n 项和的推导过程和其中蕴含的思想方法：错位相减法、分类讨论。

（二）教学难点

（1）等比数列前 n 项和公式的成立条件、限制范围、结构的稳定性和字母的可变性。

（2）推导公式过程中蕴含的思想方法：错位相减法、分类讨论。

六、教学方法与手段

（一）教学方法

问题驱动法、引导式探究。

（二）教学手段

计算机、黑板、粉笔、翻页笔、PPT。

七、教学流程设计

按照创设情境激发动机、探究发现学习新知、例题讲练巩固提高、小结反思作业布置四个环节设计教学流程如图 4-1 所示。

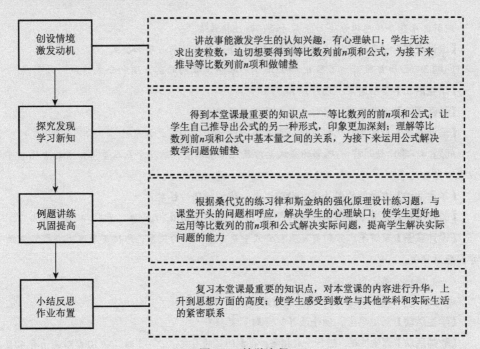

图 4-1 教学流程

八、教学过程设计

（一）创设情境，激发动机

问题1 相传古印度有一位国王非常喜欢下象棋，他决定奖励象棋发明者。有一天，他把象棋发明者招到了皇宫，傲慢地说："我喜欢下象棋，所以我决定奖赏你，你要什么东西，我都可以满足你。"象棋发明者精通数学，他决定提出一个极其过分的要求："我只要麦粒，但是麦粒数目要满足要求：象棋的棋谱一共有 64 个格子，第一个格子放 1 个麦粒，第二个格子放 2 个麦粒，第三个格子放 4 个麦粒，第四个格子放 8 个麦粒，以此类推放满 64 个格子。"国王觉得这个要求很简单就答应了。同学们，你们觉得国王能满足要求吗？请算出国王应该给发明者的麦粒总数量。

【学生活动】动脑思考，动手演算。

【教师活动】课堂巡逻，进行个别引导。

【设计意图】讲故事能激发学生的认知兴趣；学生无法求出麦粒数，为接下来推导等比数列前 n 项和做铺垫。

（二）探究发现，学习新知

问题 2　将求解问题一般化，求出一般形式的等比数列前 n 项和就能得到总麦粒数。已知首项为 a_1，公比为 q，求等比数列 a_n 的前 n 项和 S_n。

【学生活动】分组讨论，动脑思考，动手演算。

【教师活动】课堂巡逻，进行个别指导，提问学生。最后与学生一起推导出等比数列前 n 项公式：

$$S_n = \begin{cases} \dfrac{a_1(1-q^n)}{1-q}, & q \neq 1 \\ na_1, & q = 1 \end{cases}$$

理解其中蕴含的思想方法：分类讨论、错位相减法。

【设计意图】得到本堂课最重要的知识点：等比数列的前 n 项和公式。

问题 3　已知首项 a_1、末项 a_n 和公比 q，求等比数列的前 n 项和公式的另一种形式。

【学生活动】动脑思考，动手演算。

【教师活动】课堂巡逻，进行个别指导，提问学生。

【设计意图】让学生自己推导出公式的另一种形式，印象更加深刻。

问题 4　等比数列前 n 项和的公式共涉及几个基本量？这几个基本量中知道其中几个可以求出另外几个？

【学生活动】在教师的引导下，动脑思考，得到问题的答案。

【教师活动】引导学生得到问题的答案：五个基本量 a_1, a_n, q, S_n, n，并且知三求二。

【设计意图】理解等比数列前 n 项和公式中基本量之间的关系，为接下来运用公式解决数学问题做铺垫。

（三）例题讲练，巩固提高

问题 5　请求出国王应该给象棋发明者的总麦粒数。

【学生活动】动脑思考，动手演算，得到答案。

【教师活动】课堂巡逻，进行个别指导，得到问题的答案：$2^{64} - 1$ 粒，以 1000 粒麦子有 40 g 计算约等于 18 亿 t。中国 2014 年的粮食总产量才 2 亿 t，所以国王是不可能满足发明者的要求。

【设计意图】与课堂开头的问题相呼应，解决学生的心理缺口。

问题 6　五洲电扇厂去年实现利税 300 万元，计划在以后 5 年中每年比上一年利税增长 10%。问今年起第 5 年的利税是多少？这 5 年的总利税是多少？（结果精确到万元）

【学生活动】动脑思考，动手演算，得到答案。

【教师活动】课堂巡逻，进行个别指导，让一位学生上黑板板演过程。

【设计意图】使学生更好地运用等比数列的前 n 项和公式解决实际问题，提高学生解决实际问题的能力。

（四）小结反思，作业布置

问题 7 等比数列前 n 项和公式有哪两种形式？推导公式的过程中用到了哪些思想方法？

【学生活动】动脑思考，回答问题。

【教师活动】再次强调公式 $S_n = \dfrac{a_1(1-q^n)}{1-q}$ 成立的条件是 q 不能等于 1。回顾错位相减法和分类讨论的思想在推导过程中的作用，强调这两种思想方法的重要性。

【设计意图】复习本堂课最重要的知识点，对本堂课的内容进行升华，上升到思想方面的高度。

问题 8 等比数列前 n 项和公式在实际生活和其他学科中有哪些应用？

【学生活动】动脑思考，回答问题。

【教师活动】提问学生，并提出自己的想法：计算细胞分裂的总个数、病毒感染的计算机总台数。

【设计意图】使学生感受到数学与其他学科和实际生活的紧密联系。

【作业布置】

（1）思考问题：等比数列前 n 项和公式与指数函数有什么关系？

提示：先上网了解定积分的概念、以直代曲的思想。

（2）31 页练习（1）、（2）。

九、板书设计

3.2 等比数列的前 n 项和		
投影区	一、 二、 三、	草稿区

第二节 说　课

说课，作为一种教学、教研改革的手段，最早是于 1987 年由河南省新乡市红旗区教研室提出来的。20 世纪 90 年代，说课正式被作为一种教研活动形式，在教师职业技能训练、业务评优、教师招聘等方面广泛应用和接受。实践证明，说课活动有效地调动了教师投身教学改革、学习教育理论、钻研课堂教学的积极性，是提高教师素质，培养造就研究型、学者型青年教师的最好途径之一。说课受到研究者从各个不同角度的关注[141-155]。

说课，是以语言为主要表述工具，在备课的基础上，面向同行、专家，概要解说自己对具体课程的理解，包括阐述教学观点，表述执教设想、方法、策略以及组织教学的理论依据[156]。说课，这一教学研究和教学交流的形式，就是执教者在新课程理念，即现代化教育学、心理学，特别是现代数学学习理论的指导下，对某一课题有准备地在理论与实际的结合上，说明如何分析、处理教材，确立教学目标，阐述教学方案的设计、教法的选取和教学手段的运用，提出自己在备课过程中对有关问题的思考和见解以及反馈与调节的措施。

说课的类型很多，根据不同的标准，有不同的分法。说课按学科分为语文说课、数学说课、英语说课、音体美说课等；按用途分为示范说课、教研说课、考核说课等。从整体来分，说课可以分成两类：一类是实践型说课，一类是理论型说课。实践型说课就是指针对某一具体课题的说课；而理论型说课是指针对某一理论观点的说课。下面主要讨论数学实践型说课（简称说课）说什么，怎样说，并结合说课案例介绍说课。

一、说课说什么

实践型说课是指教师口头表述具体课题的教学设想及其理论依据，也就是授课教师在备课的基础上，面对同行或教研人员，讲述自己的教学设计，然后由听者评说，达到互相交流、共同提高目的的一种教学研究和师资培训的活动。说课既可以是针对具体课题的，也可以是针对一个观点或一个问题的。所以我们认为，说课就是教师针对某一观点、问题或具体课题，口头表述其教学设想及其理论依据。说得简单点，说课其实就是说说你是怎么教的，你为什么要这样教。

实践型说课，主要有以下几个方面的内容。

（一）说教材

说教材主要是说说教材简析、教学目标、重点难点、课时安排、教具准备等，这些可以简单地说，目的是让听的人了解你要说的课的内容。

1. 教材的分析与处理

说教材，就是说课者在认真研读课程标准和教材的基础上，系统地阐述选定课题的教学内容，本节内容在教学单元乃至整个教材中的地位和作用，以及与其他单元或课题乃至其他学科的联系等，将教学目标化解到具体的教学环节中，确定教学重点和难点以及课时的安排等。

要说出对教材的整体把握，也就是要胸怀全局，站得高一些，清晰地认识到所教内容在教材中的地位和作用，明确所教知识内容及其相关的思想方法与后继内容有什么关联，已有哪些基础。陈述时不要泛泛而谈，其指向应具体明确。

根据"用教科书教而不是教教科书的精神"，教师一般要对本节课的教材进行适当处理，包括增删、整合乃至对教材的另类处理，重在陈述为什么要这样处理。

2. 确定教学目标

全面化解三维目标（知识与技能、过程与方法、情感态度与价值观），使各项目标与具体学习内容有机地整合，这既是顺利开展教学活动的前提，也是课堂教学取得预期效果的重要保障。三维目标始终都是一个有机统一的整体，既相互独立，又相互补充。

教学目标的定位应准确、科学、有效。教学目标要写得具体，要落到实处，不要太空、太泛，也不要随意拔高；要准确把握各个领域的水平层次——了解、理解、掌握，经历、发现，认同、内化；要善于使用课标所提供的行为动词；目标的陈述必须从学生的角度出发，行为的主体必须是学生。

3. 确定重点和难点

在明确了本节课的教学任务和教学对象的实际情况的基础上，就可准确地认定本节课的重点和难点。

重点是本节课的核心内容，要着力解决的问题；难点是教与学中可能遇到的障碍，难以理解掌握的知识。说课不仅要说出重和难点是什么，更要说明为什么成为重点和难点。对于如何突出重点、化解难点，要说明有哪些举措。

（二）说教法

说教法就是说说根据教材和学生的实际，准备采用哪种教学方法。这应该是总体上的思路。

1. 教学方式

说教法，就是根据本课题内容的特点、教学目标及学生学业情况，说出选用的教学方法和教学手段及其理论依据。

最常用的方法有讲授式的教学方法、问题探究式教学方法、训练与实践式教学方法、基于现代信息技术的教学方法等。

每种教学方式方法都有一定的适用范围或需具备一定的前提条件，一般而言，不会是单一的某种方式方法贯彻教学始终，而是以一种方式方法为主，多种教学方式方法的优化组合综合运用。在说课时重在说明选择教学方法的依据，即教学目标、教学内容特点、学生的认知规律、教师的自身素质、教学环境条件等。

2. 教学手段

教师要说明选用的教具或教学媒体的必要性、优越性，指出所采用的教学手段为什么能产生其他手段难以达到的效果；说明它在突破难点，或在概念的形成过程中、在解题思路的发现过程中的作用。

（三）说学情和学法

1. 学情

学情，就是包括学生年龄特征、认知规律、学习方法及有关知识和经验等在内的总和，它是教师组织教学活动的依据，是学生学习新知识的基础。学情应重点关注以下三个方面的内容：已有知识和经验，学习方法和技巧，个体发展和群体提高。

我们要"用学生的思维去备课,用学生的头脑去思考",把即时生成的学生感兴趣的话题列为学习内容。因此,要分析学生的认知基础和已有的基本数学活动经验;分析学生的心理特征对学习该内容的可接受性;分析学生的思维方式与学习习惯对学习该内容的适应性;分析学生群体中因学习基础不同而对吸纳该内容可能产生的差异性,力求因材施教,有的放矢。

2. 学法

说学法,要把主要精力放在解说如何实施学法指导上,如教师是通过怎样的情境设计,学生在怎样的活动中,养成哪些良好的学习习惯,领悟出何种科学的学习方法,即不但让学生"学会",还要让学生"会学"。逐步使学生掌握适合自己的学习方法:会阅读自学、自主探究;善于独立思考、动手实践、合作交流;积累自己的基本数学活动经验;养成自我评价、自我监控和反思的习惯。

(四)说过程

说过程,是说课的重点,就是说准备怎样安排教学的过程,为什么要这样安排。一般来说,应该把自己教学中的几个重点环节说清楚,如课题教学、常规训练、重点训练、课堂练习、作业安排、板书设计等。

在几个过程中要特别注意把自己教学设计的依据说清楚。这也是说课与教案交流的区别所在。

所谓教学程序,就是指教学活动的系统开展,它表现为教学活动推移的时间序列,即教学活动是如何发起的,又是怎样展开的,最终又是怎样结束的。说教学程序是说课的重点部分,因为只有通过这一过程的分析,才能看到说课者独具匠心的教学安排,才能反映教师的教学思想、教学个性和教学风格;也只有通过对教学程序设计的阐述,才能看到教学安排是否合理、科学和艺术。

二、怎样说课

说课是研课的一种重要形式,说课是对课堂教学的高品位追求,说课是促进广大教师在职提高专业水平的有效形式。

(一)说课与备课和上课的关系

1. 说课与备课的关系

(1)相同点。无论是备课还是说课,其目的都是为上课服务,都属于课前的一种准备工作。从所涉及的内容来看,在主要内容方面应该是一致的;从活动的过程来看,两者都需要教师花费一定的时间来研究课程标准、教材及学情,并结合有关教学理论,选择、确定合适的教学方式,设计最优化的教学流程。

(2)不同点。

① 内涵不同。备课是教师个体独立进行的一种静态的教学研究行为,而说课是教师

集体共同开展的一种动态的教学研究行为，说课显然要比备课更深入、透彻、细致。

② 对象不同。在备课过程中，教师不直接面对学生或教师，而说课时说课者直接面对其他教师。

③ 目的不同。备课是为了能上课，为了能正常、规范、高效地开展教学活动，它以提高教育教学质量和不断促进学生发展为最终目的；而说课是为了帮助教师学会反思，改进和优化备课，以整体提高教师队伍素质和实现教师专业化发展为最终目的。

④ 要求不同。备课只需要写出教什么，怎样教就可以了，而无须说明为什么要这样教；而说课不仅要求说出教什么，怎样教，还要从理论角度阐述为什么这样做。

2. 说课与上课的关系

（1）相同点。说课与上课有很多共同之处。在课前说课中，展示教学流程、教学内容、教学方式、教学媒体，其实都会在上课时得到充分的体现；在课后说课中，说课者进行反思活动时所涉及的内容，更多的是上课时师生活动的再现。

（2）不同点。说课和上课两者存在本质的区别。

① 要求不同。上课主要解决教什么，怎么教的问题。说课不仅解决教什么，怎样教的问题，还要说出为什么这样教。

② 对象不同。上课教师主要面对学生，而说课教师则主要面对同行或教研人员。

（二）怎样说好课

要说好课，关键是要说清楚教学设计体现了哪些新课标的精神？教学理论依据是什么？这样设计的意图是什么？力求达到什么目的？在实施中可能会产生哪些问题，各种问题又如何解决？阐述处理的理由，通过对内容的处理，学生可能在学习中避免了哪些学习障碍，有什么优点等。

说好课有以下要求。

（1）说课整体要流畅，不要作报告式。

（2）说课要有层次感，不要面面俱到。

（3）说课要自信，要富有激情和个性。

在新的教育理念和背景下，我们要提高自身的能力，因此备课的过程中不妨给自己一些时间想想如何把它说出来，能够说好每一节课的教师一定能上好每一节课。

陈洪杰在参加了一次青年教师说课比赛评审后，对说课中的常见问题进行了概括，并提出了一些好的建议[158]，值得我们关注。摘录如下。

（1）脱稿讲，可以看提示。

（2）结合解题思路，多说教学思路；若可能，把题目放回教材结构，由一“题”说一“类”，由“单课”说“单元”。

（3）说预设，也要说生成；说自己的教，更要说学生的学，还说基于学生“学”的“教”。总之，让评委看到教学和学生的行为有联系，看到教学有必要、有效果、有意义。

（4）灵活使用 PPT、实物投影仪。若可能，建议带着学生的作品（正确的、错误的、半成品等实证性材料）说课。

（5）说创新，也说不足；说想明白的，也留下待思考的问题。尽量做到自我评价-恰如其分，重建建议力所能及，问题反思切中肯綮。

（6）注意节奏和密度，"边界清晰"的事实和观点要时不时出现，即"是什么、不是什么，支持什么、反对什么"要明确，"正确的废话"要少说，理论和抒情用在点题处才有"一发千钧"之力。

三、说课案例及其分析

下面的案例是广东省深圳第二外国语学校祁福义教师关于"对数与对数的运算"第1课时的说课设计。

案例 4-2-1

"对数与对数的运算"（第 1 课时）说课稿
广东省深圳第二外国语学校　　祁福义

一、说教材

本节是高中《数学》人教 A 版必修一第二章第二节的内容。对数的引入是进一步解决方程 $a^b = N$（$a>0$ 且 $a \neq 1$）中已知两个量求第三个量的问题的延续：是初中所学幂运算的必要补充，也是第二章第一节所学指数运算的逆运算；是"概念—运算—函数"研究路径的又一次强化，也是对数运算乃至对数函数学习的启蒙课；是大数处理的关键概念和必备工具，也是高中对数函数模型学习的必要准备。

对数概念的引入充满逻辑推理的必然性奥义，也渗透着一般概念建构以及创生的多个方面：在建构概念的过程中既要考虑概念的存在性和引入的必然性，还要考虑新概念与旧知识的相互关联和印证，更要关注新概念下知识体系的逐步搭建。因此，这部分内容对于培养学生的创新精神，渗透数学学习过程中的逻辑推理、形象直观、数学运算素养有不容忽略的价值，应当引起充分重视。

二、说学情

学生在前一章学习了指数的相关知识，对数作为指数的逆运算，可以从指数的相关知识出发来鉴证对数的相关概念和性质，因而学生的指数知识储备是本节内容的重要起点。学生具有一定的分析问题能力，能够熟练进行指数运算，能够借助指数函数图像分析函数值与自变量关系。

三、说教学目标

基于教材分析和学情分析，制定以下学习目标。

（1）通过解决 $a^b = N$（$a>0$ 且 $a \neq 1$）中已知两个量求第三个量的问题，夯实提出问题、分析问题、解决问题的学习能力，渗透逻辑推理的数学素养。

（2）能从对数概念的形成过程中感知一个新概念的建立发展过程，在深刻理解对数概念形成的必然性前提下熟练掌握指数式、对数式的相互转化，促进化归转化思想方法的内化。

（3）在指数式、对数式相互转化运算的基础上研究对数的一些基本性质，进一步提升学生的数学运算素养。

四、说教学问题预设

（一）教学问题一

为什么引入对数概念？一个新概念的引入都会考虑概念生成的合理性和必然性，因此，本节课第一个要解决的就是为什么引入对数。解决方案：通过实际案例感知求指数运算的存在必然，借助方程思想分析对数产生的数理逻辑，结合指数函数图像的直观刻画认定对数的存在性和唯一性。

（二）教学问题二

如何构建对数知识？从最近发展区的角度考虑，学生对对数的最初感知在于求指数问题，学生已有的学习经验就是指数知识体系的构建，基于这些因素，问题的解决方案是：微观上，从对数概念入手，借助指对数关系搭建对数知识；宏观上，从指数知识类比得到对数知识体系，即对数的概念、对数的运算、对数函数，以及对数的应用。

（三）教学问题三

引入对数能做什么？每一个新概念的引入都会考虑它是否能产生新的方法，或者为其他问题的解决带来便利。对于对数而言，它的突出优点就是解决大数计算，这种优点会在后续的指对数运算中逐渐体现出来。解决方案：作为对数起始课，本节拟从指对数的相关简化运算中作必要铺垫，在渗透数学运算素养的同时引导学生予以初步体会。

五、说教学策略

教学重点：对数的概念的建构与简单性质的理解运用。

教学难点：对数概念的理解。

本节课的教学目标与教学问题为我们选择教学策略提供了启示。在教学设计中，采取问题引导方式来组织课堂教学。问题的设置给学生留有充分的思考空间，让学生围绕问题主线，通过自主探究达到突出教学重点，突破教学难点的目的。

在教学过程中，重视对数概念引入的必然性分析，让学生参与提出问题、分析问题、解决问题的逻辑推理过程，感受数学运算在数学知识建构中的特殊意义，同时感知概念的建构过程中用到的处理策略和思想方法在新知识进一步深入和应用时的指导作用。因此，本节课的教学是实施数学具体内容的教学与核心素养培养有机结合的样本。

六、说教学过程

本节课内容的教学主要分成以下六个环节：情境引入、数学化分析、对数的存在性分析、对数的概念、对数的性质、课堂小结。在情景引入环节，从学生熟悉的人口模型引入，以我国人口数 y 与所经过年数 x 之间的关系为 $y=13\times1.01^x$ 为切入点引导学生从问题情境中发现问题，进而抽象成数学问题解决。

借助实际问题发现问题后便进入数学化分析的阶段，把情境中的两个问题本质化成：在 $a^b=N$ （$a>0$ 且 $a\neq1$）中的"知二求三"问题。进一步引出本节课研究的核心问题：在 $a^b=N$ 中已知 a，N（$N>0$），求 b。很明显，求 b 的过程就是之前学习的指数运算的逆运算，要想求出 b 就需要考虑如下问题：b 是否存在？存在的话有几个？怎么表示？为了解决上面提出的问题就要进入第三个环节：对数的存在性分析。b 是否存在可以借助前面学习的指数函数图像的知识借助对应解决，同时借助指数函数的单调性可得 b 是实数且存在唯一，为了便于学生理解，此处运用从特殊到一般的方法让学生从特例分析中得出一般情况的解决方法进而彻底解决这个基本问题。b 的表示分两种情况：一种是可以用之前的方法表示的，如由 $2^x=8$ 可以

得到 $x=3$；另一种是无法用之前的方法表示的，如 $2^x=3$，此时必须引入新符号 $\log_2 3$ 来表示 x，即由 $2^x=3$ 可以得到 $x=\log_2 3$。

　　通过对数的存在性分析，对数的概念就呼之欲出了，此时给出对数概念的一般定义，进入第四个环节：对数的概念。在这个环节主要围绕对数的概念展开，分成下几个内容：一是对数概念的一般定义和两类特殊的对数——常用对数和自然对数；二是对数的内涵，指对数关系的相互转化，对数的范围、对数的真数的范围。指数对数关系式如图 4-2 所示。为帮助学生更好地掌握概念，此处设计了例题、习题和变式训练题。

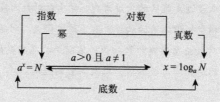

图 4-2　指数对数关系式

　　在对数概念的基础上，借助指数对数关系就可以进行对数性质的研究了，主要涉及对数的性质：当 $a>0$ 且 $a\neq 1$ 时，① $\log_a 1=0$；② $\log_a a=1$；③ $\log_a a^n=n$。本环节仍然借助从特殊到一般的研究方法，让学生从上一环节的变式训练入手，寻找更一般的结论，进而引入对数的性质。从 "由 $2^x=8$ 可以得到 $x=3$" 出发得到 $\log_2 8=3$，进而用化简的思想进行一般化可得到性质③。此环节设计了例题习题，一是为了让学生巩固新知，二是让学生感受对数在大数运算上的简化运算效应。

　　最后，进行课堂小结，让学生回顾课堂所学，整理收获，同时提出思考问题为下节课对数的运算埋好伏笔。

下面的案例是湖北省黄石二中袁迁教师关于 "命题" 的说课稿。

案例 4-2-2

课题：命题
湖北省黄石二中　袁迁

　　我今天说课的题目是命题，所选用的教材是人教 A 版高中《数学》选修 2-1，根据新课标的标准，对于本课，我将以教什么，怎么教，为什么这样教为思路，从教学内容解析、学情分析、教学目标分析、教学策略分析四个方面加以说明。

一、教学设计

（一）教学内容解析

　　本课题是选修 2-1 第一章 "常用逻辑用语" 的起始课，是学生对严谨的数学语言灵活运用的基础，也是高中生逻辑抽象思维发展的必然要求。本节课内容在高考中一般与其他章节的知识联合命题，起到工具作用。命题的概念对提高学生的逻辑思辨能力和解决问题的综合能力都有着重要的价值，为后续逻辑课程的学习打下坚实的基础。

　　根据以上分析，本节课的教学重点确定如下。

　　教学重点： 命题的概念及区分命题的条件和结论。

（二）学生学情诊断

从心理特性来说，高中阶段的学生逻辑思维已经从经验型向理论型发展，观察能力、记忆能力和想象能力也随之迅速发展。但同时这一阶段的学生好动，注意力易分散，希望得到教师的表扬，要创造条件和机会，让学生发表意见时，发挥学生学习的主动性，使他们的注意力始终集中在课堂上。

从认知状况来说，学生在此之前学习了一些定理和公理，对命题已有了初步的认识，教材这样编写，充分体现了"知识是螺旋发展的，知识的掌握过程也是螺旋发展的"，这为顺利完成本节课的教学任务打下了基础。但对于命题的条件和结论的分析，学生可能会产生一定的困难，所以教学中应予以简单明了、深入浅出的分析。

根据以上分析，本节课的教学难点确定如下。

教学难点：区分命题的条件、结论和反例。

（三）教学目标分析

新课标指出，教学目标应包括知识与技能目标，过程与方法目标，情感态度与价值观目标这三个方面，而这三维目标又应是一个紧密联系的有机整体，学生学会知识与技能的过程，同时也是学会学习、形成正确价值观的过程，在教学中应以知识与技能为主线，渗透情感态度价值观，并把前面两者充分体现在过程与方法中。

1. 知识与技能目标

知道命题的含义，能正确指出一个命题的题设和结论，同时会判断一个命题是真命题，还是假命题。掌握举反例的方法，会用举反例的方法，说明一个命题是假命题。体会用逻辑推理证明一个命题是真命题的方法，培养数学思维的严谨性。

2. 过程与方法目标

通过教学初步培养学生分析问题，解决问题，收集、分析、处理信息，团结协作，语言表达能力以及通过师生双边互动活动和学生分小团体讨论等，培养学生运用知识的能力，培养学生逻辑思维能力，加强学生理论联系实际的能力。

3. 情感态度与价值观目标

通过教学引导学生从现实的生活经历与体验出发，激发学生的学习兴趣。

（四）教学策略分析

现代教学理论认为，在教学过程中，学生是学习的主体，教师是学习的组织者、言道者，教学的一切活动都必须以强调学生的主动性、积极性为出发点。根据这一教学理论，结合本节课的内容特点和学生的年龄特征，本节课我采用启发式、讨论式及讲练结合的学导式讨论教学法，以问题的提出、问题的解决、学生看书、讨论为主线，始终在学生知识的"最近发展区"设置问题，倡导学生主动参与教学实践活动，以独立思考和相互交流的形式，在教师的指导下发现、分析和解决问题，在引导分析时，给学生留出足够的思考时间和空间，让学生去联想、探索，从真正意义上完成对知识的自我建构。在采用回答时，特别注重不同难度的问题，提问不同层次的学生，面向全体，使基础差的学生也能有表现的机会，培养其自信心，激发其学习热情。有效地开发各层次学生的潜在智能，力求使学生能在原有的基础上得到较大的发展。同时通过课堂练习和课后作业，启发学生从书本知识回到社会实践，给学生提供与其生活和周围世界密切相关的数学知识。

在教学过程中，我采用多媒体辅助教学，以直观呈现教学素材，从而更好地激发学生的学习兴趣，增大教学容量，提高教学效率。

据以上分析，确定教学流程图如图 4-3 所示。

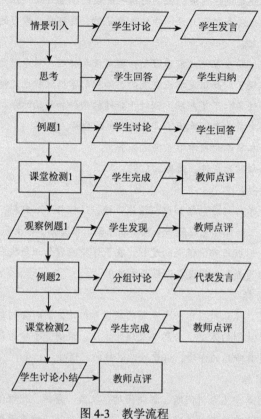

图 4-3　教学流程

二、课堂实录

（一）情境引入

在我们日常交往、学习和工作中，逻辑用语是必不可少的工具。正确使用逻辑用语是现代社会公民应具备的基本素质。

下面是两则小故事。

（1）歌德是 18 世纪德国的一位著名文艺大师，一天，他与一位文艺批评家"狭路相逢"。这位文艺批评家生性古怪，遇到歌德走来，不仅没有礼让，反而卖弄聪明，一边往前走，一边大声说道："我从来不给傻子让路！"面对如此尴尬的局面，歌德笑容可掬，谦恭地闪到一旁，有礼貌地回答道："呵呵，我可恰恰相反"，故作聪明的批评家反倒自讨没趣。

（2）一个国王到监狱里视察，这一天他心情十分畅快，就指着一名犯人随口问看守监狱的监狱长："他是怎么判刑的？"监狱长说："他被判了终身监禁。""哦，那就给他改成一半终身监禁。"国王说道。请问监狱长怎么按照国王的旨意执行？

生①：让这个犯人坐一天牢回家一天，如此循环，直到这个人死亡。

生②：白天在监狱，晚上回家。

生③：墙壁挖洞，一半身体在监狱内，一半在监狱外。

【评析】引入这两则故事的目的是让学生对命题和逻辑有个初步的认知，激发学生学习逻辑的兴趣，期待学好逻辑之后可以成为智者。

师：数学是一门逻辑性很强的学科，表述数学概念和结论，进行推理和论证，都要使用逻辑用语。学习一些常用逻辑用语，可以使我们正确理解数学概念，合理论证数学结论，准确表达数学内容。本章中，我们将学习命题及四种命题之间的关系、充分条件与必要条件、简单的逻辑联结词、全称量词与存在量词等一些基本知识。

【评析】本节课为起始课，让学生初步了解什么是逻辑学，了解本章的结构，激发学生学习兴趣，为后续学习埋下伏笔。通过学习和使用常用逻辑用语，掌握常用逻辑用语的用法，纠正出现的逻辑错误，体会运用常用逻辑用语表述数学内容的准确性和简洁性。

思考：下列语句的表述形式有什么特点？你能判断它们的真假吗？

（1）若直线 $a//b$，则直线 a 和直线 b 无公共点。

（2）$2+4=7$。

（3）垂直于同一条直线的两个平面平行。

（4）若 $x^2=1$，则 $x=1$。

（5）两个全等三角形的面积相等。

（6）3 能被 2 整除。

师：这类句型有什么共同特性？

生：都是陈述句，可以判断真假。

师：大家初中学过命题的概念，这些都是命题，请同学归纳命题的定义。

得到命题的定义：在数学中，我们把用语言、符号或式子表达的，可以判断真假的陈述句称为命题（proposition）；其中判断为真的语句称为真命题（true proposition），判断为假的语句称为假命题（false proposition）。

【评析】课本的六句话很有代表性，通过上述问题的思考，很容易引导学生归纳出命题的定义，形成命题的基本认知。因为初中接触过一些相关的概念，所以这个部分成绩好点的学生可以在教师的引导下归纳出来，并知道定义的重点在哪里。

（二）实例探究 1

例 1 判断下列语句中哪些是命题？是真命题还是假命题？

（1）空集是任何集合的子集。

（2）若整数 a 是素数，则 a 是奇数。

（3）指数函数是增函数吗？

（4）若空间中两条直线不相交，则这两条直线平行。

（5）$\sqrt{(-2)^2}=2$。

（6）$x>15$。

（7）矩形不是平行四边形吗？

（8）求证 $\sqrt{2}$ 是无理数。

（9）太阳好大啊！

学生讨论，学生回答，要求假命题要举反例；教师引导，学生分析和归纳。

师：什么样的语句是命题？命题的关键是什么？

学生归纳：

① 并不是任何语句都是命题，只有那些能判断真假的语句才是命题。一般来说，开语句、疑问句、祈使句、感叹句都不是命题，陈述句、反义疑问句都是命题。

② 要判断一个语句是不是命题，关键是看它是否符合"可以判断真假"这个条件。

③ 判断一个语句是不是命题的步骤如下。

第一步，语句格式是否为陈述句或反义疑问句，只有陈述句或反义疑问句才有可能是命题，而疑问句、祈使句、感叹句等一般都不是命题。

第二步，该语句能否判断真假，语句陈述的内容是否与客观实际相符，是否符合已学过的公理、定理，必须是明确的，不能模棱两可。

【评析】对疑问句、祈使句、感叹句、开语句、陈述句、反义疑问句的理解，可以进一步加深学生对命题的认知，并让学生建立通过举反例发现假命题的思想，体现了知识是螺旋发展的，知识的掌握过程也是螺旋发展的。

（三）课堂检测1

下列语句中哪些是命题，并判断真假。

（1）等边三角形难道不是等腰三角形吗？　　　　　真命题（反义疑问句）

（2）垂直于同一条直线的两条直线必平行吗？　　　不是命题（疑问句）

（3）一个数不是正数就是负数。　　　　　　　　　假命题（还有0）

（4）大角所对的边大于小角所对的边。　　　　　　假命题（必须在同一三角形中）

（5）$x+y$ 为有理数，则 x,y 也都是有理数。　　假命题（$\sqrt{3},-\sqrt{3}$）

（6）作 $\triangle ABC \sim \triangle A'B'C'$。　　　　　　不是命题（祈使句）

学生每人独立完成课堂检测，点几名成绩中等偏下的学生上黑板来做题，在黑板上做完的时候，下面的同学也基本完成了。教师点评。

【评析】之所以挑成绩中等偏下的学生演板，是为了确保学生对知识的掌握率，以达高效课堂的目的。通过点评学生的解答过程，提高学生的解题规范性。

（四）观察"条件 p"和"结论 q"

将例1再让学生回顾一下，让学生分析讨论命题（2）和命题（4）有什么特点，学生积极回答自己的观察结论。

容易看出，例1中的命题（2）和命题（4）具有"若 p，则 q"的形式。在本章中，我们只讨论这种形式的命题。

通常，我们把这种形式的命题中的" p "称为命题的条件，" q "称为命题的结论。

【评析】通过研究性学习的方式，学导式教学法，让学生体会发现科学的过程。让学生做一回"数学家"，充分激发学生内心的求知欲。

（五）实例探究2

例2 指出下列命题中的条件 p 和结论 q，并判断命题的真假。

（1）若整数 a 能被2整除，则 a 是偶数。

（2）若四边形是菱形，则它的对角线互相垂直且平分。

（3）垂直于同一条直线的两个平面平行。

（4）垂直于同一条直线的两条直线平行。

（5）负数的立方是负数。

（6）对顶角相等。

请几名成绩中等的同学逐个回答这些问题，如果有回答不够理想的教师补充或请别的同学补充。

分组讨论，请几位小组推举发言同学归纳。师生共同归纳。

（1）对于简缩了的数学命题，通常条件与结论都不太明显，在改写时，应先分清条件与结论，然后用清晰流畅的语句写成"若 p，则 q"的形式。

（2）任何一个命题都有条件和结论，条件由 p 表示，结论由 q 表示，故命题都可以写成"若 p，则 q"的形式；找准条件和结论。把一个命题改写成"若 p，则 q"的形式，首先要确定命题的条件和结论，若条件和结论比较隐含，要补充完整，有时一个条件有多个结论，有时一个结论需多个条件，还要注意有的命题改写形式也不唯一。

（3）要判断一个命题是真命题，一般需要经过严格的推理论证，在判断时，要有推理依据，有时应综合各种情况做出正确的判断。而判断一个命题为假命题，只需举出一个反例即可。

【评析】将命题的定义与条件和结论有机地结合起来，进一步加深学生对命题的理解。并让学生知道先驱们为发现每个定理、公理、法则、猜想的艰难，往往要穷其一生。

（六）课堂检测2

把下列命题改写成"若 p，则 q"的形式，并判断命题的真假。

（1）当 $ac>bc$ 时，$a>b$。

（2）已知 x,y 为正整数，当 $y=x+1$ 时，$y=3,x=2$。

（3）当 $m>1/4$ 时，$mx^2-x+1=0$ 无实根。

（4）当 $abc=0$ 时，$a=0$ 或 $b=0$ 或 $c=0$。

（5）当 $x^2-2x-3=0$ 时，$x=3$ 或 $x=-1$。

（6）到线段两端点距离相等的点在线段的垂直平分线上。

（7）实数的平方为正数。

学生独立完成，并点几名成绩中等偏下的同学上黑板演算。教师进行点评。

【评析】对本节课所学的知识进行巩固，以达熟练掌握的目的，为融会贯通、举一反三打下坚实的基础。

（七）讨论、举例

举出一些命题的例子，并判断它们的真假。（教材第4页第1题）

通过讨论、举例、和大家共享的方式让课堂气氛达到高潮。

【评析】重温邓小平理论的"解放思想，实事求是"，充分发挥学生的创造力，在讨论中融会贯通本节内容，让学生在快乐中结束这节课，与情境引入相呼应，快乐学习，学海无涯乐作舟。我不是最好的教师，兴趣才是最好的教师！

（八）小结（板书）

（1）什么是命题？

（2）怎么辨认一句话是不是命题？

（3）命题的真假怎么判断，有哪些方法？

（4）条件和结论怎么找？

在黑板上板书上述问题，让成绩中上等的同学起来通过回答问题小结这节课，教师适当补充。

【评析】问题的形式小结让学生更积极更主动。这时让成绩中上等的同学更容易归纳出来，以免打击某些学生的自信心。充分体现教师引导，学生主体的新型课堂模式，这种模式更能让学生接受，课堂效率更高。

（九）课后检测

作业：教材第 4 页第 2、3 题。

三、课后反思

（一）缺点

普通话不够标准，语言不够精练；对学生还是不够放心，有的时候不自觉地抢了学生的风头，没有把足够的时间留给学生；课堂气氛活跃程度还不够，后期还要在调动学生的积极性上下功夫。

（二）思考

（1）反义疑问句是命题吗？

在高中课本中的定义是："一般地，在数学中，我们把用语言、符号或者式子表达的，可以判断真假的陈述句称为命题。"个人认为，反义疑问句也是命题，它可以判断真假，不是问问题，而是强调某件事情。而且定义中用"一般地"这三个字就表示不一定必须是陈述句。例如，"难道 1 加 1 不等于 2？"它的意思就是肯定"1 加 1 等于 2"。其实命题在不同科学中其含义也不尽相同。语言学中主要指陈述句，是用语言来表达的一个判断；逻辑学中用来表示判断的语句称为命题，判断是反映事物是否具有某种属性或事物之间是否具有某种关系的思维形式；心理学中命题指词语表达的意义的最小单位。从上述的定义中我们看出关键在于能否"判断真假"，而不是语言的形式。

（2）尚未证明的问题是否能作为命题？

我们知道公理、定理、法则等都是命题，而且都是真命题。但是有些问题尚未得到证明——猜想，如"哥德巴赫猜想"，个人认为它们也是命题，虽然尚未得到证明，但是它们本身是有真假的，只是现在还没有解决。陈景润先生等就是努力让这些问题解决的先驱。

（3）"$x^2 + x + 8 = 0, x$ 为实数"是命题吗？

开语句的定义是：含有变量，并且在没有给定所含变量的值之前无法确定真假的语句。"$x > 5$""$a - 5 = 3$"等语句，由于其中变量值未知，不能判断真假，像这样含有变量的语句不是命题。开语句在有些资料上也称为"条件命题"。值得注意的是，开语句含有变量，但并非含有变量的语句就是开语句。而"$x^2 + x + 8 > 0, x$ 为实数"中无论 x 取什么实数都为真，故是命题。这点也常有混淆的。实质上，含变量的恒成立的语句都应是命题，如恒等式等。

（4）"若 $x^2 = 1$，则 $x = 1$"是命题吗？

如果是命题，即为假命题。而"若 $x^2 = 1$，则 $x = 1$ 或 $x = -1$"为真命题，按照"p 或 q 真值表"假假为假与之矛盾。因而，个人认为该语句不能认为是命题。

（5）"可以被 5 整除的数，末位是 0"是命题吗？

从命题与开语句的概念可知"可以被 5 整除的数，末位是 0"是开语句。因为可以被 5 整除的数，实质上还是个变量，这个变量的末位是 0 或 5，当未给定这个数的值时，无法判断。因而，个人认为该语句不能认为是命题。

以上思考的几个问题只是我个人的一些想法，虽然高考不会出现有争议的话题，但我们作为教师应该有所研究。

对案例 4-2-2 中课后反思的五个思考，编著者有如下意见。

第一，教师对所授内容有深入思考是值得鼓励的，这几个问题也值得广大读者思考。

第二，对这五个问题，编著者有不同的看法。

（1）反义疑问句不是命题。

（2）尚未证明的问题要分情况来判断是否为命题，有些开放性问题本身就没有结论，这类问题就不是命题，有些问题，如数学猜想，给出了结论，只是可能正确，也可能不正确，只是目前人们无法判断其真假，而其本身是有唯一确定的真假性，这类问题就是命题。

（3）" $x^2+x+8=0,x$ 为实数"是命题。可以理解为"若 x 为实数，则 $x^2+x+8=0$ "，显然是个假命题。而" $x^2+x+8>0,x$ 为实数"是真命题。但" $x^2+2x-1=0,x$ 为实数"不是命题，因为 x 为实数，可能有 $x^2+2x-1=0$ ，也可能 $x^2+2x-1\neq0$ ，无法判断真假。

（4）"若 $x^2=1$ ，则 $x=1$ "和"可以被 5 整除的数，末位是 0 "都是命题，而且都是假命题。

第三节　评　　课

一、为什么要评课

在当前新课程改革的背景下，客观、公正、科学地评价课堂教学，对探讨课堂教学规律、提高课堂教学效率、促进学生全面发展、促进教师专业成长、深化课程改革有着十分重要的意义。开展评课，主要有以下几个方面的意义。

（1）有利于促进教师转变教育思想，更新教育观念，确立课改新理念。

教育思想，通俗的说法，就是教育观念，对教育的认识或对教育的主张。教育思想人人有之。教育思想有层次之分：教育认识、教育观念、教育理念。教育理念是教育思想的最高境界。教育理念也称为教育理想、教育信念、教育信条等。教育理念是一种思想，一种观念，一种理想，一种追求，一种信仰。所以，可以说，教育理念是一种理想化、信仰化了的教育观念。教师一定要确立自己的教育理念，它是教师的主心骨。先进的教育思想不仅是课堂教学的灵魂，也是评好课的前提。所以，评课者要评好课，首先必须研究教育思想。在评课中，评课者只有用先进的教育思想、超前的课改意识去分析、透视每一节课，才能对课的优劣做出客观、正确、科学的判断，才能给授课者以正确的指导，从而促进授课者转变教育思想，更新教育观念，揭示教育规律，促进学生发展。若用传统陈旧的、僵化的教育思想去评课，不仅不能给授课者以帮助，反而可能会产生误导。

（2）有利于帮助和指导教师不断总结教学经验，形成教学风格，提高教育教学水平。

我们经常可以看到，同样的一个学科，同样的一节课或同样的教学内容，不同的教师表现出的教学风格则不同。有的教师的教学风格是精雕细刻，把课上得天衣无缝；有的教师的教学风格是大刀阔斧，紧紧抓住重点难点，使疑难问题迎刃而解；有的教师的教学风格是善于归纳推理，用逻辑思维本身的魅力把学生吸引进去；有的教师的教学风格是运用直观、形象、幽默的优势，使学生在课堂上感到轻松愉快，充满学习的乐趣。同时，我们还可以看到，同一个班的学生，面对不同的教师上课，有不同的表现。平时表现异常活跃的班级，面对新教师，表现出沉默寡言；平时不愿参与课堂教学的班级，却在新教师的引导下积极、主动地学习。

以上事实告诉我们，在评课中，评课者必须用心地去发现和总结授课者的教学经验和教学个性，要对教者所表现出来的教学特点给予鼓励，帮助总结。让教者的教学个性由弱到强，由不成熟到成熟，使其逐步形成自己的教学风格。

（3）有利于信息的及时反馈、评价与调控，调动教师教育教学的积极性和主动性。

通过评课，可以把教学活动的有关信息及时提供给师生，以便调节教学活动，使之始终目的明确、方向正确、方法得当、行之有效。首先，通过评课的反馈信息可以调节教师的教学工作，了解、掌握教学实施的效果，反省成功与失败的原因，激发教师的教学积极性和创造性，及时修正、调整和改进教学工作。其次，通过评课的反馈信息，可以调节学生的学习活动。心理学研究表明，肯定的评价一般会对学生的学习起鼓励作用，通过评价，学生学习上的进步获得肯定，心理上得到满足，强化了学习的积极性；否定的评价虽会使学生产生焦虑，但某种程度上焦虑，也具有积极的动力作用，可以成为学生学习的内动力。其实，学生从评课中获得自己学习的有关信息，加深了对自我的了解，为下一步的学习提供了帮助。矫正以往学习中的错误行为，坚持和发扬正确的学习方法与作风，提高学习效率。

评课的目的不是为了证明，而是为了改进，以有利于当前新课程的教学。它集管理调控、诊断指导、鉴定激励、沟通反馈及科研为一体，是研究课堂教学最直接、最具体、最有效的一种方法和手段。要把新课程理念转化为优质教学实践，必须牢牢把握教学评价的环节。评课无论在培养和提高教师的教学素质还是在加强教师队伍建设方面，都发挥着不可替代的作用。

总之，课堂评价直接影响新课程改革的进程，只有全面、客观、公正的评价，才能保护教师的课改积极性，正确引导课程改革走向深入，从而进一步改进、完善教学。

二、评课评什么

一个合格的数学教师，不仅要会讲课，会说课，平时参加教研活动，经常要评课。评课水平的高低可以反映一个教师的教学水平，因为会评课的教师一定会讲课，反之，会讲课的不一定会评课。评课需要掌握一定的教育教学理论依据，才能讲出讲得好好在哪里，讲得不好的原因是什么。

评课根据目的不同，分为观摩式听评课形式、研究式听评课形式、考核式听评课形式和指导培育式听评课形式。它们虽各有其侧重点，更多的是共性。下面就共性评课作一些介绍。评课即课堂教学评价，是依据课堂教学目标，对教师和学生在课堂中的活动及由这些活动所引起的变化进行价值判断。评课是提高课堂教学研究效率的重要途径和手段，它对提高教师的业务水平、指导青年教师的课堂教学、总结课堂教学经验、形成独特的教学风格、推广先进的教学方法，以及在学科教学中实施素质教育都有积极的意义。评课还有利于端正教学思想，树立正确的教育观和质量关，有利于新课标精神的贯彻，进一步深化改革，全面提高教学质量。所以，系统介绍评课是有必要的。

首先，我们需要了解评课到底评什么。文献[158, 159]介绍了评课相关内容。下面结合教学设计内容及教师教学基本功来阐述评课内容。

（一）评教学目标

教学目标是教学的出发点和归宿，它的正确制定和达成，是衡量课好坏的主要尺度，所以评课首先要评教学目标。现在的教学目标体系是由知识与技能、过程与方法、情感态度与价值观这三个维度组成的，体现了新课程"以学生发展为本"的价值追求。如何正确理解这三个目标之间的关系，也就成了如何准确把握教学目标，如何正确地评价课堂教学的关键了。

有人把课堂教学比作一个等边三角形，而知识与技能、过程与方法、情感态度与价值观就恰好是这个三角形的三个顶点，任何的一个顶点得不到重视，这个三角形就不平衡。这无疑是一个很恰当的比喻，形象地表现了这三个目标的相互依赖的关系，反映了这三个目标的不可分割，缺少了任何一个目标的达成，一节课显然就不完整了。

（二）评教材处理

评析教师一节课上得好与坏不仅要看教学目标的制定和落实，还要看教师对教材的组织和处理。我们在评析教师的一节课时，既要看教师知识教授的准确科学，更要注意分析教师教材处理和教法选择上是否突出了重点，突破了难点，抓住了关键。

（三）评教学程序

教学目标要在教学程序中完成，教学目标能不能实现要看教师教学程序的设计和运作。因此，评课就必须对教学程序做出评析。教学程序评析包括以下几个主要方面。

1. 教学思路设计

写作要有思路，写文章要有思路，上课同样要有思路，这就是教学思路。教学思路是教师上课的脉络和主线，它是根据教学内容和学生水平两个方面的实际情况设计出来的。它反映一系列教学措施怎样编排组合、怎样衔接过渡、怎样安排详略、怎样安排讲练等。

教师课堂上的教学思路设计是多种多样的。为此，评课者评教学思路，一是要看教学思路设计符不符合教学内容实际，符不符合学生实际；二是要看教学思路的设计是不是有一定的独创性，超凡脱俗给学生以新鲜的感受；三是要看教学思路的层次、脉络是不是清晰；四是要看教师在课堂上教学思路是不是实际运作有效。我们平时看课看到有些教师课上不好，效率低，很可能是教学思路不清或教学思路不符合教学内容实际和学生实际等造成的。所以评课必须注重对教学思路的评析。

2. 课堂结构安排

教学思路与课堂结构既有区别又有联系，教学思路侧重教材处理，反映教师课堂教学的纵向教学脉络，而课堂结构侧重教法设计，反映教学横向的层次和环节。课堂结构是指一节课的教学过程各部分的确立，以及它们之间的联系、顺序和时间分配，也称为教学环节或步骤。课堂结构的不同，也会产生不同的课堂效果，可见课堂结构设计是十分重要的。通常一节好课结构严谨，环环相扣，过渡自然，时间分配合理，密度适中，效率高。

计算授课者的教学时间设计，能较好地了解授课者授课重点、结构安排。授课时间设计包括教学环节的时间分配与衔接是否恰当。

（1）计算教学环节的时间分配，看教学环节时间分配和衔接是否恰当，看有无前松后紧（前面时间安排多，内容松散，后面时间少，内容密度大）或前紧后松现象（前面时间短，教学密度大，后面时间多，内容松散），看讲与练时间搭配是否合理等。

（2）计算教师活动与学生活动时间分配，看是否与教学目的和要求一致，有无教师占用时间过多、学生活动时间过少等现象。

（3）计算学生的个人活动时间与学生集体活动时间的分配，看学生个人活动、小组活动和全班活动时间分配是否合理，有无集体活动过多，学生个人自学、独立思考、独立完成作业时间太少等现象。

（4）计算优差生活动时间。看优中差生活动时间分配是否合理，有无优等生占用时间过多，差等生占用时间太少等现象。

（5）计算非教学时间，看教师在课堂上有无脱离教学内容，做别的事情，浪费宝贵的课堂教学时间的现象。

3. 教学方法与手段

评析教师教学方法、教学手段的选择和运用是评课的又一重要内容。什么是教学方法？它是指教师在教学过程中为完成教学目的、任务而采取的活动方式的总称。但它不是教师孤立的单一活动方式，它包括教师教学活动方式，还包括学生在教师指导下"学"的方式，是"教"的方法与"学"的方法的统一。评析教学方法与手段包括以下几个主要内容。

（1）量体裁衣，优选活用。

我们知道，教学有法，但无定法，贵在得法。教学是一种复杂多变的系统工程，不可能有一种固定不变的万能方法。一种好的教学方法总是相对而言的，它总是因课程，因学生，因教师自身特点而相应变化的。也就是说教学方法的选择要量体裁衣，灵活运用。

（2）教学方法的多样化。

教学方法最忌单调死板，再好的方法天天照搬，也会令人生厌。教学活动的复杂性决定了教学方法的多样性。所以评课既看教师是否能够面向实际恰当地选择教学方法，同时还要看教师能否在教学方法多样性上下一番工夫，使课堂教学超凡脱俗，常教常新，富有艺术性。

在教学中，教师注重引导学生将获取的新知识纳入已有的知识体系中，真正懂得将本学科的知识与其他相关学科的知识联系起来，并让学生把所学的数学知识灵活运用到相关的学科中去，解决相关问题，加深了学生对知识的理解，提高了学生掌握和综合应用知识的能力。

（3）教学方法的改革与创新。

评析教师的教学方法既要评常规，还要看改革与创新。尤其是评析一些素质好的骨干教师的课，既要看常规，更要看改革和创新，要看课堂上的思维训练的设计，要看创新能力的培养，要看主体活动的发挥，要看新的课堂教学模式的构建，要看教学艺术风格的形成等。

充分利用现代信息技术，是教学发展的时代要求。信息技术为教师提供了更广阔的知识空间，它为各科教学注入了新的活力，为教师传授知识、学生学好用好知识提供了坚实的技术保障，现代信息技术已成为教师教学的工具，学生学习的工具。可以说信息技术是人们用来获取知识、传授知识、运用知识的媒介。

现代化教学呼唤现代教育手段。"一支粉笔一本书，一块黑板，一张嘴"的陈旧单一教学手段应该成为历史。看教师教学方法与手段的运用还要看教师是否适时、适当使用投影仪、录音机、计算机、电视、电影、电脑等现代化教学手段。

（四）评教师教学基本功

教学基本功是教师上好课的一个重要方面，所以评析课还要看教师的教学基本功。通常，教师的教学基本功包括以下几个方面的内容。

（1）板书。好的板书，首先要设计科学合理，其次要言简意赅，再次要条理性强，字迹工整美观，板画娴熟。

（2）教态。据心理学研究表明，人的表达靠 55%的面部表情＋38%的声音＋7%的语言。教师课堂上的教态应该是明朗、快活、庄重，富有感染力，仪表端庄，举止从容，态度热情，热爱学生，师生情感交融。

（3）语言。教学也是一种语言的艺术，教师的语言有时关系到一节课的成败。教师的课堂语言，首先要准确清楚，说普通话，精当简练，生动形象有启发性；其次要高低适宜，快慢适度，抑扬顿挫，富于变化。

（4）操作。看教师运用教具，操作投影仪、录音机、微机等熟练程度。

（五）评教学效果

巴班斯基说：分析一节课，既要分析教学过程和教学方法方面，又要分析教学结果方面。经济工作要讲效益，课堂教学也要讲效果。看课堂教学效果是评价课堂教学的重要依据。课堂效果评析包括三个方面：一是教学效率高，学生思维活跃，气氛热烈，主要是看学生是否参与了，投入了，是不是兴奋，喜欢，还要看学生在课堂教学中的思考过程。这是非常重要的一个方面。按照课程标准的要求，不仅包括知识与技能，还包括解决问题的能力、数学思考能力和情感、态度、价值观的发展，数学思考是非常重要的。有的课学生很忙，但思考比较少。二是学生受益面大，不同程度的学生在原有基础上都有进步。知识、能力、思想情操目标达成主要看教师是不是面向了全体学生，实行了因材施教。三是有效利用 40 min，学生学得轻松愉快，积极性高，当堂问题当堂解决，学生负担合理。

课堂效果的评析，有时也可以借助于测试手段。即当上完课，评课者出题对学生的知识掌握情况当场作测试，而后通过统计分析来对课堂效果做出评价。

评课还应从教师教学个性上分析，从教学思想上分析等。从上述七个方面评课称为整体评析法。整体评析法在具体操作中，不一定一开始就从七个方面逐一分析评价，而要对所听的课先理出个头绪来。怎样理？第一步，从整体入手，粗粗地看一看，全课的教学过程是怎么安排的，有几个大的教学步骤。第二步，由整体到部分，逐步分析各个教学步骤，要分别理出上面的七个内容。第三步，从部分到整体，将各个教学步骤理出的内容汇总起来，然后再按照一定的顺序，从全课的角度逐个分析评价。

三、怎样评课

那么怎样评好课呢？文献[160, 161]的作者介绍了从听课到评课，给出了他们的观点和建议。编著者认为，关键是要掌握好评课的实质和原则，明确评课的依据和标准，注意评课的艺术。

1. 掌握好评课的实质与原则

关于评课的实质。研究评课的实质应当从两方面入手，一是从教育的实质上研究和把握评课的实质，二是从评课的根本目标上把握评课的实质。从教育层面看，评课是通过教学的课堂评价形式传播教育先进理念、探究和体现教学的科学性与艺术性的过程，是促进教育发展的一种必要形式和手段。当前评课，是传播新课程理念、使新课程理念转变为优质教学的过程。这也是目前阶段评课的实质。

关于评课的原则。无论是哪一种评课方式，都要遵循两项基本原则。评课的首要原则是促进教师教学的成功感和进取心，要评出教师发展教育事业的情感和信心，从而促进教师队伍的建设。可具体叙述为因人评价原则和激励性原则。评课的核心原则是实效性原则。以学习实效为核心，关注学生学习过程的优化，关注学生在成长和发展中获取的学习实效。要鼓励真抓实干、求真务实的教学作风；鼓励教师体现教学的科学性和艺术性；鼓励教师开拓创新、勇于开展教学研究、教学实验的作风。可具体叙述为科学性原则、客观性原则、针对性原则和评教与评学相结合原则。

（1）因人评价原则。根据受教对象的实际情况来评课。把值得肯定或者需要改进的建议在听课学生中做一个问卷调查，因为因材施教才是最好的教学方法。不管你的课堂教学设计多么合理，教学方法多么巧妙，教师的水平有多高，脱离了被教的对象来评课都是不科学的，这也是评课最容易忽视的地方。即使是同一个教师讲的同一节课，表面上效果相同，如果听课学生的层次不一样，评课也应该是不一样的。例如，评课者认为课"挖得太深"或"讲得太浅"，可能正是以自己班上学生的程度为基准作判断的。评课不能以自己班上的学生来评价其他班上的学生，更不能用自己的认知水平去评价。

（2）激励性原则。不同的人评课，关注的方面会不一样，评课者要能够站在一线教师的角度来评课，并且给出合理的建议，不要让讲课者讲完课后忐忑不安，而是评课者与之交流感受和看法，注意评价的方向与语言的技巧，使讲课者感受的是激励和鼓舞。

（3）科学性原则。教学设计和讲课要依据课程标准、教育学和心理学原理，结合教学内容和学生实际情况进行，那么评课也必须依据教学的基本原则和要求进行，做到评价内容准确、评价语言恰当、评价手段定量定性相结合、评价结果具有说服力。

（4）客观性原则。客观公正地评价每一堂课，无论是精心准备的公开课，还是教师上的随堂课，无论是新手型教师还是专家型教师，都要充分肯定其付出和成绩，客观地评价，对不足之处提出中肯的意见，要用全面、发展的观点看待问题，恰当对每个教学环节及时给出评判。

（5）针对性原则。评课切忌泛泛而谈，要结合教学中的实际案例，抓住重点和特色，对突出优点给出两三条分析评价；对存在的不足要有针对性地给出诊断和指导，以便今后的改进和提高。

（6）评教与评学相结合原则。评教就是评价教师是否创设有效教学活动的环境与氛围，评价教师对学生学习活动的指导、帮助是否切实有效，以及教学方法是否灵活，教学基本功是否扎实等。更要关注和评析学生的学，是否关注了学生的全面发展和全体学生的发展；关注教学过程中学生主体地位的体现和主体作用的发挥，包括学生的学习状态和情感体验，是否尊重学生的人格和个性等；评价学生的学习情况，学生的参与程度怎样，学的效果如何；评价教学的大、小环节，是否突出了重点和关键，是否有利于学生的学。教学的最终结果是看学生的学，最终是否"以学生的发展为本"，才是关键。所以评教与评学相结合，评课的重点放在"评学"上。

2. 明确评课的依据和标准

评价一堂课，有其评价依据和标准。一般各学校都有其评课标准，学校的评课标准大部分是应用于所有课程。而实际上对于具体科目，课程评价应该要体现科目特点。同一科目不同学段评课的依据也尽不同。就数学学科而言，基础教育阶段数学课堂教学要以教育部制定的《义务教育数学课程标准》和《普通高中数学课程标准》为基本依据，要把"数学育人"作为根本目标；要根据教学内容和学生实际选择教学方法，根据数学知识的发生发展过程和学生数学学习规律安排教学过程；要充分发挥学生的主动性、积极性，激发学生的学习兴趣，引导学生开展独立思考、主动探究、合作交流，使学生切实学好数学知识，提高数学能力；要鼓励学生的创新思考，加强学生的数学实践，培养学生的理性精神；要注重培养学生良好的数学学习习惯，使学生掌握有效的数学学习方法，并逐步学会学习；要注重教育技术的使用，恰当使用信息技术组织教学资源，改进教学方法，增强教学效果；要注重使用评价、反馈手段，恰当评价学生的学习过程和结果，促进学生有效学习。

对课堂教学设计与实施的评价除了按照课标评价教学内容解析、教学目标设置、学生学情分析、教学策略分析、教学过程等内容外，还应评价教师的专业素养。关于数学教师专业素养评价标准，主要有以下三个方面。

（1）数学素养。

① 正确理解数学概念与原理，正确理解内容所反映的数学思想方法，正确把握中学数学不同分支和不同内容之间的联系性，正确把握数学与日常生活及其他学科的联系。

② 正确理解数学教材，正确解析教学内容，课堂中没有数学的科学性错误（包括呈现的材料和使用的语言）。

（2）教学素养。

① 准确把握学生的数学学习心理，有效引起学生的注意，调动学生的学习积极性和主动性。

② 根据学生的思维发展水平和数学学习规律安排学生的学习活动，学习材料的难易程度适当。

③ 实施启发式教学，善于通过恰当的举例，或者提供先行组织者、比较性材料等帮助学生理解知识，善于通过适合时机的提问引导学生的数学活动。

④ 具有良好的教学组织、应变机智。

（3）教学基本功

① 语言。能规范、准确地运用数学的文字语言、符号语言和图形语言，逻辑性强，通俗易懂，简练明快，富有感染力。

② 板书。字迹工整、简洁明了、结构合理、重点突出。

③ 教态。自然大方、和蔼亲切、富有激情与活力。

④ 有较好的信息技术工具和各种教具的操作技能。

3. 注意评课的艺术

关于评课艺术，北京师范大学校长教师专业发展培训专家、国家级教育均衡化培训专家、国家级专业性有效教学项目专家组组长、专业性有效教学项目试点学校首席专家吴松年教授在《有效教学艺术》[162]中非常全面地介绍了评课艺术。

评课艺术是在掌握评课的实质和原则的基础上为评课锦上添花。要贯彻评课的基本原则，必须讲究评课的技巧和策略，使评课有利于评课者与被评者之间相互尊重、信任、充分交流和沟通；有利于被评教师发现自身的教学潜能和智慧，强化自身教学的成长点和发展点；有利于总结经验，增强专业化发展和自信心，切实得到启发和提高；切实有利于解决教学中普遍存在的关键问题。听课中发现问题是正常的，但并非将所有的一切问题都要摆到桌面上，而要根据不同情况、不同对象有选择地提出那些有利于教师专业发展、针对性很强、又能引发教师对自身教学自省的关键性问题，以及那些造成教师教学素质提高的主要障碍性问题。这也就是因人而异的原则和从基础出发的原则。所以要注意以下一些情况：教龄不同，经验不同，提出的问题应有所不同；层次不同，需求不同，接受能力不同，提出的问题也应有所不同；学生情况不同，教法不同，要求的标准不同，提出的问题，尤其是学习方面的问题也不同；所担任的教学角色不同，对教师发展的要求不同，教学问题不同；新课程实施的阶段不同，教学问题也不同。

（1）分类评价，各取所需。

将教师分为五种类型：基础型（即模仿型，1～3 年）、经验型（3～5 年）、研究型（5～7 年）、创新型和艺术型。对于不同类型的教师，对于教学中的需求就会有所不同。评课者应当着力满足教师教学的需求。这些需求一般集中在以下五个方面。

① 对年轻教师来讲，最大的需求是怎样在教学中积累教学知识和教学经验。

② 对中年教师来讲，最大的需求是总结经验，升华经验，使其形成自身的教学风格和教学艺术，形成有价值的教学成果。

③ 对骨干教师来讲，最大的需求是怎样发挥自身的个性优势，求真务实，开拓创新，发挥教学中令人信服的骨干作用。

④ 对于在生源较差的班级教学的教师而言，最大的需求是怎样培养学生的良好学习习性，提高学生的学习能力问题。

⑤ 对于毕业班教学的教师而言，最大的需求是怎样运用新课程理念提高复习效率，创新辅导应试的教学过程和方式。

针对不同教师的不同教学需求，在评课中进行有效的指导帮助，但很重要的一点是，在提出问题的同时，还要为被评课教师解决问题、出主意、想办法，这样才能使被评课者获取指导性实效，从而提高教学素质。

（2）避免评课的五大误区。

① 面面俱到，貌似全面，实质上是处处不到位，重点不突出，流于表面。评课要选择最佳的角度和主题，这样才能既有效地发挥自身优势，又有效地帮助被评教师提高教学素养。

② 泛泛地一分为二，没有重点和中心，没有针对性地罗列所谓的优点和缺点。既不提出关键性问题的解决方式和过程，又不顾及被评教师的具体情况，必然不能取得良好的评课效果。

③ 伤害式评课，对作课教师不尊重，抓住一点，上纲上线，用曲解的教条式的所谓什么理念到处扣帽子，这种评课最让被评教师反感。

④ 鼓吹形式主义、花架子，误导教师的成长方向。

⑤ 外行装内行，不懂装懂，摆出一副权威的样子，到处指指点点，评课的内容空洞无物。

（3）坚持有效评课角度和策略。

从上述评课的五大误区可以看出，评课首先应体现的是人品和人格，是对被评人的一种爱心，既要平等、和谐、公平、公正，又要有理解和包容、爱护和培养之心，要以人文精神、人文关怀来评课。

评课要依据自己的优势，选择好评课的角度、主题和切入点。评课的角度很多，一般来说，可以选择从教师角度和学生角度来评课。

① 从教师角度的评课点。指导教学导入教学评课点；指导精讲教学评课点；指导有效教学评课点，指导解题辅导评课点；教学有效设计评课点，指导有效教学设计评课点；学习方法的指导和创新上的评课点；运用多媒体等现代技术手段与课程整合的评课点和教学艺术、教学风格的评课点。

② 从学生角度的评课点。学习状态评课点，学习理解能力评课点；学习记忆与再现能力评课点；分析与解决问题能力评课点等。

选好评课角度，还要有有效评课的策略。针对"分类评价，各取所需"中五类教师，我们可以分别采取信任与鼓励式评课策略、开发潜能式评课策略、名师典范式评课策略、关注学习主题式评课策略、激励成功完善式评课策略。

总之，评课必须从实际出发，具体问题具体分析，要评学评教，主要应看学生的学习状态和学习过程是否优化，要看学习的质量和效果。同时在评课中，应充分肯定教师的创新精神，要从教与学的和谐统一上来评课，而且要有主题和重点，做到不争论、不强制、不伤害、不追问，做教师欢迎的评课者，才能使被评课人有收获，有提高。而评课能力源于教学能力，教师们要善于在实践中学习与积累，要善于向同行学习，要有专业追求与专业人格。

在前面的案例分析中已经有一些评课结果。下面给出两篇高中数学评课稿，供读者参考。

案例 4-3-1

"几类不同增长的函数模型"评课

一、例子近体

教师在上课时，不拘泥于书本上仅有的例子，"不走寻常路"，而是在吃透教材的前提下选取来源于学生身边的实际问题，符合"近体原则"。学生感到很亲切，从而调动了学习的兴趣。这样不仅有利于知识的掌握，也达到了学以致用之目的。

二、语言得体

在整节课中，××教师时而激情高昂，时而语调舒缓，不把语调停在一个节奏上，不使学生产生疲倦。尤其是插入几句幽默的话语，如"给点掌声""你的团队认可你的曲线才算好""这个最不好玩了""不仅看到眼前还能看到未来""澳大利亚的兔子"等。学生在会心一笑中冲走了数学的枯燥与单调。把数学课上得让学生愁眉苦脸是很容易的，上得让学生哈哈大笑是很不容易的。

三、内容展示用多媒体

结合课堂情况举例说明。

四、体现以学生为主体

从一开始的画图到合作交流活动，再到归纳总结与作业，例如，教师希望学生成为"分析家、预测家、小作家"，研究性问题等，整节课始终贯穿着学生为主体这条线。

五、值得商榷的问题

略。

案例 4-3-2

《集合》评课稿

教师的这节课改变了过去教师独占课堂、学生被动接受的单一的教学信息传递方式，通过师生多种感官的全方位参与，促进认知与情感的和谐和多维互动的教学关系的生成，实现让学生主动和大胆的去想象、去发现，放飞思绪，大胆质疑，发表个人见解，解决疑难问题，教师客观评价、热情鼓励，学生主动探索、互相交流，气氛和谐，民主平等充分体现。还通过讨论，启发学生的思维，开拓解题思路，在此基础上让学生通过多次训练，既增长了知识，又培养了思维能力。

教师在教学过程中，针对教学的重难点，精心设计有层次、有坡度，要求明确、题型多变的练习题，让学生通过训练不断探索解题的捷径，使思维的广阔性得到不断发展。而且通过多次的渐进式的拓展训练，使学生进入广阔思维的佳境。教材在提供学习素材的基础上还根据学生已有的知识背景和活动经验提供大量的操作、思考与交流的机会，把学生读死书、以费（费时费力，教学效率低）为特征的课堂教学改变成了学生自主学习，运用孔子的学导式教学法使学生成为课堂的主导，一改教师讲学生听的老习惯，课堂教学氛围充满激情。

在授课过程中，教师能充分发挥学生的主体功能，创设和谐民主的课堂气氛，形成一个无拘无束的思维空间，如及时表扬你回答得真棒你表现得不错等之类鼓励肯定的话，使每一位学生都有成功感，极大地调动了学生的学习积极性。从而让学生学得更容易，掌握得更轻松。听完这次评优课通过比较这一点反应的很明显，因此，在今后我会科学地选取和灵活地运用丰富多彩的课堂活动形式，把学生的思维调动起来，让学生参与到教学过程中来。充分调动了学生的积极性和主动性，不仅愉快地掌握了知识，更得到了自我价值的肯定；教给学生的不仅是一堂课，一个知识点，而是教会他们解决科学问题的方法，体验到成就感，使课堂教学焕发出生命色彩。

从这一节生动、精彩的课堂中我领略了教师的风采，她具有先进的教学理念，满腔的工作热情，充分发挥了学生的主体作用，调动了学生探求知识的积极性，很好地反映了新课改的精神。例如，着意创设情境，从身边熟悉的问题开始，在浓浓的情感交流中导入新课很自然、很亲切；教材分析的深入透彻，教法灵活多样，在组织和引导学生自主学习、合作探究方面也作了很大的努力；多媒体运用的适时恰当，较好地扩充教学的信息量，发挥了媒体对教学的辅助作用。

当然这堂课也存在着不足：①本节课给人的感觉不是很细腻，有些知识点讲得不是很到位。②在设计一个活动时，没有想到体现了什么数学思想，怎样才能把数学思想活动起来，而是停留在形式上、表面上。③在合作的学习过程中，没有真的调动了所有学生的积极性和求知欲，发挥所有学生学习的主体作用。教师没有引导学生将比较肤浅的、表面的、零散的和不成熟的思想得到提炼、升华以及系统化和科学化。

通过这次听课与评课让我深深体会到作为一名教师应注重以下几点的完善与培养。

（1）树立正确的学生观。

不管是哪节课，教师都能做到面向全体，尊重差异；主动参与，体验成功。成功是学生在主动参与学习过程中的一种情感体验。成功是学生的权利，帮助学生成功是教师的义务。记得有节课，教师请一位学生回答时，他很紧张，结结巴巴地说了出来。教师及时表扬了他。之后，我发现几乎每个问题他都能举手发言，也许这就是成功带来的自信吧。

（2）明确教师角色的定位。

在教材的应用上，教师所设的问题都从实际提出，而概念都从实际引入，并在小组活动中了解数学在日常生活中的应用。但是，我认为联系实际也需要注意几点：第一，数学问题有的来自生活实际，有的还来自数学本身，不能也不需要故意去联系实际。第二，只有具有数学意义的活动才是真正的数学活动，有些活动常常流于形式，华而不实，这样的活动可以减少甚至不做。每一个环节的设计都应是围绕某一个数学问题提出的。

（3）改善学习方法，自主探索，组建良好的认知结构。

学习数学是一种有指导意义的再创造的过程，要让学生根据自己的经验或知识经验学习过程，用自己理解的方式去探索未知。其实，自主探索是否是数学学习的唯一方式呢？我认为，有意义地接受学习也是必需的。这两种学习方式各有特点及功用，两者不可偏颇，相互补充，才能达到有效学习，也就是我们常说的该放就放，该收就收。

（4）重视小组合作学习。

重视学生的学习过程，不仅使学生合作探究的能力得到培养，创新的意识也得到了发展。特别是给出具有针对性、思考性的问题，加深学生对内容、方式的理解，我以为这样的处理对学生学习、思考很有价值，培养了他们探索和发现的本领。

总的来说，这节课比较成功。效果不错，实现了教学目标，大部分的学生学会了自主获取信息，动手、动眼、动脑三位一体，多重刺激，学习兴趣增强了，创新能力增强了。真正让我感受到，教师和学生的地位与传统教学相比发生了很大改变，教学不再是单纯的知识传授与灌输；教师表现主要是从前台走到了后台。课堂教学对教师的要求更高了，教师的唯一选择是需要不断的更新知识和扩大知识面。为日后的教育积累起有价值的经验。

案例 4-3-1 与案例 4-3-2 对比分析：前者结合实际教学评教评学，清晰地总结了本节课的优缺点，简明扼要评价。而后者评得较泛，重点不突出，说了很多"正确的废话"，这是我们评课中需要避免的。

参 考 文 献

[1]   DICK W，CAREY L. 教学系统化设计[M]. 5版. 汪琼，译. 北京：高等教育出版社，2004.

[2]   李姣. 高中数学概念课堂教学设计研究[D]. 长沙：湖南师范大学，2016.

[3]   加涅，韦杰，戈勒斯，等. 教学设计原理[M]. 5版. 王小明，庞维国，陈保华，等，译. 上海：华东师范大学出版社，2007.

[4]   盛群力，程景利. 教学设计要有新视野：美国赖格卢特教授访谈[J]. 全球教育展望，2003，(7)：3-5.

[5]   乌美娜. 教学设计[M]. 北京：高等教育出版社，1994.

[6]   MERRILL M D，DRAKE L，LACY M J，et al. Reclaiming instructional design[M]. Educational Technology，1996，36（5）：5-7.

[7]   何小亚，姚静. 中学数学教学设计[M]. 2版. 北京：科学出版社，2012.

[8]   方均斌，蒋志萍. 数学教学设计与案例分析[M]. 杭州：浙江大学出版社，2012.

[9]   涂荣豹. 数学教学设计原理的构建：教学生学会思考[M]. 北京：科学出版社，2019.

[10] 段志贵. 教学生学会思考是数学教学的根本：访南京师范大学涂荣豹教授[J]. 中学数学教学参考，2019，(1)：8-11.

[11] AL-ERAKY M M. Robert Gagné's nine events of instruction revisited[J]. Academic Medicine：Journal of the Association of American Medical Colleges，2012，87（5）：677.

[12] MERRILL M D. Component display theory[M]//REIGELUTH. Instructional design theories and models [C]. Hillsdale，NJ：Erlbaum Associates，1983.

[13] ENGLISH R E，REIGELUTH C M. Formative research on sequencing instruction with the elaboration theory[J]. Educational Technology Research and Development，1996，44（1）：23-42.

[14] 史密斯，雷根. 教学设计[M]. 3版. 庞维国，屈程，韩贵宁，等，译. 上海：华东师范大学出版社，2008.

[15] 何克抗，林君芬，张文兰. 教学系统设计[M]. 2版. 北京：高等教育出版社，2006.

[16] 何克抗. 建构主义：革新传统教学的理论基础（上）[J]. 电化教育研究，1997，(3)：3-9.

[17] 何克抗. 建构主义：革新传统教学的理论基础（中）[J]. 电化教育研究，1997，(4)：25-27.

[18] 何克抗. 建构主义：革新传统教学的理论基础（下）[J]. 电化教育研究，1998，(1)：30-32.

[19] 何克抗. 建构主义：革新传统教学的理论基础（一）[J]. 学科教育，1998，(3)：29-31.

[20] 何克抗. 建构主义：革新传统教学的理论基础（二）[J]. 学科教育，1998，(4)：17-20.

[21] 何克抗. 建构主义：革新传统教学的理论基础（三）[J]. 学科教育，1998，(5)：24-27.

[22] 何克抗. 建构主义：革新传统教学的理论基础（四）[J]. 学科教育，1998，(6)：12-16.

[23] 何克抗，李克东，谢幼如，等. "主导-主体"教学模式的理论基础[J]. 电化教育研究，2000，(2)：3-9.

[24] DALE E. Audio-visual methods in teaching[M]. 2ed. New York：Dryden Press，1954.

[25] DALE E. Audio-visual methods in teaching[M]. New York：Dryden Press，1946.

[26] 皮亚杰. 结构主义[M]. 倪连生，王琳，译. 北京：商务印书馆，1984.

[27] 乔治·波利亚. 数学的发现：对解题的理解、研究和讲授[M]. 刘景麟，曹之江，邹清莲，译. 北京：科学出版社，2006.

[28] 斯托利亚尔. 数学教育学[M]. 丁尔陞，译. 北京：人民教育出版社，1984.

[29] THORNDIKE E L. Animal intelligence：Experimental studies[M]. Ithaca：Cornell University Library，1911.

[30] SKINNER B F. The behavior of organisms[M]. New York：Appleton-Century-Crofts，1938.

[31] KOEHLER W. Gestalt psychology: An introduction to new concepts in modern psychology[M]. New York: Liveright Publishing Corporation, 1992.

[32] 布鲁纳. 教育过程[M]. 邵瑞珍, 译. 北京: 文化教育出版社, 1982.

[33] AUSUBEL D P. The psychology of meaningful verbal learning[M]. New York: Grune & Stratton, 1963.

[34] 阿尔伯特·班杜拉. 社会学习理论[M]. 陈欣银, 李伯黍, 译. 北京: 中国人民大学出版社, 2015.

[35] MERLIN C W. Generative learning processes of the brain[J]. Educational Psychologist, 1992, 27 (4): 531-541.

[36] KELLY G A. The psychology of personal constructs: A theory of personality (2vols). New York: Norton, 1955.

[37] 车文博. 人本主义心理学[M]. 杭州: 浙江教育出版社, 2003.

[38] 高时良. 学记[M]. 北京: 人民教育出版社, 2016.

[39] 赫尔巴特. 普通教育学[M]. 李其龙, 译. 北京: 人民教育出版社, 2015.

[40] 顾明远. 教育大辞典[M]. 上海: 上海教育出版社, 1998.

[41] 达尼洛夫, 叶希波夫. 教学论[M]. 北京师范大学外语系 1955 级学生, 译. 北京: 人民教育出版社, 1961.

[42] 斯卡特金. 中学教学论[M]. 赵维贤, 丁酉成, 等, 译. 北京: 人民教育出版社, 1985.

[43] 王策三. 教学论稿[M]. 北京: 人民教育出版社, 1985.

[44] WATSON J B. Psychology as the behaviorist views it[J]. Psychological Review, 1913, (20): 158-177.

[45] SKINNER B F. The science of learning and the art of teaching[J]. Harvard Educational Review, 1954. 24 (2): 86-97.

[46] 安德森, 等. 布卢姆教育目标分类学[M]. 蒋小平, 张琴美, 罗晶晶, 译. 北京: 外语教学与研究出版社, 2009.

[47] TENENBAUM S. Carl R. Rogers and non-directive teaching[J]. Educational Leadership, 1959, 16 (5): 296.

[48] VYGOTSKY L S. Mind in society: The development of higher psychological processes [M]. Cambridge: Harward University Press, 1978.

[49] 王竹立. 新知识观: 重塑面向智能时代的教与学[J]. 华东师范大学学报 (教育科学版), 2019, 37 (5): 38-55.

[50] 汪晓勤. HPM 视角下的 "角平分线" 教学[J]. 教育研究与评论 (中学教育教学版), 2014, (5): 29-32.

[51] 汪晓勤. 一部三角学教材中的数学史[J]. 中学数学月刊, 2015 (7): 38-41.

[52] 汪晓勤. 基于数学史的数学文化内涵课例分析[J]. 上海课程教学研究, 2019, (2): 37-43.

[53] 丁倩文, 汪晓勤. 基于数学史的初中数学问题提出课例分析[J]. 中学数学月刊, 2018, (3): 44-48.

[54] 陈晏蓉, 汪晓勤. 基于数学史的新知引入课例分析[J]. 上海课程教学研究, 2018, (1): 38-44.

[55] 沈中宇, 李霞, 汪晓勤. HPM 课例评价框架的建构: 以 "三角形中位线定理" 为例[J]. 教育研究与评论 (中学教育教学), 2017, (1): 35-41.

[56] 陈引兰, 方正刚. 浅谈数学课程教学目标的确定与达成[J]. 湖北师范大学学报 (自然科学版), 2020, 40 (2): 103-107.

[57] 李本勇. 试论网络环境下数学新授课的教学设计[C]. 国家教师科研专项基金科研成果 2019 (五), 2019: 217-218.

[58] 钱士勇. 例谈数学新授课的课堂教学形式的设计[J]. 中学数学, 2017, (19): 35-37.

[59] 戴维·梅里尔. 首要教学原理[M]. 盛群力, 钟丽佳, 译. 福州: 福建教育出版社, 2016.

[60] HARLESS J H. An analysis of front-end analysis[J]. Performance Improvement, 1987, 26 (2): 1-44.

[61] 何克抗. 从信息时代的教育与培训看教学设计理论的新发展 (上) [J]. 中国电化教育, 1998, (10): 9-12.

[62] 何克抗. 从信息时代的教育与培训看教学设计理论的新发展 (中) [J]. 中国电化教育, 1998, (11): 9-16.

[63] 何克抗. 从信息时代的教育与培训看教学设计理论的新发展 (下) [J]. 中国电化教育, 1998, (12): 9-13.

[64] 蒋玉国, 黄磊, 曾丽, 等. 目标·评价一致性[J]. 教育与教学研究, 2019, 33 (7): 95-129.

[65] 张立勇. 教学设计效果的属性综合评价研究[J]. 现代中小学教育, 2018, 34 (7): 11-15.

[66] 曹文禄. 初中数学课堂教学评价现状调查研究[J]. 教书育人 (校长参考), 2017, (9): 68.

[67] 严红艳. 基于电子档案袋平台下中职数学教学评价研究[D]. 南京: 南京师范大学, 2017.

[68] 张军鹏. 初中数学课堂教学有效性的评价方法设计及应用[J]. 课程教育研究, 2017, (10): 138.

[69] 曹春芳. 数学教育实践课程教学中的学生能力评价[J]. 课程教育研究, 2016, (36): 91, 92.

[70] 沈凡米. 改进课堂评价设计，促进思维能力发展[J]. 数学学习与研究，2016，(24)：63.

[71] 王光明，杨蕊. 融入信息技术的数学教学设计评价标准[J]. 中国电化教育，2013，(11)：101-104，120.

[72] 王奋平，符海英. 让抽象的数学从生活中走来：对台湾国中九年级一节"函数对应"教学设计的评价[J]. 中学数学杂志（初中版），2013，(1)：31-35.

[73] 常恒. 对小学数学课堂教学评价的探究[J]. 教育教学论坛，2011，(13)：137.

[74] 国立民. "四步"教学模式有利于数学教学设计、实施与评价[J]. 数学学习与研究（教研版），2009，(12)：35.

[75] 朱卓君. "依学导学，共同生长"课型及分类[J]. 江苏教育（中学教学版），2014，(4)：59，60.

[76] 陈庆霞，邱国权. 课型创新举例[J]. 小学青年教师，2001，(5)：50，51.

[77] 黄娅. 学科教学中的课型设计思路[J]. 教学与管理，2019，(14)：33-35.

[78] 张健. 初中数学课堂教学的基本课型模式探讨[J]. 亚太教育，2019，(4)：71.

[79] 陈冬妮. 小学数学建模课型教学的育人价值研究[D]. 上海：华东师范大学，2018.

[80] 符永平. 深度课改的课型之路（下）[N]. 中国教师报，2016-10-05(4).

[81] 符永平. 深度课改的课型之路（中）[N]. 中国教师报，2016-09-28(4).

[82] 吕英. 本期视角：课型探究[J]. 小学教学研究，2014，(28)：4.

[83] 郭秀清. 中学数学教学的课型及对策[J]. 保山师专学报，2009，28(2)：54-57.

[84] 唐剑英. 五课型数学导学法[J]. 数学教学研究，1997，(2)：9-11.

[85] 冯海明. 小学数学教学策略探讨[J]. 西部素质教育，2018，4(5)：225.

[86] 覃振峰. 农村初中数学课堂合作教学初探[J]. 数学学习与研究（教研版），2017，(24)：79.

[87] 胡琳. 数学实验在课堂教学中的研究[J]. 中学数学教学参考，2016，(9X)：17，18.

[88] 刘球辉. 论新课程标准下小学数学教学的创新[J]. 数学学习与研究（教研版），2016，(14)：113，115.

[89] 杨志杰. 浅谈小学数学优化设计[C]//《现代教育教学探索》组委会. 2016年2月现代教育教学探索学术交流会论文集. 北京：北京恒盛博雅国际文化交流中心，2016：43，44.

[90] 钟超华. 例谈数学教学中如何有效培养学生的学法：动手实践、自主探究与合作交流学法在课堂教学中的落实[J]. 数学学习与研究，2015，(13)：20.

[91] 张翠玉. 数学教学中自主学习方式的探究[J]. 小学教学参考，2015，(3)：34.

[92] 王春燕. 在小学数学教学中如何培养学生解题能力[J]. 电子制作，2014，(18)：167.

[93] 王奎凤. 在低年级教学中谈"动手实践，自主探索，合作交流"的应用[J]. 课程教育研究，2013，(12)：84.

[94] 罗旭芳. 浅谈"引导探究、自主学习"在数学教学中的重要性[J]. 数学学习与研究，2013，(4)：142.

[95] 杨春泉. 动手实践，自主探究，合作交流：浅谈新课标下初级中学数学的教与学[J]. 教育教学论坛，2012，(3)：214，215.

[96] 王巧妮. 数学课上如何培养学生自主学习的能力[J]. 中国教育技术装备，2011，(34)：182，185.

[97] 尤如勇. 浅谈小学数学教学中的自主探索策略[J]. 科技创新导报，2011，(32)：167.

[98] 邹华初. 动手实践，自主探索："方差"教学片断反思[J]. 江西教育（综合版），2011，(7)：116.

[99] 黄绍莲. 浅谈数学教学中学生参与意识的培养[J]. 教育教学论坛，2011，(13)：124.

[100] 梅香秀. 试论小学数学探究性学习[J]. 学周刊（B版），2011，(2)：97.

[101] 徐英军. 在过程中体验数学，在自主学习中探究[J]. 教育科研论坛，2010(6)：33.

[102] 顾亚利. 自主探究法在数学教学中的应用[J]. 宁波服装职业技术学院学报，2004，3(2)：98，99，102.

[103] 沈晓华. 浅谈小学生数学学习方式的转变[J]. 中小学教学研究，2010，(4)：32，33.

[104] 陈继龙，陈艳凌. 在小学数学教学中引导学生"自主、合作、探究"[J]. 齐齐哈尔师范高等专科学校学报，2009，(2)：53，54.

[105] 田立新. 从课堂变化看数学课程改革[J]. 科学咨询，2008，(16)：65.

[106] 魏小娟. 初中数学活动课教学模式的初步研究[D]. 武汉：华中师范大学，2008.

[107]　曹阳. 论数学活动课的设计与开展[J]. 成才之路，2020，(8)：118，119.

[108]　施美霞. 引入活动课教学策略，优化初中数学教学效果[J]. 数学学习与研究（教研版），2015，(14)：23.

[109]　江卫娟. 有效设计数学活动，发展学生数学素养[J]. 数学学习与研究，2019，(18)：44.

[110]　刘娟. 论初中数学活动课的策略与思考[J]. 数学教学通讯（初中版），2019，(20)：58，59.

[111]　解则霞，郑岩. 设计有效问题，优化数学活动[J]. 数学教学通讯（高中版），2019，(30)：50，51.

[112]　孙蕾. 初中数学活动课的教学策略研究[J]. 数学学习与研究，2015，(10)：28.

[113]　孔小明. 促进理解的数学活动特征及其案例设计[J]. 中学数学杂志（高中版），2014，(5)：10-12.

[114]　刘咪. 活动理论下小学数学课堂教学活动设计研究[D]. 上海：上海师范大学，2017.

[115]　乔治·波利亚. 怎样解题[M]. 涂泓，冯承天，译. 上海：上海科技教育出版社，2002.

[116]　王国芳. 核心素养下初中数学试卷讲评课的教学策略[J]. 福建中学数学，2019，(4)：29-32.

[117]　代丽宅. 初中数学试卷有效讲评策略研究[J]. 基础教育论坛，2019，(1)：11，12.

[118]　刘端. 提高高中数学试卷讲评有效性的初步实践[D]. 贵阳：贵州师范大学，2018.

[119]　查荣生. 以学生思维展示为主线的初中数学讲评课教学模式的探究[D]. 南宁：广西民族大学，2018.

[120]　唐琦. 初中数学讲评课探究[J]. 中学数学研究（华南师范大学），2017，(5)：28-30.

[121]　赵萌萌. 高中数学试卷讲评课的认识与探究[D]. 信阳：信阳师范学院，2017.

[122]　牟天伟，张玉华. 初中数学试卷讲评课学情分析及教法研究[J]. 数学通报，2017，56 (4)：5-7，11.

[123]　周鸿吉. 小学数学试卷讲评课教学程式研究[J]. 小学数学教育，2016，(21)：27，28.

[124]　刘海燕. 翻转课堂教学模式下的初中数学试卷讲评课探索[J]. 教育信息技术，2016，(6)：67-70.

[125]　王艳红，丁聪聪，马家轶. 教师课堂语言艺术探究[J]. 课程教育研究，2014，(4)：194.

[126]　高全胜，杨华. 如何让学生用数学语言说话[J]. 数学教育学报，2011，20 (2)：82-87.

[127]　杨之，王雪芹. 数学语言与数学教学[J]. 数学教育学报，2007，16 (4)：13-16.

[128]　施珏，姚林. 谈数学教学语言的科学性与启发性[J]. 数学教育学报，2000，(4)：38-40.

[129]　陈永明. 论"数学教学语言"[J]. 数学教育学报，1999，(3)：21-23.

[130]　刘元宗，郭秀兰. 中学数学教学语言规范化问题[J]. 数学教育学报，1997，(1)：49-52.

[131]　牛桑杰. 信息技术在农村小学数学教学中的应用[J]. 甘肃教育，2020，(3)：172.

[132]　李永生. 初中数学教学与信息技术多媒体的整合[J]. 数学学习与研究，2020，(1)：155.

[133]　左安珍. 信息技术在教学中的应用例谈[J]. 中学数学教学参考，2019，(36)：29，30.

[134]　边永强. 信息技术在初中数学课堂教学中的应用[J]. 西部素质教育，2019，5 (18)：124，125.

[135]　周卫锋. 关于初中数学教学与信息技术多媒体的整合[J]. 中国校外教育，2019，(10)：162，164.

[136]　张睿. 信息技术在中职数学教学中的运用[J]. 西部素质教育，2019，5 (4)：125.

[137]　张亚蕾，杨少静. 多媒体信息技术在高等数学教学中的应用研究[J]. 青海师范大学学报（自然科学版），2018，34 (3)：89-94.

[138]　胡峣峥. 浅谈多媒体信息技术在高等数学教学中的应用[J]. 数学学习与研究，2018，(15)：30.

[139]　杨冰. 浅谈初中数学教学与信息技术多媒体的整合[J]. 中国校外教育，2017，(21)：167.

[140]　钟世红. 多媒体信息技术应用于高中数学教学的策略探讨[J]. 数学学习与研究（教研版），2017，(9)：34.

[141]　裴光亚. 我们为什么说课[J]. 中学数学教学参考，2008，(7)：1，2，17.

[142]　徐光强. 浅谈数学说课的准备与应用[J]. 读与写（教育教学刊），2007，(7)：150.

[143]　陈宏伟，沈群书，高飞. 说课及说课方法浅析[J]. 科技资讯，2016，14 (34)：163，165.

[144]　钟丽华. 说课：引导学生走入新课程[J]. 中国成人教育，2016，(15)：103-106.

[145]　张明月，黄贵彪，刘志晖. "说课"理论与评价指标概述[J]. 四川劳动保障，2016，(S1)：59，60.

[146]　袁丽晴，朱红桃. 数学教育学中"说课"实践教学的探索与思考[J]. 中学数学教学参考，2016，(15)：61-63，70.

[147]　刘敏. 说课是一种教学艺术：浅谈开展有效说课的途径与方法[J]. 课程教育研究，2016，(8)：5.

[148] 梅琴，严涛. 课程理念下的说课新模式[J]. 教学月刊（中学版），2015，(17)：6-8.

[149] 郑芳霞. 说课课件的制作技巧[J]. 文学教育，2015，(14)：131.

[150] 胡璐璐. 说课的艺术[J]. 牡丹江大学学报，2014，23 (6)：183，184.

[151] 靖树超. 说课的基本原则和要求[J]. 教育教学论坛，2014，(9)：148，149.

[152] 朱勤. 说课后要学会反思[J]. 初中数学教与学，2012，(20)：9，10.

[153] 吴赛瑛. "随机事件的概率"说课[J]. 数学教学通讯（教师版），2011，(12)：16-18，21.

[154] 徐骏. 略谈新课改视角下的"说课"误区及其对策[J]. 中学数学教学，2011，(1)：7，8.

[155] 梁广交. 如何进行数学"说课"[J]. 西藏教育，2010，(11)：39，40.

[156] 张奠宙，宋乃庆. 数学教育概论[M]. 2版. 北京：高等教育出版社，2004.

[157] 陈洪杰. 说课，说什么？怎么说？[J]. 小学数学教师，2018，(5)：1.

[158] 王小庆. 评课：评价、评论与批评[J]. 江苏教育研究，2019，(35)：9-12.

[159] 肖春园，赵长河. 如何选取评课的"评点"[J]. 北京教育（普教版），2019，(12)：37-39.

[160] 周云华. 基于学生素养发展的听评课：我的评课观[J]. 教育视界，2019，(21)：23-27.

[161] 孙长智. 观课与评课讲究关注"度"[J]. 中学数学教学参考，2019，(21)：1-5.

[162] 吴松年. 有效教学艺术[M]. 北京：教育科学出版社，2008.

附录　关于案例教学的例子

编著者在完成 2017 年湖北师范大学硕士研究生案例教学课程建设立项之时，恰逢教育部高等学校教学指导委员会针对教育专业硕士培养征集教学案例，于是选取了平时在基础教育学校调研中与一线教师研讨的一个典型课例，结合 2017 年新版《普通高中数学课程标准》中新提出的培养学生数学核心素养，进行案例教学的设计和编写，旨在与同行探讨如何进行案例教学。

如何培养高中生数学核心素养——以"数学归纳法"教学为例

陈引兰

摘要： 2016 年《普通高中数学课程标准》（征求意见稿）出台，重点是落实数学核心素养，将数学核心素养作为数学课程目标的重要内容，并明确指出：学生数学核心素养要在数学学习的过程中逐步培养，最终形成。所以，认真思考高中数学课程教学改革，做好各个教学内容的教学设计，并努力在教学实践中实现对学生数学核心素养的培养，将是后一阶段对高中数学课程教学改革的重点。本案例通过 Z 教师的一节《数学归纳法》教学设计，揭示数学归纳法中化无限为有限的数学本质思维与方法，展现"富有数学本质的情境设计、具有梯度性的问题探究、直观形象的模型概括"等教学环节。整个教学过程充分展示对学生数学核心素养的培养：让学生在感悟情境中提出问题，培养数学抽象、直观想象素养，进而能用数学眼光观察世界；在探究中思考问题，培养逻辑推理、数学运算素养，进而能用数学思维分析世界；在思维提升中自主建构知识，培养数学建模、数据分析素养，进而能用数学语言表达世界。本案例为高中数学教学设计与实施提供了范例。

关键词： 数学核心素养，数学归纳法，教学设计，教学改革

How to train Mathematics core accomplishment of high school students-taking the teaching of "mathematical induction" as an example

Abstract: In a new round of revision of "Mathematics Curriculum Standard of General Senior High School"（draft）in 2016，the focus is on the implementation of mathematics core accomplishment，the emphasis on mathematics core accomplishment，which are gradually cultivated in the process of learning mathematics，are formed finally. So，we must think carefully about the high school mathematics curriculum reform，make the teaching design of the high school mathematics content，and go all out to cultivate students' mathematics core accomplishment in teaching practice. To cultivating students' mathematics core accomplishment will become the focus of high school mathematics curriculum reform. This case was designed by teacher Z on mathematical induction. It reveals the mathematical essence of mathematical thinking and methods of mathematical induction，which is transform infinity into finite. It shows teaching steps，which have the design of situation with mathematics essence，the problem research with gradient，the intuitive mathematical model and so on. The whole teaching process fully display the cultivation of student's mathematics core accomplishment：we let the students put questions in the perception situations，develop mathematical abstraction and intuitive imagination literacy of students，then the students can use mathematical eyes to watch the world；we let the students think questions in the exploration，develop logical reasoning ability and mathematical computing ability of students，then the students can use mathematical thinking to consider the world；we let the students construct knowledge autonomously in the improvement of thinking，cultivate mathematical modeling and data analysis literacy of students，then the students can use mathematical language to express the world. This case provides an example for high school mathematics teaching design and implementation.

Key words: mathematics core accomplishment，mathematical induction，teaching design，teaching reform.

背景信息

2004 年启动的普通高中课程改革实施十多年来，为全面推进素质教育发挥了重要作用，为提升人才培养质量做出了重要贡献。但是，面对经济、科技的迅猛发展和社会生活的深刻变化，面对我国普通高中教育基本普及的新形势，面对时代对提高国民素质和人才培养质量的新要求，现行普通高中课程还有某些亟待改革之处。2014 年，教育部出台《关于全面深化课程改革落实立德树人根本任务的意见》中首次提出"核心素养体系"。普通高中各学科课程标准的修订工作于同年 12 月全面启动，以贯彻落实党的十八大提出的"立德树人"为根本任务，总结之前我国高中课程改革的宝贵经验，同时借鉴国际课程改革的优秀成果。普通高中数学课程标准征求意见稿于 2016 年 9 月完成，此次修订的重点是落实数学核心素养。

关于核心素养，近年来，澳大利亚、新加坡、美国、芬兰、英国、加拿大等国纷纷开展基于核心素养的教育教学改革。我国教育部 2016 年颁布了《中国学生发展核心素养》。在 2016 版《普通高中数学课程标准》（征求意见稿）中首次提出：数学核心素养是数学课程目标的集中体现，是数学学习的过程中逐步形成。数学核心素养是具有数学基本特征的、适应个人终身发展和社会发展的人的思维品质与关键能力。界定了高中阶段数学核心素养包括：数学抽象、逻辑推理、数学建模、直观想象、数学运算和数据分析六部分。可见在新一轮基础教育课程改革中，一定会以全新的视角来考核数学课程教学，培养学生具备数学抽象和直观想象素养，进而能用数学眼光观察世界；培养学生具备逻辑推理和数学运算素养，进而能用数学思维分析世界；培养学生数学建模和数据分析素养，进而能用数学语言表达世界。从而，我们高中数学教学活动要树立以发展学生数学核心素养为导向的教学意识，创设有利于学生数学核心素养发展的教学情境、启发学生思考、引导学生把握数学内容的本质，将数学核心素养的培养贯穿于数学教学活动的全过程。

　　本案例选自任教于 Y 中学的 Z 教师关于高中数学生成性教学探究的一堂示范课——数学归纳法（高二《数学》人教版选修 2-2）。Y 中学是 X 市唯一的一所省级重点中学和省级示范高中，Z 教师，从 2004 年大学毕业一直担任数学教学工作。从教十多年，Z 教师一直辛勤耕耘在教学一线，长期担任两个班的数学教学工作，积极参与教科研活动，多次参加省、市级讲课比赛并获奖。所教多届班级高考数学成绩名列前茅，辅导学生数学竞赛有多人次获国家级，被评为"*省优秀教练员"称号。本案例通过 Z 教师的《数学归纳法》教学设计，揭示数学归纳法中化无限为有限的数学本质思维与方法，展现"富有数学本质的情境设计、具有梯度性的问题探究、直观形象的模型概括"的教学环节。整个教学过程充分展示对学生数学核心素养的培养。通过对本案例的分析，探索在新课程背景下，如何更好地将培养学生数学核心素养落实到数学课程教学之中。本案例为高中数学教学设计与实施提供了范例。

案例正文

一、数学归纳法简介

　　数学归纳法最早可追溯到公元前古希腊欧几里得的《几何原本》和丢番图（Diophantus）的《算术》中运用递推方法表示无穷。16 世纪意大利数学家莫洛里克斯（Maurolycus）在他的数学著作《算术》中提出了关于数学归纳法的证明方法，且首次对 $1+3+5+\cdots+(2n-1)=n^2$ 进行了推理论证。17 世纪法国数学家帕斯卡（Pascal）在证明算术三角形性质过程中运用了两个引理，类似于现在的数学归纳法，标志着数学归纳法的确立。直到 19 世纪，意大利数学家皮亚诺（Peano）提出自然数的五条公理，为数学归纳法建立了逻辑基础，才使数学归纳法真正成为一种演绎的证明方法。

　　维基百科中定义，数学归纳法（Mathematical Induction，MI）是一种数学证明方法，通常被用于证明某个给定命题在整个（或者局部）自然数范围内成立。数学归纳法的英文是 Mathematical Induction，即"数学的归纳法"，根据汉语语言习惯，称"数学的归纳法"为"数学归纳法"。

　　数学归纳法是数学学科中一种重要而特殊的证明方法，主要用于证明与正整数有关的数学问题。其证明原理如下。

　　设 $P(n)$ 是关于自然数集（或子集）M 上的某一命题，若

　　（1）（奠基）当 $n=1$ 时，$P(1)$ 成立；

　　（2）（假设）假设当 $n=k$ 时，$P(k)$ 成立；

　　（3）（推理）证明当 $n=k+1$ 时，$P(k+1)$ 成立。

则命题 $P(n)$ 对所有 n 都成立，n 的范围为自然数集（或子集）M。

　　若起始数不是 1，则第一步改为：验证 n 为起始数时，命题成立。

　　数学归纳法与一般归纳法不同。数学归纳法是一种演绎的证明方法，是从一般原理推演出个别结论，是一种必然性推理，推理的前提是一般，推出的结论是个别，一般中概括了个别。而一般归纳法是对观察、实验和调查所得的个别事实，概括出一般原理的一种思维方式和推理形式，是一种或然性推理方法，不可能做到完全归纳，总有许多对象没有包含在内，因此，结论不一定可靠。

　　数学归纳法体现了合情推理与演绎推理的严密逻辑推理思想。学习数学归纳法有助于学生真正理解证明的方法和原则，每一步证明要有理有据，体会推理的严密性。运用数学归纳法，按照奠基、假设和推理三步进行，让学生既有章可循，又言之有理，从而培养学生养成数学地思考问题、科学地探究问题、严密地论证问题。如果能自觉地运用数学归纳法解决问题，说明数学思维得到真正的提升。这些恰与数学核心素养中的数学抽象和逻辑推理相对应，因此，数学归纳法的学习能很好地促进学生数学核心素养的培养。

　　广义的数学归纳法有多种形式，如第一数学归纳法、第二数学归纳法、倒推归纳法（反向归纳法）、螺旋式归纳法等。还有多种变体的数学归纳法，如针对偶数或奇数数学归纳法、递降归纳法、跳跃归纳法等。高中阶段所讲的数学归纳法指的是第一数学归纳法。

二、数学归纳法的重要性及教学现状

　　鉴于数学归纳法是一种重要的演绎证明方法，不同国家根据自身特点，对数学归纳法的要求也不尽相同：如美国数学教师协会，只要求学生关注数学归纳法；美国数学教师理事会则要求学生学习应用数学归纳法原理去证明特别类型的题目。日本高等学校学习指导要领中要求学生理解数学归纳法，用其来证明简单的命题，并活用于事物现象。韩国数学课程标准则把数学归纳法安排在数列一章，主要用于对数列有关的推理证明。可见这三个国家中日本对数学归纳法的学习要求最高。我国各个版本的高中数学课程标准对数学归纳法都做了如下要求：了解数学归纳法的原理，能用数学归纳法证明一些简单的数学命题。因此，各国家数学归纳法内容一直都作为的重要教学内容。

　　数学归纳法是一种推理证明方法，而推理和证明是数学的重要思维过程，数学归纳法解释的是普遍规律，从而也是日常学习和生活中人们普遍使用的思维方法。作为高中数学中一种重要解答证明题的方法，有助于学生更好地把握数学问题的本质，培养学生思维的严谨性。数学归纳法的基础是皮亚诺公理，但它自身不是公理，而皮亚诺公理在高中阶段并不作为教学内容，所以高中学生无法证明数学归纳法的正确性，这就给高中生学习数学归纳法和高中教师教授数学归纳法带来了困难。因此，如何进行数学归纳法的教学，才能让学生真正理解数学归纳法的原理和本质，真正掌握数学归纳法，一直是高中教师们探索的焦点问题。

　　近年来，我国数学教材中数学归纳法内容的变化较大，各地也有所不同，如人教2004版普通高中课程标准实验教科书《数学》选修2-2中"数学归纳法"为第二章"推理与证明"第3节内容，而2016版《普通高中数学课程标准》（征求意见稿）中将"数学归纳法"列为选修I之主题一：函数中的第一单元数列的第4节内容。北师大版教材则将数学归纳法放在选修2-2中第1章"推理与证明"第4节内容。上教版的教材则把数学归纳法的内容也安排在数列章节。事实上，随着高考对数学归纳法知识点考察的变化，越来越多的高中学校在实际教学中也渐渐放低了对数学归纳法内容的要求。而在2017版《普通高中数学课程标准》中将"数学归纳法"直接列为标注星号的选修内容，不作考试要求。预计今后高中对数学归纳法的教学会更加弱化。

　　Y 学校选用的是 2004 版人民教育出版社出版的普通高中数学教材，下面是 Z 教师在我们的访谈（2018 年 1 月 17 日）中对数学归纳法这一教学内容教学现状的描述。

> ……我们都知道，数学归纳法作为一种逻辑推理方法，除解题外，还能帮助学生弄清数学问题的本质，使得学生养成证明要有理有据、推理严密的思维习惯。将一些抽象的数学知识直观地呈现在学生面前，是个很好的证明方法。当前我们使用的人教版数学教材，数学归纳法的教学内容被安排在高二《数学》选修 2-2 中，选修 2-2 的内容有导数及其应用、推理与证明、数系的扩充与复数的引入。目前高考的考点和分值分布在整个选修 2-2 中的只占有 10 分。导数及其应用是与大学微积分紧密关联的内容，无论高中教师还是大学教师，都认为非常重要，所以高考基本上都考导数的应用，而数学归纳法属于推理与证明一节中，通常不会考数学归纳法的证明。事实上，最近几年的高考试卷中都没有涉及数学归纳法，所以实际的教学中，我们花大量的时间在高考必考内容上，更何况数学归纳法学生真正理解起来不容易，所以讲的话，效果也不好。但我们学校还是上了这个内容，有些学校干脆不讲数学归纳法。按照 16 版课程标准，直接列为不考内容，估计使用新教材后，对其的教学将更加弱化……

　　目前，关于数学归纳法的教学现状正如 Z 教师所说的，围着高考定目标：不考不教。事实上，整个教育的现状是以应试教育为主，高考录取参照的标准仍然是高考分数，使得教师和学生都不得不放弃，方法再好不考，只好放弃。近年来，高考不断改革，推出如自主招生等选拔方式，但主要形式还是考试，考试就有考纲，而考纲源于教学，教学要遵照课程标准，对选修 2-2 中的内容：导数及其应用、推理与证明、数系的扩充与复数的引入，共在高考中占 10 分。由于导数及其应用本身的重要性及与大学微积分紧密关联，高考基本上都考导数及其应用，通常不会考到数学归纳法的证明。以至于学生们为了高考考高分，舍弃数学归纳法而选导数，情理之中。但大学教师教授高等数学时，会默认学生在高中学过数学归纳法。从而，数学归纳法内容成了"真空地带"。

　　总之，基于各种原因，数学归纳法内容一直都是高中数学教学中的"鸡肋"，教师们是又爱又恨，爱在证明方法之精妙、功能之强大，恨在证明原理之难教、内容之不考。因此，数学归纳法在高中数学教学中的地位是尴尬的，现状是不太被重视的。鉴于此，探讨新课程背景下如何开展数学归纳法的教学是有必要的，也是有意义的。

三、数学归纳法的教学设计与实施

（一）创设情景，导入新课

　　数学教学情境和问题是多样化的，包括现实的、数学的、科学的。在教学中，应结合教学任务及其蕴含的数学核心素养设计合适的情境和问题，引导学生用数学的眼光去观察、发现问题，继而使用恰当的数学语言、模型描述问题。设计适合学生实际的情境是具有挑战性的任务，也是教师实践创新的载体。

教学片段一

首先我们来看一段视频。新华社 2000 年 12 月 31 日和中央电视台 2001 年 1 月 6 日两次先后报道：在 20 世纪的最后几分钟里，一项新的多米诺骨牌吉尼斯世界纪录，在北京颐和园体育健康城综合馆和网球馆诞生了。中国、日本和韩国的 62 名青年学生成功推倒 340 多万张骨牌，一举打破了此前由荷兰人保持的 297 万张的世界纪录。从电视画面可看出，骨牌瞬间依次倒下的场面蔚为壮观，其间显示的图案丰富多彩，令人惊叹，其中蕴含着一定的科学道理。它是什么？多媒体演示。

学生动手实验：请三个小组（A 层次，B 层次，C 层次）的组长拿出骨牌动手参与，让学生充分体会骨牌全部倒下的条件：

① 第一块骨牌倒下；

② 如果第 k 块骨牌倒下一定能导致第 $k+1$ 块骨牌倒下。

特别是条件②就是第 k 块骨牌的高度必须大于第 k 块骨牌与第 $k+1$ 块骨牌间的距离。

Z 教师基于多年的高中数学教学经验，对学生现状做了如下分析。

（1）学生对正整数的特点具备感性认识。

（2）学生对"无穷"的概念有初步认识和进一步探讨的兴趣。

（3）学生通过学习数列，对递推思想有一定的认识。

（4）在生活经验中，学生接触到一些具有递推性质的事实。

（5）在"算法"循环结构的学习中，学生有反复试用"循环体"的体会。

（6）学生对归纳法、演绎法等推理方法以及分析法、综合法等证明方法，具有了一定的逻辑知识的基础。

最终选择学生熟悉的"多米诺骨牌吉尼斯纪录"的视频作为问题情境引入，首先引起同学们的学习兴趣。在视频演示骨牌倒下的过程中，提醒同学们观察现象，思考骨牌是怎么倒下的：骨牌是瞬间依次倒下的，也就是说，前一个倒下了，只要摆放位置恰当，后一个一定会接着倒下，让学生在感悟情境，抽象出情境反映出的事件，并动手操作，通过观察和直观想象，探讨骨牌什么时候可以全部倒下，并且用数学的语言来描述"摆放位置恰当"是指：如果第 k 块骨牌倒下一定能导致第 $k+1$ 块骨牌倒下，也就是第 k 块骨牌的高度必须大于第 k 块骨牌与第 $k+1$ 块骨牌间的距离。在此过程中，同时训练学生用数学眼光观察世间万物，并抽象出现象背后的数学本质，较好地体现了学生数学核心素养的培养。

（二）提出问题，搭建支架

用数学的思维、方法解决问题。在问题解决的过程中，理解数学内容的本质，促进学生数学核心素养的发展。由于中学阶段没有讲授皮亚诺公理体系，学生对数学归纳法的理论基础，教师也不可能介绍皮亚诺公理体系，因此学习的关键是通过对与自然数有关的具体问题的解决，在教师的指导下提炼出解决此类问题的一般方法——数学归纳法。关键是在经历问题的提出、思考的过程中，由具体的事例、直观的模型加以抽象概括，从而逐步加深对数学归纳法原理的理解。所以，Z 教师选择同学们熟悉的数列递推法求通项公式来继续探讨，既有直观感受和想象，也有数学推理和运算，从具体的项到一般的项，从有限项到无限项，通过问题串的设计，一步一步引导学生探索具体问题后面的数学本质。同时让在学生感知现象、发现问题、逐步解决问题的过程中培养了数学核心素养。

教学片段二

> **问题 1** 等差数列 $\{a_n\}$ 通项公式的推导：
>
> $a_2 = a_1 + d$
>
> $a_3 = a_2 + d = (a_1 + d) + d = a_1 + 2d$
>
> $a_4 = a_3 + d = (a_1 + 2d) + d = a_1 + 3d$
>
> ……
>
> $a_n = a_{n-1} + d = a_1 + (n-1)d$　　　　　（＊）
>
> 你能确认（＊）式成立吗？为什么？根据是什么？

Z 教师认为，让学生通过讨论认识和感受到由于 $a_n - a_{n-1} = d$，因此前一项结论成立，运用此结果，可以验证下一项结论成立，达到在认知上为学生形成数学归纳法奠基的目的。

教学片段三

> **问题 2** 前面学习归纳推理时，我们有一个问题没有彻底解决，即对于数列 $\{a_n\}$，已知 $a_1 = 1, a_{n+1} = \dfrac{n}{n+2} a_n$，求 a_4, a_{100}（$n = 1, 2, \cdots$），通过对前几项的归纳，猜想出其通项公式 $a_n = \dfrac{2}{n(n+1)}$（$n \in \mathbf{N}^*$），但没有进一步的检验和证明。
>
> （1）你能肯定这个结论成立吗？为什么？
>
> [小组活动]学生进行计算推理后，展示思考结果。
>
> [教师追问]
>
> （1）根据递推公式 $a_{n+1} = \dfrac{n}{n+2} a_n$，可以由 a_1 出发，推出 a_2，再由 a_2 推出 a_3，由 a_3 推出 a_4，说说你又是如何求得 a_{100} 呢？
>
> （2）归纳猜想的结果并不可靠，你能否对 $a_{100} = \dfrac{2}{100 \times 101}$ 给以严格的证明吗？

Z 教师认为，由递推公式，学生可以求解 a_4，体会到只需知道某一项，就可求出其下一项的值。通过容易求的特殊项 a_4，可以使学生的思考有比较形象直观的载体。接着追问不太容易求（因为项数大）的特殊性项 a_{100} 怎样求？有梯度性的问题，让学生步步深入探究。

教学片段四

> 针对学生对上述问题的回答情况，教师可进行追问。
>
> **追问 1** 利用递推公式，命题中的 n 由 1 可以推出 2，由 2 可以推出 3，由 3 可以推出 4，…，由 99 可以推出 100。这样要严格证明 $n = 100$ 结论成立，需要进行多少个步骤的论证呢？

第 1 步，$a_1 = \dfrac{2}{1 \times 2}$;

第 2 步，$a_2 = \dfrac{1}{3} a_1 = \dfrac{1}{3} \times \dfrac{2}{1 \times 2} = \dfrac{2}{2 \times 3}$;　　　　　　（由 a_1 推 a_2）

第 3 步，$a_3 = \dfrac{2}{4} a_2 = \dfrac{2}{4} \times \dfrac{2}{2 \times 3} = \dfrac{2}{3 \times 4}$;　　　　　（由 a_2 推 a_3）

第 4 步，$a_4 = \dfrac{3}{5} a_3 = \dfrac{3}{5} \times \dfrac{2}{3 \times 4} = \dfrac{2}{4 \times 5}$;　　　　　（由 a_3 推 a_4）

……

第 99 步，$a_{99} = \dfrac{98}{100} a_{98} = \dfrac{98}{100} \times \dfrac{2}{98 \times 99} = \dfrac{2}{99 \times 100}$;　　（由 a_{98} 推 a_{99}）

第 100 步，$a_{100} = \dfrac{99}{101} a_{99} = \dfrac{99}{101} \times \dfrac{2}{99 \times 100} = \dfrac{2}{100 \times 101}$。　（由 a_{99} 推 a_{100}）

追问 2 你能否只用最少的步骤就能证明这个结论呢？

除了第一步论证之外，其余 99 个步骤的证明都可以概括成一个命题的证明，即转化为对以下命题的证明：

若 n 取某一个值时结论成立，则 n 取其下一个值时结论也成立，即

若 $a_k = \dfrac{2}{k(k+1)}$（$k \in \mathbf{N}^*$），则 $a_{k+1} = \dfrac{2}{(k+1)(k+2)}$.　　　　（*）

$$\left(a_{k+1} = \dfrac{k}{k+2} a_k = \dfrac{k}{k+2} \times \dfrac{2}{k(k+1)} = \dfrac{2}{(k+1)(k+2)} \right)$$

追问 3 你能进一步说明命题（*）的证明对原命题的证明起到什么作用吗？

追问 4 有了命题（*）的证明，你能肯定 $a_{100} = \dfrac{2}{100 \times 101}$ 吗？你能肯定 $a_{101} = \dfrac{2}{101 \times 102}$ 吗？
你能肯定 $a_{102} = \dfrac{2}{102 \times 103}$ 吗？甚至你能肯定 $a_{1000} = \dfrac{2}{1000 \times 1001}$ 吗？……

追问 5 给定 $a_1 = \dfrac{2}{1 \times 2}$ 及命题（*），你能推出什么结论呢？

通过步步递推，可以证明对任意的正整数 n，结论 $a_n = \dfrac{2}{n(n+1)}$（$n \in \mathbf{N}^*$）都成立（附图 1）。

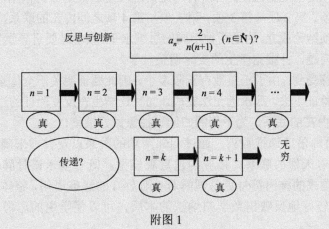

附图 1

追问 6　小组讨论试写出此命题的证明。

已知数列 $\{a_n\}$：$a_1=1, a_{n+1}=\dfrac{n}{n+2}a_n$，求证：$a_n=\dfrac{2}{n(n+1)}$ $(n\in \mathbf{N}^*)$.

[小组探讨]

证明：（1）当 $n=1$ 时，$a_1=1=\dfrac{2}{1\times 2}$，所以结论成立。

（2）假设当 $n=k$ $(k\in \mathbf{N}^*)$ 时，结论成立，即 $a_k=\dfrac{2}{k(k+1)}$，则当 $n=k+1$ 时，有

$$a_{k+1}=\dfrac{k}{k+2}\times a_k \qquad\qquad\text{（已知）}$$

$$=\dfrac{k}{k+2}\times\dfrac{2}{k(k+1)} \qquad\text{（代入假设）}$$

$$=\dfrac{2}{(k+1)(k+2)} \qquad\qquad\text{（变形）}$$

$$=\dfrac{2}{(k+1)[(k+1)+1]} \qquad\text{（目标）}$$

即当 $n=k+1$ 时，结论也成立。

由（1）、（2）可得，对任意的正整数 n 都有 $a_n=\dfrac{2}{n(n+1)}$ 成立。

追问 7　能否总结出这一证明方法的一般模式？（附图 2）

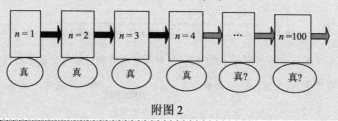

附图 2

Z 教师根据学情，说明了自己的设计思路。

问题 2 学生可能会觉得已经圆满解决，但问题 3 却能使学生真切、强烈地感受到证明和确认的必要，从而激发学生探究的欲望。但学生对问题 3 的理解会有两种情况：一是学生仅仅根据前 4 项的情况猜想出结果，有一定的道理但缺乏足够的依据；二是学生已经发现第 1 项与第 2 项、第 2 项与第 3 项、第 3 项与第 4 项之间内在的联系，即上一项结论成立必然导致下一项结论成立。这是两种不同的思维水平，教学时要引导学生从变化的角度、联系的角度思考问题，并根据学生的实际调整教学。

让学生切身感受到，由于正整数有无限多个，因此要证明关于全体正整数的命题，如果靠一个接一个验证下去，那永远无法完成。同时让学生在反复验证的过程中发现第 n 项与第 $n+1$ 项之间内在的联系，为下面的归纳、抽象做好铺垫！

本节课 Z 教师借助递推数列，通过相邻两项的关系以及首项来确定数列，与数学归纳法的思想有着天然的联系。接着构建直观模型，既有多米诺骨牌的形象又有数学的形式，加上命题式的推出符号更易理解若 k 则 $k+1$ 的递推语句，整体上又具有流程图的程序结构，能较好地反映出数学归纳法的本质，可以使学生的思考有比较形象直观的载体。

（三）明确思想，提升思维

教学片段五

师：多米诺骨牌，追问 1 与追问 2 有什么共同的特征？其结论成立的条件的共同特征是什么？

生成：通过学生讨论，达成以下共识：

（1）问题的特征：$p(1)$ 真？$p(2)$ 真？$p(3)$ 真？$p(4)$ 真？$p(5)$ 真？……

其实质是当 $k \geq n_0, k \in \mathbf{N}^*$ 时，$p(k)$ 真必有 $p(k+1)$ 真。

说明　如果学生对上面递推过程的实质理解有偏差，则师生共同讨论，回顾以下事例（学生可能提出更多的事例）：

直线与平面垂直 $\Leftrightarrow$ 直线与平面内所有的直线都垂直 $\Leftrightarrow$ 直线与平面内任一条直线垂直

$f(x)$ 是偶函数 $\Leftrightarrow$ 对定义域内的任意一个 x，都有 $f(-x) = f(x)$

（2）结论成立的条件：结论对第一个值成立；结论对前一个值成立，则对紧接着的下一个值也成立。

（3）递推公式 $a_n - a_{n-1} = d, a_{n+1} = \dfrac{n}{n+2} a_n$，保证了"结论对前一个值成立，则对紧接着的下一个值也成立"。

Z 教师认为，从学生已有的经验和认知结构中寻找新知识的固着点和生长点，在新旧知识之间建立非人为的、实质性的联系，以求有效地突破难点，并加深学生对数学归纳法原理形成过程与方法的理解。同时让学生认识到数学归纳法是"水到渠成、浑然天成的产物"。

教学片段六

问题 3　你认为前面得出的结论：$a_n = a_1 + (n-1)d, a_n = \dfrac{2}{n(n+1)}$，以及所有的多米诺骨牌都会倒下等，是否都正确？如果是，你能否由此归纳、总结、提炼出证明与自然数有关命题的方法与步骤？

通过学生讨论，得出以下结论。

一般地，如果一个与自然数 n 有关的命题 $p(n)$ 满足以下两个条件：

（1）当 n 取第一个值 n_0 时命题成立；

（2）由 $n = k\,(k \geq n_0, k \in \mathbf{N}^*)$ 时命题成立，必有 $n = k+1$ 时命题也成立。

由上，可以断定命题 $p(n)$ 对从 n_0 开始的所有正整数 n 都成立。

问题 4　继续探讨，上面两个条件分别起怎样的作用？它们之间有怎样的关系？我们能否去掉其中的一个？你能举反例说明吗？

在上述两个条件中，第一个条件是归纳递推的前提和基础，没有它，后面的递推将无从谈起；第二个步骤是核心和关键，是实现无限问题向有限问题转化的桥梁与纽带。如在前面的问题 1 中，如果 a_1 不是 1，而是 2，那么就不可能得出 $a_n = \dfrac{2}{n(n+1)}$，因此第一步看似简单，但却是不可缺少的。而第二步显然更加不可缺少，这一点在多米诺骨牌游戏中也可清楚地看出。

问题 5　在实践证明过程中，我们是否已经确认 $n=k$ 时命题成立？

Z 教师认为，这里是学生理解数学归纳法的难点之一，需要教师提醒学生注意，并做出明确的、合理的解释。因为在证明结论之前，还不知道 $n=k$ 时结论是否成立，因此只能是假设成立。同时为了使这个假设有一定的基础，因此这里要求 $k \geqslant n_0, k \in \mathbf{N}^*$。

教学片段七

展示思维导图如附图 3 所示。

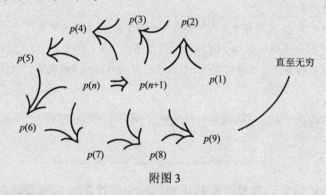

附图 3

学生自主归纳，证明一个与自然数 n 有关的命题，可按下列步骤进行。

（1）证明当 n 取第一个值 $n_0(n_0 \in \mathbf{N}^*)$ 时命题成立；

（2）假设 $n=k$ $(k \geqslant n_0, k \in \mathbf{N}^*)$ 时命题成立，证明当 $n=k+1$ 时命题也成立。

由上两个步骤，可以断定命题 $p(n)$ 对从 n_0 开始的所有正整数 n 都成立。

这种证明方法称为数学归纳法，它是证明与正整数 n（n 取无限多个值）有关、具有内在递推关系的数学命题的重要工具。

问题 6　对方法中的两个步骤，学生进一步的理解？

一是归纳基础，二是归纳递推，两者缺一不可。

数学归纳法实质上将对原问题的证明转化为对两个步骤的证明和判断，由此可进行无限地循环，其结构如附图 4 所示。

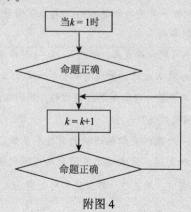

附图 4

Z 教师认为，通过从不同的角度审视，更有利于学生全面地了解数学归纳法。

（四）巩固应用，形成技能

典例 $1^3 = 1^2$

$1^3 + 2^3 = 3^2$

$1^3 + 2^3 + 3^3 = 6^2$

$1^3 + 2^3 + 3^3 + 4^3 = ?$

学生探究猜想：

$$1^3 + 2^3 + 3^3 + \cdots + n^3 = (1 + 2 + 3 + \cdots + n)^2$$

并用数学归纳法证明（略）。

（五）检测成效，反馈矫正

（1）用数学归纳法证明：

① 当 n 为正整数时，$1 + 3 + 5 + \cdots + (2n-1) = n^2$；

② $1 + 2 + 2^2 + \cdots + 2^{n-1} = 2^n - 1$。

（2）已知数列 $\dfrac{1}{1 \times 2}, \dfrac{1}{2 \times 3}, \dfrac{1}{3 \times 4}, \cdots, \dfrac{1}{n \times (n+1)}$，计算 S_1, S_2, S_3，由此推测计算 S_n 的公式，并给出证明。

（六）师生回顾，共同反思

（1）数学归纳法能解决哪些问题？（与正整数有关的命题的证明）

（2）数学归纳法的证题步骤是什么？（两步骤一结论）

（3）它的核心思想是什么？（无穷递推）

（4）在学习与思考中你还有哪些疑惑？（思维导图的借用）

（5）想飞的蜗牛怎样才能扶着天梯登上云端呢？（生：登上第一级；如果登上一级后，再努力一点，就能登上下一级，那么蜗牛就能想爬多高就能到多高）

案例思考题

（1）以上述案例中教学环节三（明确思想，提升思维）的设计分析学生数学核心素养的培养？

（2）本案例以问题情境生成教学，可以较为系统、全面地培养学生数学核心素养，你认为还有哪些教学方法可以实现这个目标？

（3）自选高中数学中某一教学内容，按照本案例中以问题情境生成教学的方法，完成一节课教学设计，要求能全面系统地培养学生数学核心素养。

（4）将高中数学所有教学内容按照数学内容自身特点，列出对应要着重培养的数学核心素养，建立一个高中数学核心素养培养对照表。

案例使用说明

（一）适用范围

本案例适用于中学数学学科教学、课程与教学论方向的研究生，广大中学数学师和教研员。适用于《课程教学论》《中学数学教学法》本科生课程的教学和《数学教学设计与案例分析》研究生课程的教学，也适用于中学数学教学研讨的相关课程和教师培训。

（二）教学目的

一是让受教者知晓数学归纳法在整个高中数学中的地位，针对这一内容如何进行培养数学核心素养的教学设计。二是启发受教者的思维，思考将培养学生数学核心素养落实到整个高中数学内容的教学之中。三是推广到其他学科教学中培养学生其他核心素养。

（三）关键要点

1. 相关理论分析

教育部 2014 年出台《关于全面深化课程改革落实立德树人根本任务的意见》，首次提出"核心素养体系"，并于同年 12 月，全面启动各学科普通高中课程标准的修订工作，于 2016 年 9 月完成普通高中数学课程标准征求意见稿，此次修订的重点是落实数学核心素养。

近年来，多个国家和地区纷纷开展基于核心素养的教育教学改革，我国教育部于 2016 年颁布了《中国学生发展核心素养》，并在 2016 版《普通高中数学课程标准》（征求意见稿）中首次提出：数学核心素养是数学课程目标的集中体现，是在数学学习的过程中逐步形成。所以，认真思考高中数学课程教学改革，做好各个教学内容的教学设计，并努力在教学实践中实现学生数学核心素养的培养将是后一阶段对高中数学课程教学考核的重点。探究教学模式需要教师对学科内容和教学方法两方面进行深入地研究，应该在教学实践中积累更多的成功的案例，互相参考，让数学课堂教学效率得到明显提高，培养出更多具备数学核心素养的新型人才。

2. 关键知识点

（1）数学核心素养与高中数学课程教学目标的关系。

（2）高中数学各个知识模块需要怎样科学合理的教学设计和实践，达到培养学生数学核心素养的目的。

3. 关键能力点

（1）能够通过对 Z 教师的教学设计案例的学习，能展开对高中数学教学内容的深入剖析，思考其蕴含的数学核心素养。

（2）能够通过自身的教学实践和反思，在学习本案例的基础上进行创新实践，将 Z

教师的教学设计理念扩展应用到高中数学其他教学内容中，设计出更高水平的教学案例，并在教学中实施和完善。

（3）将以培养学生数学核心素养的教学设计理念和经验进一步凝练，推广到其他学科教学中。

4. 案例分析思路

从大多数教师教学数学归纳法和学生学习数学归纳法的困惑开始，引起大家对 Z 教师关于这一内容设计的好奇，结合数学核心素养的内涵及新课程标准对高中数学教学的要求，来认真研读这一教学案例。结合教学目标，思考其他教学内容的教学设计，并在教学实践中认真贯彻落实。

（四）教学建议

（1）如果本案例用于数学学科教学、课程与教学论方向的研究生授课上。

① 时间安排。可选择研究生一年级下学期学习《数学教学设计与案例分析》课程时，作为经典案例分析。

② 环节安排。

第一步，学习本案例之前，需要学生先系统学习数学核心素养及数学归纳法相关知识，再阅读高中数学教材中的《数学归纳法》内容，了解所选教材中该内容的编排位置及具体内容，可以以思考题或读书报告形式检查准备情况。

第二步，带领学生学习案例，然后由学生结合前面的预备知识分析本案例，并相互交流，接着教师进行归纳总结。

第三步，落实到实际应用——体现数学核心素养培养的教学设计。可以由学生自主选题也可以教师定题，各自独立进行教学设计，在下一节课中汇报，汇报人可以说自己的设计思路：如何体现数学核心素养的培养，其他同学听完汇报之后参与讨论，评价设计中的关键点和总体设计质量。

③ 人数要求。可以 3 人，也可以 3 人以上。

④ 教学方法。讲解法、研讨法、展示汇报。

⑤ 活动建议。准备关于数学核心素养的文献、不同版本的含《数学归纳法》的高中教材以及本案例。环节一二均可讲授结合研讨，环节三主要是研讨，重点要发挥学生自主学习的能动性和处理问题的创新性。

（2）如果本案例用于广大中学数学教师、教研员开展教研活动培训上。

① 时间安排。两次活动建议 6 小时，两个时间段，每次 3 小时，间隔至少 3 天。

② 环节安排。第一次活动专家先进行案例讲解；接着就本案例分组展开讨论，代表汇报讨论结果；学员进行开放式思维训练：选取高中数学中某一教学内容，说给出其中一个体现数学核心素养培养的教学环节的设计；课下设计一堂完整体现数学核心素养（可以是部分）培养的教学，第二次活动时汇报、研讨总结。

③ 人数要求。人数不限。

④ 教学方法。专家强调数学核心素养的重要性，指出数学教学设计中一定要有围绕培养学生数学核心素养的意识，并结合案例加以解释，学员可以现场进行讨论，在教学的

过程中可以安排多次互动, 现场解答广大教师在以培养学生数学核心素养为目标的设计教学中的疑问, 可以课后进行总结和摸索, 并实践。

⑤ 活动建议。由于广大中学数学教师、教研员教学经验丰富, 交流研讨的环节可以适当多给些时间, 专家讲授可以只讲关键和重点。

(五) 推荐阅读

[1] 童其林. 高考数学核心素养解读[M]. 哈尔滨: 哈尔滨工业大学出版社, 2017.

[2] 教育部基础教育课程教材专家工作委员会, 普通高中课程标准修订组. 普通高中数学课程标准 (征求意见稿) [M]. 北京: 人民教育出版社, 2016.

[3] 苏淳. 漫话数学归纳法[M]. 合肥: 中国科学技术大学出版社, 2009.

[4] [韩]金贞河. 帕斯卡教你学数学归纳法[M]. 王明君, 译. 合肥: 黄山书社, 2016.

[5] 张金良. 高中数学教学的行与思[M]. 杭州: 浙江教育出版社, 2016.

———————————————

编制说明: 按照访谈及当事人的要求, 编著者对案例所涉及的学校名称、人员等, 做了必要的掩饰性处理。

参考文献: 王科. HPM 视角下数学归纳法教学的设计研究[D]. 上海: 华东师范大学, 2014.